Vektoren und Matrizen

von

Dr. Siegfried Valentiner

Prof. emer. der Physik
an der Techn. Hochschule Clausthal

Mit 35 Figuren

4. Auflage

(11., erweiterte Auflage der „Vektoranalysis")

Mit einem Anhang:

Aufgaben zur Vektorrechnung

von

Dr. Hermann König

Prof. emer. der Mathematik
an der Techn. Hochschule Clausthal

Sammlung Göschen Band 354/354a

Walter de Gruyter & Co · Berlin 1967

vormals G. J. Göschen'sche Verlagshandlung · J. Guttentag,
Verlagsbuchhandlung · Georg Reimer · Karl J. Trübner · Veit & Comp.

Inhaltsverzeichnis

Seite

Kapitel 1

Einige Sätze der Potentialtheorie

Kapitel 2

Einige Sätze der Hydrodynamik

Kapitel 3

Einiges aus der Theorie der Elektrizität

III. Teil

Lineare Vektorfunktionen, Matrizen, Dyaden

Anhang

Schrifttum

Aus der ersten Zeit der Entwicklung der Vektorrechnung

Möbius, Der baryzentrische Kalkül, ein neues Hilfsmittel zur analytischen Behandlung der Geometrie dargestellt und insbes. auf die Bildung neuer Klassen von Aufgaben und die Entwicklung mehrerer Eigenschaften der Kegelschnitte angewendet. Leipzig 1827.

Graßmann, Die Ausdehnungslehre von 1844 oder die lineare Ausdehnungslehre, ein neuer Zweig der Mathematik. 2. Aufl. Leipzig 1878.

— Die Ausdehnungslehre. Berlin 1862.

Hamilton, Elemente der Quaternionen: deutsch von Glan. Leipzig 1884.

Tait, Elementares Handbuch der Quaternionen: deutsch von v. Scherff. Leipzig 1880.

Die moderne Behandlung der Vektoranalysis und ihrer Verwendungsmöglichkeit findet man in zahlreichen Lehrbüchern der Vektorrechnung; mehr oder weniger ausführlich dargestellt ist sie in allgemeinen Hand- und Lehrbüchern der Mathematik und in Lehrbüchern der theoretischen Physik.

Zur Matrizenrechnung

F. Neiss, Determinanten und Matrizen. Springer-Verlag, 1948.

L. Collatz, Eigenwertaufgaben mit technischen Anwendungen. Akad. Verlagsges. 1949.

R. Zurmühl. Praktische Mathematik für Ingenieure und Physiker. Springer-Verlag. 5. Aufl. In Vorbereitung.

R. Zurmühl, Matrizen und ihre technischen Anwendungen. 4. Aufl. Springer-Verlag, 1964.

A. Duschek u. A. Hochrainer, Tensorrechnung in analytischer Darstellung. Bd. 1. Tensoralgebra. 4. Aufl. Springer-Verlag, 1960.

Einleitung

§ 1. Darstellung der Resultante eines Kraftsystems

Die Vektoranalysis ist eine mathematische Disziplin, die sich in ihrem Aufbau fast so vollkommen an die Anschauung anlehnt wie die Geometrie selbst: sie bildet ihre Begriffe und Schlüsse gerade denen der Geometrie nach. Insofern sie dadurch zu einer knapperen, übersichtlicheren und anschaulicheren Darstellung aller solcher Erfahrungen führt, die auf den zwei- oder dreidimensionalen Raum sich beziehen, als die gewöhnliche Analysis, will ich in dem ersten Paragraphen an einem Beispiel zeigen. Dasselbe ist zugleich geeignet, den Unterschied der beiden wichtigsten Begriffe der Vektoranalysis: der skalaren Größe und des Vektors, hervortreten zu lassen.

Es mögen an n Punkten eines freien, starren Körpers $p_1 \cdots p_n$ die Kräfte $P_1 \cdots P_n$ angreifen. Ein solches System von Kräften läßt sich ersetzen durch eine resultierende Einzelkraft und ein Kräftepaar, das von dem Angriffspunkt der Einzelkraft abhängig ist. Der analytische Ausdruck der Einzelkraft und des Kräftepaars wird gewonnen, indem man die Kräfte in Komponenten nach drei Richtungen, z. B. eines rechtwinkligen Koordinatensystems x, y, z zerlegt und diese in geeigneter Weise zu drei resultierenden Komponenten einer Einzelkraft und eines Kräftepaars wieder zusammensetzt. So lehrt es die analytische Mechanik. Anschaulicher und, man möchte sagen, direkter wird die Aufgabe auf geometrischem Wege ohne Zerlegung in Komponenten in folgender Weise durch wiederholte Anwendung der Sätze vom Parallelogramm der Kräfte und der statischen Momente gelöst.

Man denkt sich (vgl. Fig. 1) zwei neue Kraftsysteme dem ursprünglichen $P_1 \cdots P_n$ zugefügt, die dadurch gewonnen

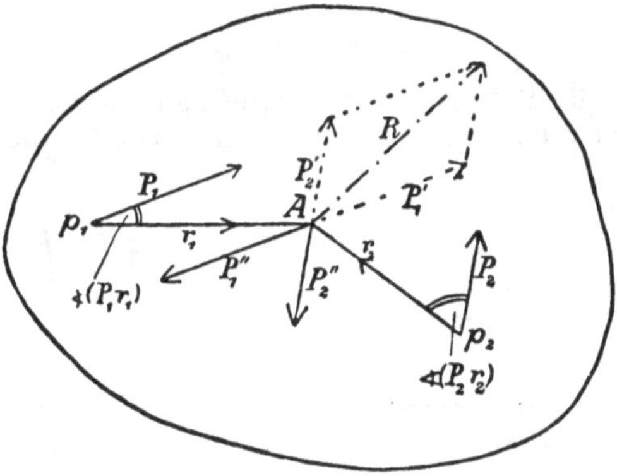

Fig. 1

werden, daß man *in einem und demselben*, aber beliebigen Punkt Kräfte $P_1' \cdots P_n'$ angreifen läßt, die den gegebenen gleich und gleich gerichtet sind, und solche $P_1'' \cdots P_n''$, die ihnen gleich, aber entgegengesetzt gerichtet sind. Das System $P_1' \cdots P_n'$ setzt man nach dem Satz vom Parallelogramm der Kräfte oder, wie man kurz zu sagen pflegt, durch geometrische Addition zu der Resultierenden R zusammen:

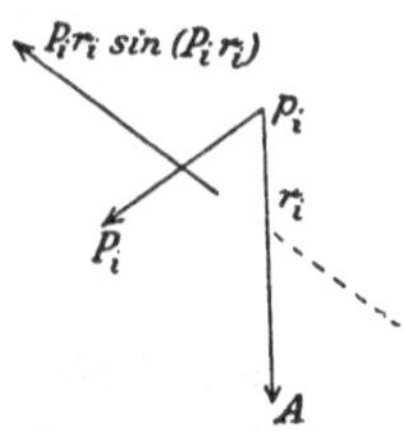

Fig. 2

$$(1) \qquad R = P_1'(+) \cdots (+) P_n',$$

wo das Zeichen (+) anzeigen soll, daß die Kräfte geometrisch zu addieren sind, also mit Rücksicht auf die Richtung der Kraft, wie es z. B. auf dem Zeichenbrett geschehen kann. Die beiden anderen Kraftsysteme stellen ein System von Kräftepaaren dar, deren statische Momente dem absoluten Betrage nach, also abgesehen vom Richtungssinn, den Wert haben:

$$P_i r_i \sin (P_i r_i),$$

wenn r_i die Entfernung des Angriffspunktes der Kraft P_i von dem willkürlich gewählten Angriffspunkt A der resul-

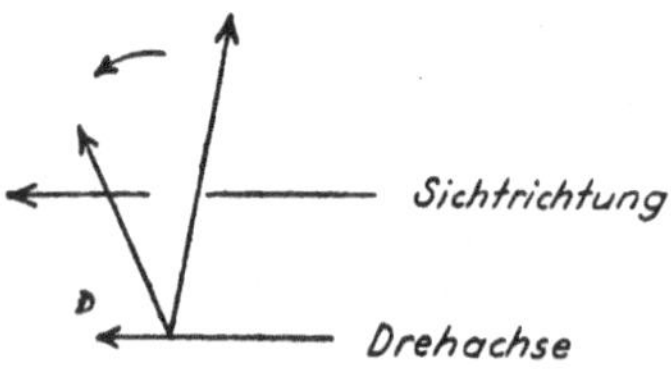

Fig. 2a

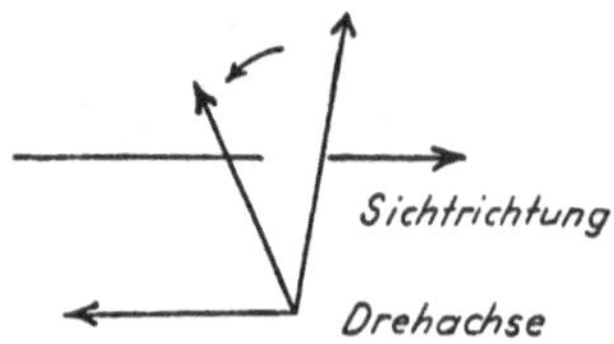

Fig. 2b

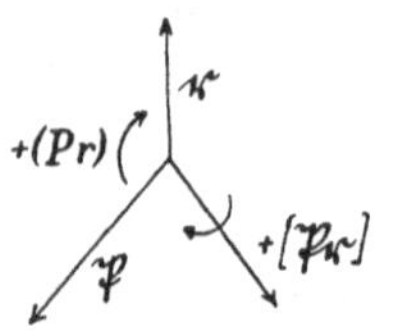

Fig. 2c

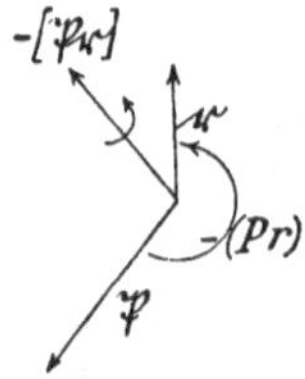

Fig. 2d

tierenden Einzelkraft R bedeutet und nach dem Angriffspunkt der letzteren gerichtet ist, und wenn für den Winkel $(P_i r_i)$ immer der Wert gesetzt wird, der $< \pi$ ist. Die Größe dieser Momente tragen wir als Strecken von dem beliebig gewählten Punkt A aus parallel der Drehungsachse nach der Richtung hin ab, daß die *Drehungsrichtung des Kräftepaares, von dieser Richtung aus betrachtet, positiv, d. h. entgegen der*

Bewegung des Uhrzeigers gerichtet[1]) (vgl. Fig. 2) erscheint. Diese Strecken addieren wir geometrisch in gleicher Weise wie vorher die Kräfte und erhalten als resultierendes statisches Moment:

$$M = [P_1 r_1 \sin (P_1 r_1)] (+) \cdots (+) [P_n r_n \sin (P_n r_n)].$$

Diesen Ausdruck können wir in eindeutiger Weise kürzer auch so schreiben:

$$(2) \qquad M = (P_1 r_1) (+) (P_2 r_2) (+) \cdots (+) (P_n r_n),$$

wenn wir unter $(P_i r_i)$ eine Strecke verstehen, deren absoluter Betrag gleich ist dem Produkt: $P_i r_i \sin (P_i r_i)$, und die senkrecht zu der Ebene P_i, r_i nach der Seite der Ebene gerichtet ist, daß der Übergang der Richtung P_i in die Richtung r_i, von der Strecke $(P_i r_i)$ aus gesehen, einer positiven Drehung entspricht.

In Fig. 1 sind die resultierende Einzelkraft R und die beiden Momente $(P_1 r_1)$ und $(P_2 r_2)$ für die beiden an den Punkten p_1, resp. p_2 des starren Körpers angreifenden Kräfte konstruiert worden mit der willkürlichen Wahl des Angriffspunktes A der Resultierenden. Die Punkte p_1, p_2 und A mögen mitsamt der Kraftrichtung P_1 in der Zeichenebene liegen, P_2 sei aus der Ebene heraus nach oben gerichtet. In Fig. 3 ist die Konstruktion des resultierenden statischen Momentes M ausgeführt. Die Zeichenebene ist parallel der Drehungsachse des Kräftepaares $(P_1 r_1)$; die die Momente darstellenden Strecken sind der Größe und Richtung nach von einem Punkt aus abgetragen und ergeben durch geometrische Addition die Strecke M, die der Größe und Richtung nach das resultierende Drehmoment darstellt.

Die Gleichungen (1) und (2) geben eine symbolische Darstellung der geometrischen Konstruktion. Während man in

---

[1]) In Richtung der Drehachse gesehen erscheint die Drehung in der Bewegung des Uhrzeigers. (Vgl. Fig. 2a—d.)

der analytischen Darstellung nur Strecken gleicher Richtung, die Komponenten, addiert, hat man es hier mit einer Addition von Strecken zu tun, welche sich nicht allein durch ihre Größe, *ihren absoluten Betrag*, sondern auch durch ihre Richtung voneinander unterscheiden, mit welchen also nur unter Rücksichtnahme auf ihre Richtung gerechnet werden darf. Zum Unterschied von reinen Zahlen, „skalaren Größen", bezeichnet man solche Größen, die sich von ihresgleichen durch *Größe und Richtung* unterscheiden können, als *gerichtete Größen oder* Vektoren. Können nun diese

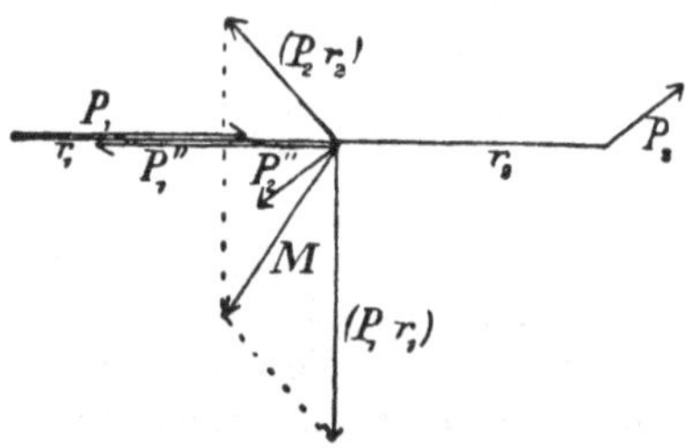

Fig. 3

Symbole auch zur Beschreibung anderer geometrischer Konstruktionen oder gar physikalischer Erfahrungen benutzt werden und lassen sich einfache analytische Rechenregeln für dieselben angeben, die nicht für jeden weiteren Schluß eine Übertragung der Symbole in die gewöhnliche analytische Schreibweise erfordern, so können sie eine brauchbare und infolge der Anlehnung an die Geometrie beträchtlich einfachere Beschreibung liefern als die rein algebraisch analytische Ausführung. In der Tat ist man imstande gewesen, eine Reihe von Rechenregeln abzuleiten, die den Regeln der gewöhnlichen Algebra mit skalaren Größen analog sind. Der Ableitung dieser Regeln, welche die notwendige Grundlage der Darstellungsmethode durch Vektoren bildet, ist der *erste Teil* dieses Bändchens gewidmet. Zur Übung in der Handhabung der Rechenregeln werden im *zweiten Teil* einige Anwendungen aus physikalischen Gebieten, im Anhang einige Aufgaben besprochen. Endlich soll im *dritten Teil* auf eine wichtige Erweiterung der Vektorrechnung, die Behandlung der linearen Vektorfunktionen (Matrizen, Dyaden) eingegangen werden.

Als die eigentlichen Begründer der Vektorrechnung sind Graßmann und Hamilton zu nennen, die nahezu gleichzeitig und ganz unabhängig voneinander den Vektorbegriff in die analytische Rechnung eingeführt haben, wenn auch in jener Zeit (um 1844) Ansätze zu dieser Methode von anderen versucht worden sind oder schon vorhanden waren, wie in dem „baryzentrischen Kalkül" von Möbius (1828). Mehr als alle anderen waren sich jene beiden der Bedeutung der neuen Methode bewußt. Die Gesichtspunkte, von denen sie ausgingen, sind außerordentlich verschieden, indem Hamilton sich mehr der Geometrie anschloß, während Graßmann die Geometrie nur dazu verwenden wollte, anschauliche Beispiele für seine umfassender angelegte Theorie zu gewinnen. Seine Sätze sollten keine bloßen Übertragungen geometrischer Sätze in die abstrakte Sprache sein, sondern durch Erweiterung auf mehr als dreidimensionale Gebilde eine allgemeine Bedeutung gewinnen. Man unterscheidet dementsprechend zwei Richtungen in der Darstellungsweise der Vektorrechnung, die sich aber in den Anwendungen auf die Geometrie oder physikalische Erkenntnisse aufs engste berühren und zum Teil ergänzen.

I. Teil

Rechenregeln der Vektoranalysis

§ 2. Definition des Vektors und der skalaren Größe

Wir nannten in § 1 die Kräfte und die statischen Momente sowie auch die Resultierenden, die im dreidimensionalen Raum als gerichtete Strecken abgebildet werden können, *Vektoren.* Zur völligen Bestimmung der als erste Beispiele angeführten Vektoren sind drei Angaben, entsprechend den Komponenten in der analytischen Darstellung, hinreichend und notwendig. Drei solche Angaben sind: die Länge des Vektors und die zwei Winkel, die seine Richtung gegen feste Achsen bestimmen. Da es also nur auf die Länge und Richtung der den Vektor darstellenden Strecke ankommen kann, so ist die Darstellung unabhängig von der Lage des Anfangspunktes der Strecke. Soll daher z. B. die Einzelkraft P mit den Komponenten P_x, P_y, P_z, die im Punkt x, y, z eines durch Achsen festgelegten Raumes „A“ angreift, in dem dreidimensionalen Bildraum „B“ durch eine Strecke dargestellt werden, so ist die Darstellung insofern auf unendlich vielfache Weise möglich, als der Anfangspunkt der darstellenden Strecke mit dem willkürlich gewählten Koordinatenanfangspunkt des Bildraumes „B“ zusammenfallen kann oder nicht. In dem Bildraum sind also parallele gleichgerichtete und gleich große Strecken bezüglich ihrer Bedeutung für das dargestellte Objekt völlig äquivalent. Ein Vektor behält danach z. B. seinen Wert (Länge und Richtung) bei Parallelverschiebung des Koordinatensystems, ist *invariant* gegenüber einer solchen Verschiebung. Das gilt nicht von einer Strecke, die z. B. von Punkt A mit den Koordinaten x, y, z zum Anfang des Koordinatensystems führt; sie wird als Ortsvektor oder Fahrstrahl bezeichnet, ist also nicht ein Vektor im strengen Sinne, wenn er auch in der Rechnung wie ein solcher zu behandeln ist. Als Richtung des Fahrstrahls sei im folgenden die vom Anfangspunkt wegweisende angenommen, wenn nicht ausdrücklich anderes gesagt ist.

Wir setzen daher als Definition des Vektors fest:

Eine Größe soll Vektor *genannt werden, wenn die Gesamtheit der verschiedenen Werte, die sie annehmen kann, in umkehrbar eindeutiger Weise der Gesamtheit der Strecken im Raum zugeordnet werden kann, die von einem willkürlich gewählten Anfangspunkt ausgehen*[1]).

[1]) Vektoren sind Strecken — Größen, die durch eine gerichtete Strecke im Raume dargestellt werden können. — Über die Auffassung der Vektoren als *Tensoren 1. Stufe* s. § 43.

Daraus folgt:

Vektoren sind einander gleich, wenn sie durch Parallelverschiebung nach Länge und Richtung zur Deckung gebracht werden können.

Vektoren sind danach außer den genannten, der Kraft und dem statischen Moment, z. B. die folgenden Größen: Verrückung, Geschwindigkeit, Beschleunigung, Feldstärke.

Bei den genannten Größen ist kein Zweifel, daß sie definitionsgemäß als Vektoren anzusprechen sind. Es muß indessen noch auf eine andere Gruppe von Vektoren hingewiesen werden, bei denen die Berechtigung des Namens Vektor nicht sofort erkannt werden könnte.

Der *absolute Betrag* des statischen Moments, d. h. die Größe ohne Bezugnahme auf die Richtung,

$$P_i r_i \sin(P_i r_i),$$

kann aufgefaßt werden als der Flächeninhalt des Parallelogramms mit den Seiten P_i, r_i und dem Winkel $\varphi = (P_i r_i)$. Als Richtung des das statische Moment darstellenden Vektors wurde bei der geometrischen Addition in § 1 die Normalenrichtung auf die durch P_i und r_i gelegte Ebene benutzt. Wir können danach ein Parallelogramm von bestimmter Größe und gegebener Normalenrichtung ebenfalls als einen Vektor ansehen. Es gehören also unter die oben definierten Vektoren auch solche Größen, die vorgestellt werden können als durch den Anfangspunkt gehende, beliebig begrenzte, ebene Flächenstücke.

Endlich ist noch eine dritte Gruppe von Vektoren hervorzuheben, nämlich solche Größen, die unter dem Bilde von unbegrenzten, nicht durch den Anfangspunkt gehenden Ebenen betrachtet werden können. Die Größe und Richtung dieser Vektoren ist offenbar eindeutig definiert durch Größe und Richtung der vom Anfangspunkt auf die Ebene gefällten Normalen.

Zwischen den ursprünglich ins Auge gefaßten Vektoren und den beiden zuletzt hervorgehobenen Gruppen wird ein Unterschied bemerkbar, sobald man von der Vektordarstellung auf Koordinatendarstellung übergehen will und z. B. eine Transformation von einem „positiven" zu einem „negativen" Koordinatensystem ausführen muß, also von einem Koordinatensystem mit den Achsen x, y, z zu einem solchen mit entgegengesetzt gerichteten Achsen; bei einer solchen Transformation wechseln die Komponenten von P das Vorzeichen; die durch P dargestellte Kraft würde durch $-P$ wiedergegeben werden; dagegen würde der das statische Moment darstellende Vektor sein Zeichen nicht ändern, falls wir, wie in § 1, dem Moment stets das positive Zeichen beilegen, wenn die Drehung von der positiven Seite der Drehungsachse aus gesehen positiv, d. h. entgegen der Uhrzeigerbewegung, gerichtet ist.

Man nennt wohl Vektoren, die ihr Vorzeichen bei der genannten Transformation ändern, also etwa durch Pfeile darstellbar sind, polare Vektoren, solche, die es behalten, darstellbar durch Ebenenstücke mit Umlaufsinn oder rotierende dünne Zylinder von bestimmter Länge, axiale Vektoren[1]).

Da in der Rechnung mit Vektoren gerade eben nicht auf ein Koordinatensystem Bezug genommen werden braucht, ist der Unterschied für die *Rechnung* mit Vektoren offenbar bedeutungslos.

Die Abhängigkeit des Vektors vom Ort oder von der Zeit muß natürlich auf den Bildraum selbst oder die den Vektor abbildende Strecke übertragen werden.

Ist in einem Gebiet jedem Punkt ein beliebiger, im allgemeinen stetig mit dem Ort sich ändernder Wert eines Vektors zugeordnet, so nennt man dies Gebiet ein Vektorfeld und spricht in diesem Sinn von Kraftfeld, Momentenfeld, Geschwindigkeitsfeld usw.

Im Gegensatz zu den Vektoren stehen die Größen, zu deren vollständiger Bestimmung nur eine Angabe, *der absolute Betrag*, notwendig ist, weil ihrem Begriff jede Beziehung zu einer Richtung im Raum fehlt. Als Beispiele solcher Größen, der sogenannten *Skalare*, sind an erster

---

[1]) Die Bezeichnung stammt von W. Voigt. Maxwell (Treatise on electricity and magnetism. London 1873, 1, Art. 15) bezeichnete die Vektoren als translatorisch und rotatorisch. Wiechert (Ann. Phys. u. Chem. *59*, 1896, S. 187) nannte sie Vektoren und Rotoren.

Stelle die absoluten Beträge der Vektoren zu nennen, d. h. die Längen der Vektoren ohne Rücksicht auf ihre Richtung, ferner Winkel, Temperaturspannen, Zeitspannen u. a.[1]).

Wir nennen eine Größe einen Skalar, *wenn die Gesamtheit der verschiedenen Werte, die sie annehmen kann in umkehrbar eindeutiger Weise einer Reihe reeller Zahlen zugeordnet werden kann.* Es sind Größen ohne Richtung[2]).

Um im folgenden durch den Anblick der Zeichen schon erkennen zu lassen, ob eine Größe Vektor oder Skalar ist, wollen wir, wie üblich ist, die Vektoren in der Regel durch *deutsche* kleine oder große Buchstaben bezeichnen, die skalaren Größen i. a. durch *lateinische.* Den absoluten Betrag eines Vektors und den Vektor selbst werden wir i. a. durch gleichlautende Buchstaben angeben.

§ 3. Addition, Subtraktion von Vektoren, Multiplikation der Vektoren mit skalaren Größen

Zwei beliebig gerichtete Strecken $\mathfrak{a}$ und $\mathfrak{b}$ (Fig. 4) werden addiert, indem man den Anfangspunkt der zweiten

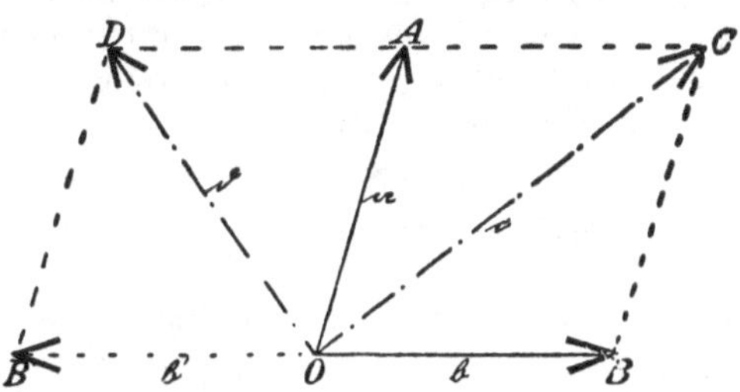

Fig. 4

[1]) Zuweilen wurden auch Größen, die durch Angabe einer sich auf ein Maßsystem beziehenden Zahl bestimmt sind, als Skalare bezeichnet, wie die Temperatur selbst, die Zeit selbst. In dieser allgemeineren Bedeutung ist aber „Skalar" nichts anderes als „Zahl" und die Einführung der Bezeichnung ist überflüssig. Skalare im strengeren Sinne sind bei Änderungen des Bezugssystems *invariant.*

[2]) Skalare als *Tensoren nullter Stufe* s. § 43.

Strecke an den Endpunkt der ersten parallel verschiebt und die Verbindungslinie vom Anfangspunkt der ersten zum Endpunkt der verschobenen zweiten zieht. Diese Verbindungslinie OC, die Summe der beiden Strecken $\mathfrak{a}$ und $\mathfrak{b}$, ist die vom willkürlich gewählten Anfangspunkt O ausgehende Diagonale des Parallelogramms $OACB$, dessen zwei an den Anfangspunkt der Diagonale stoßende Seiten die von dem Punkte O aus beginnenden Strecken sind.

Da die Vektoren entspr. der Definition durch gerichtete Strecken darzustellen sind, werden Vektoren addiert wie gerichtete Strecken. Operationszeichen für die Addition von Vektoren ist das algebraische Additionszeichen $+$, indem ein Mißverständnis durch die Anwendung der deutschen Buchstaben für Vektoren vermieden werden kann. In Fig. 4 ist

$$\mathfrak{a} + \mathfrak{b} = \mathfrak{c}. \tag{1}$$

Die Differenz zweier Vektoren ist nichts anderes als die Summe des ersten und des in entgegengesetzter Richtung genommenen zweiten Vektors, also darstellbar durch die von O ausgehende Diagonale des Parallelogramms $OADB'$, dessen an O anstoßende Seiten der erste Vektor und der nach entgegengesetzter Richtung gezeichnete zweite Vektor, also $-\mathfrak{b} = \mathfrak{b}'$, sind. Oder es ist also

$$\mathfrak{a} - \mathfrak{b} = \mathfrak{d}. \tag{2}$$

Die beiden Diagonalen des aus den Vektoren $\mathfrak{a}$ und $\mathfrak{b}$ gebildeten Parallelogramms stellen nach Größe und Richtung die Summe resp. die Differenz der zwei Vektoren dar.

Die Differenz zweier Vektoren ist Null, die Vektoren sind einander gleich, wenn sie gleiche Größe und gleiche Richtung haben. (Vergl. die Folgerung aus der Definition, S. 12).

Aus der Anschauung ergibt sich sofort, daß

$$\mathfrak{a} + \mathfrak{b} = \mathfrak{b} + \mathfrak{a}$$

ist, d. h. das *kommutative* Gesetz gilt.

Die Summe mehrerer Vektoren $\mathfrak{a}_1 \cdots \mathfrak{a}_n$ wird gewonnen durch Addition des dritten zu der Summe der ersten beiden, des vierten zu der Summe der ersten drei usw. Da es auch hier auf die Reihenfolge nicht ankommt, so kann die Gruppierung geändert werden, d. h. es gilt auch das *assoziative* Gesetz:

$$(\mathfrak{a}_1 + \mathfrak{a}_2) + \mathfrak{a}_3 + \cdots = \mathfrak{a}_1 + (\mathfrak{a}_2 + \mathfrak{a}_3) + \cdots.$$

Beispiel: Gleichung (1) können wir schreiben:

$$\mathfrak{a} + \mathfrak{b} - \mathfrak{c} = 0,$$

oder wenn wir setzen: $-\mathfrak{c} = \mathfrak{c}'$,

$$\mathfrak{a} + \mathfrak{b} + \mathfrak{c}' = 0.$$

Fassen wir die Vektoren $\mathfrak{a}, \mathfrak{b}, \mathfrak{c}'$ als Kräfte auf, so haben wir den bekannten Satz:

Lassen sich Kräfte, die an einem Punkt angreifen, der Größe und Richtung nach durch solche Strecken darstellen, daß man sie durch parallele Verschiebung zu einem geschlossenen Polygon zusammensetzen kann, so halten sie sich das Gleichgewicht.

Addieren wir m gleiche (d. h. gleich große und gleichgerichtete) Vektoren, so erhalten wir einen Vektor von gleicher Richtung und der m-fachen Länge. Ist der absolute Betrag des Vektors $\mathfrak{a}$ gleich a,

$$|\mathfrak{a}| = a,$$

so stellt $\frac{\mathfrak{a}}{a}$ einen Vektor von gleicher Richtung wie $\mathfrak{a}$ und dem absoluten Betrag 1 dar. Man nennt einen solchen Vektor einen Einheitsvektor[1]). Im allgemeinen ist also ein Vektor das Produkt einer skalaren Größe mit einem Einheitsvektor. Für diese „skalare" Multiplikation gilt, wie aus der Anschauung hervorgeht, ebenfalls wie bei der Addition das kommutative und assoziative Gesetz.

Wir wollen festsetzen, daß die Einheitsvektoren als dimensionslose Größen anzusehen sind. Die Dimension legen wir dem absoluten Betrage bei, der Einheitsvektor gebe allein die Richtung an. Ist z. B. die Geschwindigkeit einer Kugel 400 m/s, und hat die durch die Winkel φ und ϑ gegen feste Achsen bestimmte Richtung, so sagen wir, daß der Einheitsvektor vom absoluten Betrage 1 die

[1]) Statt dessen auch „Einsvektor".

Richtung (φ, ϑ) dieser Geschwindigkeit angibt, während der absolute Betrag der Geschwindigkeit 400 m/s ist.

Die Einheitsvektoren sollen durch einen horizontalen Strich über dem Buchstaben markiert werden, z. B. $\bar{\mathfrak{a}}$.

§ 4. Zerlegung von Vektoren

Um die Richtung eines Vektors oder der ihn darstellenden Strecke angeben zu können, müssen wir ihn auf zwei willkürlich gewählte Richtungen in dem Bildraum beziehen.

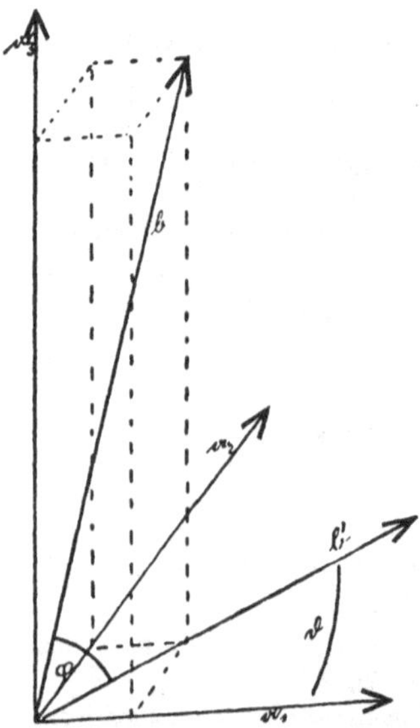

Fig. 5

Wir legen zwei solche Richtungen durch die beiden Einheitsvektoren $\bar{\mathfrak{a}}_1$ und $\bar{\mathfrak{a}}_2$ fest. Dann ist die Richtung eines Vektors $\mathfrak{b}$ gegeben durch den Winkel φ zwischen $\mathfrak{b}$ und seiner recht- oder schiefwinkligen Projektion b' von einer 3. nicht in die Ebene von $\mathfrak{a}_1$ und $\mathfrak{a}_2$ fallenden Richtung $\bar{\mathfrak{a}}_3$ aus in die Ebene $\bar{\mathfrak{a}}_1, \bar{\mathfrak{a}}_2$ und durch den Winkel ϑ dieser Projektion gegen einen der beiden Vektoren $\mathfrak{a}_1$ oder $\mathfrak{a}_2$. Zur völligen Bestimmung des Vektors $\mathfrak{b}$ gehört noch die Angabe des absoluten Betrages (Fig. 5).

An Stelle dieser drei Angaben (φ, ϑ, $|\mathfrak{b}|$) können wir mit Bezugnahme auf die drei Vektoren $\bar{\mathfrak{a}}_1$, $\bar{\mathfrak{a}}_2$, $\bar{\mathfrak{a}}_3$ drei andere Angaben machen: Durch den Endpunkt von $\mathfrak{b}$ legen wir drei Ebenen, die den Ebenen: $\bar{\mathfrak{a}}_1, \bar{\mathfrak{a}}_2$; $\bar{\mathfrak{a}}_2, \bar{\mathfrak{a}}_3$; $\bar{\mathfrak{a}}_3, \bar{\mathfrak{a}}_1$ parallel sind. $\mathfrak{b}$ ist dann eine Diagonale des Parallelepipeds, dessen Kanten $\mathfrak{b}_1$, $\mathfrak{b}_2$, $\mathfrak{b}_3$ den drei Achsen parallel sind, eine Diagonale, die sich daher durch die mit skalaren Größen multiplizierten drei Einheitsvektoren $\bar{\mathfrak{a}}_1, \bar{\mathfrak{a}}_2, \bar{\mathfrak{a}}_3$ ausdrücken läßt. Nach § 3 ist diese Diagonale gleich der Summe der drei Seiten. Es ist:

$$\mathfrak{b} = b_1\bar{\mathfrak{a}}_1 + b_2\bar{\mathfrak{a}}_2 + b_3\bar{\mathfrak{a}}_3 .$$

Daraus geht hervor, daß ein Vektor sich durch *drei* nichtkomplanare, willkürliche Einheitsvektoren und skalare Größen bestimmen läßt, — durch *zwei* dann und nur dann, wenn der Vektor in die Ebene dieser beiden Einheitsvektoren fällt, $b_1 = 0$ ist, also:

$$\mathfrak{b} = b_2\bar{\mathfrak{a}}_2 + b_3\bar{\mathfrak{a}}_3 ,$$

Bedingung der Komplanarität dreier Vektoren, — durch *einen* dann und nur dann, wenn der Vektor in die Richtung dieses Einheitsvektors fällt, $b_1 = b_2 = 0$ ist, also:

$$\mathfrak{b} = b_3\bar{\mathfrak{a}}_3 ,$$

Bedingung der Kollinearität. Man nennt die drei Projektionen die Komponenten des Vektors und sagt:

Zur vollständigen Bestimmung des Vektors $\mathfrak{b}$ *im Raume ist hinreichend und notwendig die Angabe von Komponenten des Vektors in drei willkürlich vorgegebenen, nichtkomplanaren Richtungen.*

Die Komponenten, selbst Vektoren in den 3 nicht komplanaren Richtungen, bilden ein Dreibein.

Ein spezieller Fall hiervon ist die Angabe des Vektors durch Komponenten in drei zueinander senkrechten Richtungen, die Darstellung des Vektors in einem rechtwinkligen Koordinatensystem. Die Einheitsvektoren in Richtung dreier willkürlich gewählter, rechtwinklig zueinander stehender Achsen werden in der Regel durch die drei Buchstaben $\mathfrak{i}, \mathfrak{j}, \mathfrak{k}$ wiedergegeben (und wenn mehrere derartige Achsensysteme in einer Entwicklung vorkommen, durch $\mathfrak{i}', \mathfrak{i}''$ usw. oder $\mathfrak{i}^*$).

Die Vektoren $\mathfrak{i}, \mathfrak{j}, \mathfrak{k}$ bilden ein normiertes Dreibein.

Jeder Vektor ist also in der Form darstellbar:

$$\mathfrak{b} = x\mathfrak{i} + y\mathfrak{j} + z\mathfrak{k},$$

wo x, y, z skalare Größen bedeuten.

Diese skalaren Größen selbst, und damit die Komponenten in 3 willkürlich vorgegebenen Richtungen $\mathfrak{b}_1, \mathfrak{b}_2, \mathfrak{b}_3$ oder $\mathfrak{x}, \mathfrak{y}, \mathfrak{z}$, vektoriell zu finden, kann erst später (in § 7, § 13 und § 15) gelehrt werden.

§ 5. Gleichungen zwischen Vektoren

Aus diesen Betrachtungen ergeben sich die folgenden Sätze:

1. Zwei Vektoren sind einander gleich dann und nur dann, wenn die sie definierenden drei Bestimmungsstücke paarweise einander gleich sind. Eine lineare Gleichung zwischen Vektoren ist somit drei Gleichungen zwischen skalaren Größen, d. h. drei gewöhnlichen algebraischen Gleichungen, äquivalent.

2. Die Gleichung:

$$\mathfrak{a}_1 = x\mathfrak{a}_2 + y\mathfrak{a}_3$$

ist bei variablem x und y die vektoranalytische Darstellung einer Ebene, die die beiden Vektoren $\mathfrak{a}_2$ und $\mathfrak{a}_3$ enthält, denn sie stellt die Gesamtheit aller in dieser Ebene liegenden Geraden dar.

$$\mathfrak{a}_1 = x\mathfrak{a}_2 + y\mathfrak{a}_3 + \mathfrak{a}_4$$

ist die Gleichung einer Ebene, die den Vektoren $\mathfrak{a}_2$ und $\mathfrak{a}_3$ parallel ist und durch den Endpunkt von $\mathfrak{a}_4$ geht.

3. Ferner ist

$$\mathfrak{a}_1 = \mathfrak{a}_2 + x\mathfrak{a}_3$$

der Ausdruck einer zu $\mathfrak{a}_3$ parallelen, durch den Endpunkt von $\mathfrak{a}_2$ hindurchgehenden Geraden.

4. Die Endpunkte von drei (bzw. vier) von demselben Ausgangspunkt ausgehenden Vektoren liegen in einer Geraden (bzw. Ebene), wenn zwischen den drei (bzw. vier) Vektoren eine lineare Gleichung existiert, in der die Summen aller Vektorkomponenten zu beiden Seiten des Gleichheitszeichens einander gleich sind.

Denn liegt der Endpunkt von $\mathfrak{a}_1$ auf der Geraden durch die Endpunkte von $\mathfrak{a}_2$ und $\mathfrak{a}_3$ (bzw. in der Ebene durch die Endpunkte von $\mathfrak{a}_2, \mathfrak{a}_3, \mathfrak{a}_4$), so gilt:

$$x(\mathfrak{a}_2 - \mathfrak{a}_3) = \mathfrak{a}_1 - \mathfrak{a}_3$$

$$[\text{bzw. } x(\mathfrak{a}_2 - \mathfrak{a}_4) + y(\mathfrak{a}_3 - \mathfrak{a}_4) = \mathfrak{a}_1 - \mathfrak{a}_4].$$

In diesem Lehrsatz lassen sich Haupt- und Nebensatz miteinander vertauschen.

Beispiel. Es soll gezeigt werden, daß die Diagonale eines Parallelogramms im Verhältnis von $n:1$ durch die Verbindungslinie einer Ecke mit dem $(n-1)$ten Teil der Gegenseite geteilt wird.

In Fig. 6 sei

$$\mathfrak{a}' = \frac{1}{n-1}\mathfrak{a}_2, \qquad \mathfrak{c} = \frac{1}{x}\mathfrak{b}_1.$$

Nach Voraussetzung ist

$$\mathfrak{b}_1 = \mathfrak{a}_1 + \mathfrak{a}_2,$$

oder

$$\mathfrak{b}_1 = \mathfrak{a}_1 + (n-1)\,\mathfrak{a}'.$$

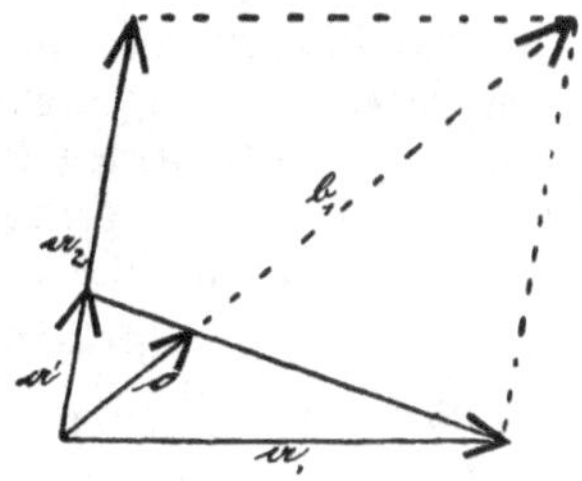

Fig. 6

Da der Endpunkt von $\mathfrak{c}$ so gewählt werden soll, daß er auf der Geraden durch die Endpunkte von $\mathfrak{a}_1$ und $\mathfrak{a}'$ liegt, so muß nach dem eben ausgesprochenen Satz

$$x = 1 + (n-1) = n$$

sein, was zu beweisen war.

§ 6. Multiplikation von Vektoren

Die Multiplikation skalarer Größen untereinander oder mit Vektoren folgt den Regeln der gewöhnlichen Algebra (vgl. § 3), es gilt das *assoziative* und *kommutative* Gesetz, d. h. es ist

$$m(n\mathfrak{a}) = n(m\mathfrak{a}) = (mn)\,\mathfrak{a},$$

wie auch das *distributive* Gesetz, d. h. es ist

$$m(\mathfrak{a} + \mathfrak{b}) = m\mathfrak{a} + m\mathfrak{b}$$

und

$$(m+n)\,\mathfrak{a} = m\mathfrak{a} + n\mathfrak{a}.$$

Die Multiplikation von Vektoren untereinander folgt anderen Regeln. Um diese abzuleiten, gehen wir von der Erfahrung aus, auf die sie ja anwendbar sein soll.

1. Das Produkt aus der der Größe und Richtung nach gegebenen Kraft $\mathfrak{P}$ und der in gleicher Weise gegebenen

Wegstrecke $\mathfrak{s}$, längs welcher sie wirkt, bestimmt der Größe nach eine Arbeit:

$$A = Ps \cos(\mathfrak{P}\mathfrak{s}).$$

2. Das Produkt aus einer Kraft $\mathfrak{P}$, die an einem Punkt eines um einen Punkt drehbaren Körpers angreift, und der Entfernung $\mathfrak{r}$ der beiden Punkte bestimmt der Größe und Richtung nach einen Vektor, das statische Moment $\mathfrak{M}$; der absolute Betrag desselben ist

$$M = Pr \sin(\mathfrak{P}\mathfrak{r});$$

seine Richtung ist senkrecht zur Ebene $(\mathfrak{P}, \mathfrak{r})$ und zwar so, daß die kürzeste Drehung der Kraftrichtung in die Richtung: Angriffspunkt → Drehpunkt, von der positiven Seite der Drehungsachse gesehen, entgegen dem Sinn des Uhrzeigers verläuft, in Übereinstimmung mit der Festsetzung in § 1.

Aus dem 1. Beispiel folgt:

Das Produkt zweier Vektoren kann eine skalare Größe sein, deren Betrag gleich ist dem Produkt der absoluten Beträge der zwei Vektoren, multipliziert mit dem Kosinus des Winkels zwischen den beiden Richtungen der Vektoren, oder gleich dem Produkt des absoluten Betrages des einen Vektors und der Projektion des anderen auf die Richtung des ersteren.

Aus dem 2. Beispiel folgt:

Das Produkt zweier Vektoren kann einen neuen Vektor darstellen, dessen absoluter Betrag gleich dem Flächeninhalt des aus den Vektoren als Seiten gebildeten Parallelogramms ist, und dessen Richtung senkrecht zu der Ebene der beiden Vektoren zeigt und nach der Seite, daß für einen, der in dieser Richtung steht, die kürzeste Drehung des bei Angabe des Produktes zuerst genannten Vektors in die Richtung des anderen entgegen dem Sinn des Uhrzeigers verläuft.

Das erste Produkt bezeichnet man als **skalares Produkt**[1]) mit der symbolischen Schreibweise $(\mathfrak{a}, \mathfrak{b})$ oder $\mathfrak{a}\mathfrak{b}$ oder $\mathfrak{a} \cdot \mathfrak{b}$; das zweite führt den Namen **vektorielles Produkt** oder **Vektorprodukt**[2]) mit dem im folgenden benutzten Symbol $[\mathfrak{a}\mathfrak{b}]$ oder $[\mathfrak{a} \cdot \mathfrak{b}]$ oder $[\mathfrak{a}, \mathfrak{b}]$ oder dem jetzt wieder häufiger gebrauchten $\mathfrak{a} \times \mathfrak{b}$.

§ 7. Skalares Produkt

1. Aus der Definition des skalaren Produktes:

$$\mathfrak{a}\mathfrak{b} = |\mathfrak{a}| \cdot |\mathfrak{b}| \cdot \cos(\mathfrak{a}\mathfrak{b})$$

folgt unmittelbar die Gültigkeit des *kommutativen* Gesetzes:

$$(1) \qquad \mathfrak{a}\mathfrak{b} = \mathfrak{b}\mathfrak{a},$$

da $\qquad \cos(\mathfrak{a}\mathfrak{b}) = \cos(\mathfrak{b}\mathfrak{a})$ ist.

Für die Multiplikation mit skalaren Größen besteht das *assoziative* Gesetz, es ist

$$(x\mathfrak{a})\mathfrak{b} = x(\mathfrak{a}\mathfrak{b}) = x\,|\mathfrak{a}| \cdot |\mathfrak{b}| \cdot \cos(\mathfrak{a}\mathfrak{b}),$$

da das assoziative Gesetz für die Multiplikation der absoluten Beträge nach den Regeln der Algebra Gültigkeit besitzt. Endlich ergibt sich aus der Definition des skalaren Produktes und der Tatsache, daß die Summe der Projektionen von Strecken auf eine Strecke gleich der Projektion der Summe der Strecken ist, das distributive Gesetz:

$$(\mathfrak{a} + \mathfrak{b})\,\mathfrak{c} = \mathfrak{a}\mathfrak{c} + \mathfrak{b}\mathfrak{c}.$$

2. *Das skalare Produkt eines Vektors mit einem Einheitsvektor ist nichts anderes als die senkrechte Projektion des Vektors*

[1]) Die Bezeichnung geht auf Hamilton zurück, er benutzte für den negativ genommenen Betrag das Symbol:

$$S\,\mathfrak{a}\mathfrak{b} = -|\mathfrak{a}| \cdot |\mathfrak{b}| \cdot \cos(\mathfrak{a}, \mathfrak{b});$$

Graßmann nannte dasselbe inneres Produkt und schrieb $[\mathfrak{a} \mid \mathfrak{b}]$; Gibbs sprach von einem „direct product“, oder „dot product“, $\mathfrak{a} \cdot \mathfrak{b}$ oder $(\mathfrak{a}, \mathfrak{b})$; Heaviside schrieb $\mathfrak{a}\mathfrak{b}$.

[2]) Graßmann: äußeres Produkt, $[\mathfrak{a}\mathfrak{b}]$; Hamilton: vektorieller Teil des Quaternionenproduktes, $V\mathfrak{a}\mathfrak{b}$; Gibbs: Vektorprodukt oder „skew product“ oder „cross product“, $\mathfrak{a} \times \mathfrak{b}$.

auf die Richtung des Einheitsvektors. Das skalare Produkt zweier Einheitsvektoren ist gleich dem Kosinus des Winkels zwischen ihren Richtungen. Die Gleichung:

$$\mathfrak{a}\mathfrak{b} = 0 \tag{2}$$

zwischen zwei Vektoren von endlichem Betrag ist somit der *Ausdruck dafür, daß die Vektoren senkrecht zueinander stehen* (Bedingung der Orthogonalität).

Um nicht Widerspruch mit der definitionsmäßig geforderten Regel der Algebra zu empfinden, nach welcher ein Produkt nur verschwinden kann, wenn einer der Faktoren Null ist, müssen wir uns immer daran erinnern, daß das Zeichen $(\mathfrak{a}, \mathfrak{b})$ oder $\mathfrak{a}\mathfrak{b}$ ein Symbol ist und nicht Produkt der beiden Größen $\mathfrak{a}$ und $\mathfrak{b}$, sondern das Produkt der einen mit der Projektion der anderen auf die erste darstellt.

Fallen die Richtungen der Vektoren zusammen, so ist das skalare Produkt der Vektoren gleich dem Produkt der absoluten Beträge. Im besonderen ist

$$\mathfrak{a}^2 = \mathfrak{a} \cdot \mathfrak{a} = a^2. \tag{3}$$

$\mathfrak{a}^2$ wird als *Norm* des Vektors $\mathfrak{a}$ bezeichnet.

Hieraus folgen für die Einheitsvektoren in 3 zueinander senkrechten Achsenrichtungen $\mathfrak{i}, \mathfrak{j}, \mathfrak{k}$ die Beziehungen:

$$\begin{aligned} \mathfrak{i}\mathfrak{i} &= \mathfrak{j}\mathfrak{j} = \mathfrak{k}\mathfrak{k} = 1, \\ \mathfrak{i}\mathfrak{j} &= \mathfrak{j}\mathfrak{k} = \mathfrak{k}\mathfrak{i} = 0. \end{aligned} \tag{4}$$

Sind die Vektoren $\mathfrak{a}$ und $\mathfrak{b}$ durch die Einheitsvektoren $\mathfrak{i}, \mathfrak{j}, \mathfrak{k}$ ausgedrückt,

$$\begin{aligned} \mathfrak{a} &= a_1\mathfrak{i} + a_2\mathfrak{j} + a_3\mathfrak{k}, \\ \mathfrak{b} &= b_1\mathfrak{i} + b_2\mathfrak{j} + b_3\mathfrak{k}, \end{aligned} \tag{5}$$

so kann auf Grund der Gleichungen (4) das skalare Produkt geschrieben werden:

$$\mathfrak{a}\mathfrak{b} = a_1 b_1 + a_2 b_2 + a_3 b_3 \tag{6}$$

und

$$\mathfrak{a}^2 = a^2 = a_1^2 + a_2^2 + a_3^2.$$

Der absolute Betrag a eines Vektors $\mathfrak{a}$ ist also:

(7) $$|\mathfrak{a}| = a = +\sqrt{a_1^2 + a_2^2 + a_3^2}.$$

Durch Multiplikation der Gleichung (5_1) mit dem Einheitsvektor $\mathfrak{i}$, resp. $\mathfrak{j}$, $\mathfrak{k}$, erhalten wir:

(8) $$\begin{cases} a_1 = \mathfrak{a}\mathfrak{i} = a \cos(\mathfrak{a}\mathfrak{i}), \\ a_2 = \mathfrak{a}\mathfrak{j} = a \cos(\mathfrak{a}\mathfrak{j}), \\ a_3 = \mathfrak{a}\mathfrak{k} = a \cos(\mathfrak{a}\mathfrak{k}), \end{cases}$$

woraus die Bedeutung dieser skalaren Komponenten als der mit dem absoluten Betrag a des Vektors multiplizierten Richtungskosinus zu erkennen ist.

Sind die Vektoren durch drei nicht in einer Ebene liegende, *schiefwinklig* zueinanderstehende Einheitsvektoren $\mathfrak{l}$, $\mathfrak{m}$, $\mathfrak{n}$ ausgedrückt:

$$\mathfrak{a} = a_1\mathfrak{l} + a_2\mathfrak{m} + a_3\mathfrak{n},$$
$$\mathfrak{b} = b_1\mathfrak{l} + b_2\mathfrak{m} + b_3\mathfrak{n},$$

so nimmt das Produkt die Form an:

(9) $$\mathfrak{a}\mathfrak{b} = a_1b_1 + a_2b_2 + a_3b_3 + (a_1b_2 + b_1a_2)\,\mathfrak{m}\mathfrak{l} + (a_2b_3 + b_2a_3)\,\mathfrak{n}\mathfrak{m} + (a_3b_1 + b_3a_1)\,\mathfrak{l}\mathfrak{n}.$$

§ 8. Anwendungen

1. In nebenstehendem Dreieck (Fig. 7) ist

(1) $$\mathfrak{a} + \mathfrak{b} + \mathfrak{c} = 0,$$

also

$$\mathfrak{a}^2 = \mathfrak{b}^2 + 2\mathfrak{b}\mathfrak{c} + \mathfrak{c}^2;$$

in die Sprache der Geometrie übersetzt, ist das der Kosinussatz:

$$a^2 = b^2 + c^2 + 2bc\cos(180 - \alpha) = b^2 + c^2 - 2bc\cos\alpha.$$

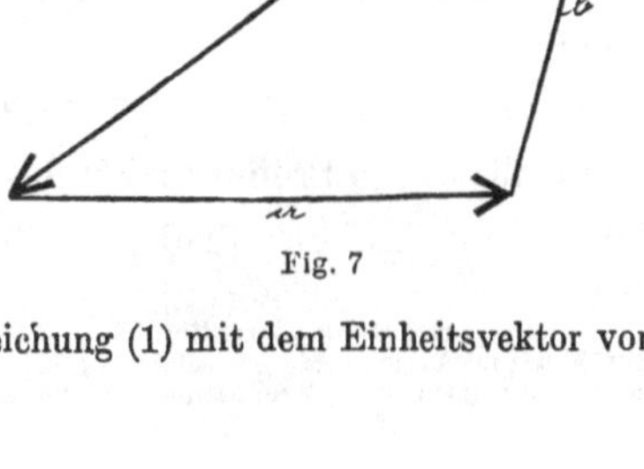

Fig. 7

2. Multiplizieren wir Gleichung (1) mit dem Einheitsvektor von $\mathfrak{a}$, so kommt:

$$-a = b\cos(\mathfrak{b}\mathfrak{a}) + c\cos(\mathfrak{c}\mathfrak{a}),$$

eine bekannte Dreiecksformel.

3. In einem Parallelogramm ist die Summe der Quadrate der Diagonalen gleich der doppelten Summe der Quadrate der nichtparallelen Seiten:

$$\mathfrak{c}^2 = (\mathfrak{a} + \mathfrak{b})^2$$
$$\mathfrak{d}^2 = (\mathfrak{a} - \mathfrak{b})^2,$$
$$\mathfrak{c}^2 + \mathfrak{d}^2 = 2(\mathfrak{a}^2 + \mathfrak{b}^2);$$

ferner:

$$\mathfrak{c}^2 - \mathfrak{d}^2 = 4\mathfrak{a}\mathfrak{b}.$$

§ 9. Vektorielles Produkt

Das zur Ableitung der Definition des vektoriellen Produkts gewählte Beispiel läßt uns sofort die Beziehungen erkennen, die zwischen dem einen Vektor darstellenden Produkt und seinen vektorischen Faktoren bestehen müssen. Sie gelten ganz allgemein ohne Rücksicht auf den Charakter oder die spezielle Bedeutung jener Vektoren (polar oder axial).

Die Definition des Vektorproduktes lautet in vektoranalytischer Schreibweise:

$$\mathfrak{c} = [\mathfrak{a}, \mathfrak{b}] = ab\sin(\mathfrak{a}\mathfrak{b})\,\bar{\mathfrak{c}}, \tag{1}$$

wenn $\bar{\mathfrak{c}}$ ein Einheitsvektor senkrecht zu der Ebene der Vektoren $\mathfrak{a}$ und $\mathfrak{b}$ und so gerichtet ist, daß für diese Richtung die kürzeste Drehung des Vektors $\mathfrak{a}$ in die Richtung $\mathfrak{b}$ in dem früher definierten Sinn positiv genannt werden kann; $\mathfrak{c}$ bestimmt der Größe und Richtung nach ein Parallelogramm[1]).

1. Da
$$\sin(\mathfrak{a}\mathfrak{b}) = -\sin(\mathfrak{b}\mathfrak{a}),$$

so gilt für dieses Produkt *nicht* das *kommutative Gesetz*, es ist

$$[\mathfrak{a}\mathfrak{b}] = -[\mathfrak{b}\mathfrak{a}]. \tag{2}$$

[1]) Man spricht hier zuweilen von „Plangrößen" und meint damit das durch $\mathfrak{a}$ und $\mathfrak{b}$ gebildete Parallelogramm; den dazu senkrechten Vektor $\mathfrak{c}$ nennt man dann die „Ergänzung der Plangröße".

Die Multiplikation mit einer skalaren Größe, eine Operation, die sich ja nur auf den absoluten Betrag der Vektoren, nicht auf die Richtung beziehen kann, muß wieder der *assoziativen* Regel folgen:

$$[x\mathfrak{a}, \mathfrak{b}] = [\mathfrak{a}, x\mathfrak{b}] = x[\mathfrak{a}, \mathfrak{b}].$$

Ebenso behält das *distributive Gesetz für die vektorielle Produktbildung mehrerer Vektoren* Gültigkeit, d. h. es ist

(3) $$[\mathfrak{a} + \mathfrak{b}, \mathfrak{c}] = [\mathfrak{a}, \mathfrak{c}] + [\mathfrak{b}, \mathfrak{c}].$$

Erster Fall. Es sei $\mathfrak{c}$ nicht komplanar mit $\mathfrak{a}$ und $\mathfrak{b}$. Wir setzen $\mathfrak{a} + \mathfrak{b} = \mathfrak{d}$. Der Einfachheit halber nehmen wir an, $\mathfrak{c}$ sei ein Einheitsvektor $\bar{\mathfrak{c}}$; dann ist der Vektor $[\mathfrak{d}, \mathfrak{c}]$ seinem absoluten Betrag nach gleich (Fig. 8).

$$|[\mathfrak{d}\bar{\mathfrak{c}}]| = d \sin(\mathfrak{d}\bar{\mathfrak{c}}) \equiv d',$$

Ebenso:
$$|[\mathfrak{a}\bar{\mathfrak{c}}]| = a \sin(\mathfrak{a}\bar{\mathfrak{c}}) \equiv a',$$
$$|[\mathfrak{b}\bar{\mathfrak{c}}]| = b \sin(\mathfrak{b}\bar{\mathfrak{c}}) \equiv b'.$$

Die Richtungen der drei Vektoren sind senkrecht zu den Parallelogrammen: $(\mathfrak{d}, \bar{\mathfrak{c}})$ resp. $(\mathfrak{a}, \bar{\mathfrak{c}})$, $(\mathfrak{b}, \bar{\mathfrak{c}})$. d', a', b' sind gleich den absoluten Beträgen der Projektionen $\mathfrak{d}', \mathfrak{a}', \mathfrak{b}'$, durch welche die Vektoren $\mathfrak{d}, \mathfrak{a}, \mathfrak{b}$ in einer zu $\mathfrak{c}$ senkrechten Ebene abgebildet werden; da nun die drei Vektoren $\mathfrak{a}, \mathfrak{b}$, $-\mathfrak{d}$ ein geschlossenes Dreieck bilden, so bilden auch die Projektionen in ein und dieselbe Ebene ein geschlosssenes Dreieck, und es ist

$$\mathfrak{a}' + \mathfrak{b}' = \mathfrak{d}'.$$

Drehen wir um $\mathfrak{c}$ als Drehungsachse das Dreieck um 90°, so fallen die Seiten $\mathfrak{d}', \mathfrak{a}', \mathfrak{b}'$ der Größe und Richtung nach mit den Vektoren

$$[\mathfrak{a} + \mathfrak{b}, \bar{\mathfrak{c}}], [\mathfrak{a}\bar{\mathfrak{c}}], [\mathfrak{b}\bar{\mathfrak{c}}]$$

zusammen, so daß die Richtigkeit der obigen Gleichung und damit die Gültigkeit des distributiven Gesetzes für den ersten Fall erwiesen ist.

Zweiter Fall. $\mathfrak{c}$, $\mathfrak{a}$ und $\mathfrak{b}$ liegen in einer Ebene, dann sind alle Richtungen der Vektoren $[\mathfrak{a} + \mathfrak{b}, \mathfrak{c}]$, $[\mathfrak{a}\mathfrak{c}]$, $[\mathfrak{b}\mathfrak{c}]$ parallel, und für die absoluten Beträge, die gleich dem Flächeninhalt

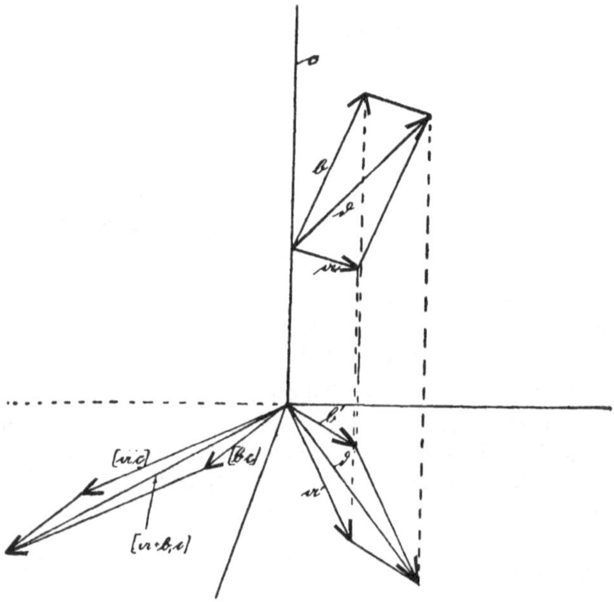

Fig. 8

der Parallelogramme $(\mathfrak{a} + \mathfrak{b}, \mathfrak{c})$, $(\mathfrak{a}, \mathfrak{c})$, $(\mathfrak{b}, \mathfrak{c})$ sind, gilt die Beziehung:

$$|[\mathfrak{a}\mathfrak{c}]| + |[\mathfrak{b}\mathfrak{c}]| = |[\mathfrak{a} + \mathfrak{b}, \mathfrak{c}]|,$$

also ist
$$[\mathfrak{a}\mathfrak{c}] + [\mathfrak{b}\mathfrak{c}] = [\mathfrak{a} + \mathfrak{b}, \mathfrak{c}].$$

2. Der Flächeninhalt eines Parallelogramms $ab \sin(\mathfrak{a}\mathfrak{b})$ mit parallelen Seiten $(\mathfrak{a}, \mathfrak{b})$ ist Null wegen $\sin 0° = 0$, es kann also

(4) $$[\mathfrak{a}\mathfrak{b}] = 0$$

als der *Ausdruck der Parallelität zweier Vektoren* betrachtet werden. *Dagegen ist der absolute Betrag des Produktes senkrechter Vektoren gleich dem Produkt der absoluten Beträge.*

Für die Einheitsvektoren $\mathfrak{i}, \mathfrak{j}, \mathfrak{k}$ folgt hieraus:

(5) $$\begin{cases} [\mathfrak{i}\mathfrak{i}] = [\mathfrak{j}\mathfrak{j}] = [\mathfrak{k}\mathfrak{k}] = 0, \\ [\mathfrak{i}\mathfrak{j}] = -[\mathfrak{j}\mathfrak{i}] = \mathfrak{k}, [\mathfrak{j}\mathfrak{k}] = -[\mathfrak{k}\mathfrak{j}] = \mathfrak{i}, [\mathfrak{k}\mathfrak{i}] = -[\mathfrak{i}\mathfrak{k}] = \mathfrak{j}. \end{cases}$$

Das Produkt zweier durch die Einheitsvektoren $\mathfrak{i}, \mathfrak{j}, \mathfrak{k}$ dargestellter Vektoren $\mathfrak{a}$ und $\mathfrak{b}$ läßt sich in Form einer Determinante schreiben:

(6) $$\begin{aligned} [\mathfrak{a}, \mathfrak{b}] &= [\mathfrak{i}\mathfrak{j}](a_1 b_2 - a_2 b_1) \\ &\quad + [\mathfrak{j}\mathfrak{k}](a_2 b_3 - a_3 b_2) \\ &\quad + [\mathfrak{k}\mathfrak{i}](a_3 b_1 - a_1 b_3) \\ &= \mathfrak{k}(a_1 b_2 - a_2 b_1) = \begin{vmatrix} \mathfrak{i} & \mathfrak{j} & \mathfrak{k} \\ a_1 & a_2 & a_3 \\ b_1 & b_2 & b_3 \end{vmatrix}. \\ &\quad + \mathfrak{i}(a_2 b_3 - a_3 b_2) \\ &\quad + \mathfrak{j}(a_3 b_1 - a_1 b_3) \end{aligned}$$

Die Unterdeterminanten stellen die Projektionen des durch den Vektor $[\mathfrak{a}\mathfrak{b}]$ der Größe und Richtung nach definierten Parallelogramms in die $\mathfrak{j}\mathfrak{k}$, $\mathfrak{k}\mathfrak{i}$, $\mathfrak{i}\mathfrak{j}$-Ebene dar und sind mit $\mathfrak{i}$, bzw. $\mathfrak{j}, \mathfrak{k}$ multipliziert die Komponenten des Vektors $[\mathfrak{a}\mathfrak{b}]$ in den Richtungen $\mathfrak{i}, \mathfrak{j}, \mathfrak{k}$.

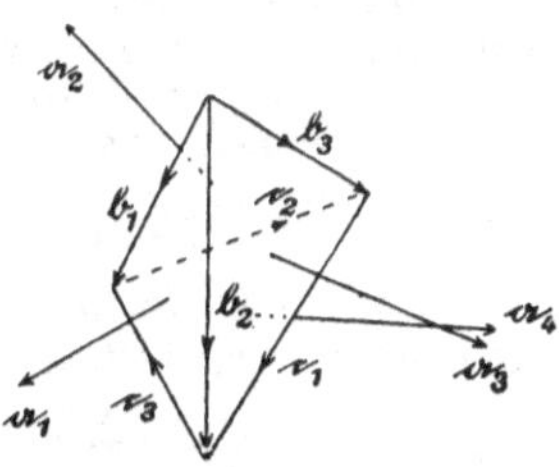

Fig. 9

3. *Die Summe der die Flächen eines Tetraeders darstellenden Vektoren* $\mathfrak{a}_1, \mathfrak{a}_2, \mathfrak{a}_3, \mathfrak{a}_4$ *mit Richtung nach außen*, vgl. Fig. 9, *ist Null.* Denn:

$$\mathfrak{c}_1 = \mathfrak{b}_2 - \mathfrak{b}_3, \; \mathfrak{c}_2 = \mathfrak{b}_3 - \mathfrak{b}_1, \; \mathfrak{c}_3 = \mathfrak{b}_1 - \mathfrak{b}_2,$$

ferner

$$\mathfrak{a}_1 = + \frac{1}{2}[\mathfrak{b}_1\mathfrak{b}_2], \quad \mathfrak{a}_3 = + \frac{1}{2}[\mathfrak{b}_2\mathfrak{b}_3], \quad \mathfrak{a}_2 = + \frac{1}{2}[\mathfrak{b}_3\mathfrak{b}_1],$$

also

$$\mathfrak{a}_4 = + \frac{1}{2}[\mathfrak{c}_1\mathfrak{c}_3] = + \frac{1}{2}[(\mathfrak{b}_2-\mathfrak{b}_3)(\mathfrak{b}_1-\mathfrak{b}_2)] = -\mathfrak{a}_1-\mathfrak{a}_2-\mathfrak{a}_3$$

oder

$$\Sigma\,\mathfrak{a}_i = 0.$$

Allgemein gilt diese Beziehung für geschlossene Polyeder, da sie aus Tetraedern zusammengesetzt gedacht werden können.

§ 10. Anwendung auf die Statik

Ein System von Kräften $\mathfrak{P}_1 \cdots \mathfrak{P}_n$, die an den Punkten $p_1 \cdots p_n$ eines freien, starren Körpers angreifen, halten sich das Gleichgewicht, wenn die resultierende Einzelkraft und das resultierende statische Moment in bezug auf den Koordinatenanfangspunkt Null sind (vgl. § 1). Die Gleichgewichtsbedingungen lauten also:

$$\Sigma\,\mathfrak{P}_i = 0, \tag{1}$$

$$\Sigma[\mathfrak{r}_i\mathfrak{P}_i] = 0, \tag{2}$$

wenn $\mathfrak{r}_i$ der Radiusvektor des Punktes p_i von einem willkürlich gewählten Koordinatenanfangspunkt O ist. Ist kein Gleichgewicht vorhanden, so stellen $\Sigma\,\mathfrak{P}_i$ resp. $\Sigma[\mathfrak{r}_i\mathfrak{P}_i]$ die am Bezugspunkt O angreifende resultierende Kraft und das resultierende statische Moment für den Bezugspunkt O dar. Eine Änderung des Bezugspunktes ändert im allgemeinen $\Sigma[\mathfrak{r}_i\mathfrak{P}_i]$; es sei der neue Bezugspunkt O' durch den Vektor $\mathfrak{a}$, der von O nach O' geht, gegeben, so ist

$$\Sigma[\mathfrak{r}_i\mathfrak{P}_i] = + \Sigma[\mathfrak{a}\mathfrak{P}_i] + \Sigma[\mathfrak{r}_i'\mathfrak{P}_i], \tag{3}$$

worin sich $\mathfrak{r}_i'$ auf den neuen Koordinatenanfangspunkt O' beziehen soll. Ist $\mathfrak{a}$ so gewählt, daß

$$\Sigma[\mathfrak{a}\mathfrak{P}_i] = [\mathfrak{a}\,\Sigma\,\mathfrak{P}_i] = 0,$$

d. h. fällt $\mathfrak{a}$ in die Richtung der resultierenden Einzelkraft, so ist das statische Moment in bezug auf den neuen Koordinatenanfangspunkt O' gleich dem in bezug auf O; d. h. *es kann der Bezugspunkt des statischen Momentes, ohne eine Änderung desselben hervorzurufen, in Richtung der resultierenden Einzelkraft verschoben werden.*

Ist der Körper an dem Punkt O' drehbar befestigt, so wird am Gleichgewicht des Systems nichts geändert, wenn an diesem Punkt eine neue Kraft $\mathfrak{R}$, von welcher Größe und Richtung sie auch sei, angreift. Wählen wir O' als Anfangspunkt, so lauten die Gleichgewichtsbedingungen:

$$\Sigma \mathfrak{P}_i + \mathfrak{R} = 0$$

und

$$\Sigma [\mathfrak{r}'_i, \mathfrak{P}_i] + [0, \mathfrak{R}] = 0.$$

$\mathfrak{R}$ kann nun immer so gewählt werden, daß der ersten Bedingung genügt wird, d. h. $\Sigma \mathfrak{P}_i$ kann jeden beliebigen Wert annehmen; *es bleibt nur die zweite Bedingung zur Existenz des Gleichgewichts übrig*:

$$\Sigma [\mathfrak{r}'_i \mathfrak{P}_i] = 0.$$

Ist der Körper an zwei Punkten O und O' befestigt, also um die Achse $OO' = \mathfrak{a}$ drehbar, so wird wieder am Gleichgewicht nichts geändert, wenn man in den Punkten O und O' der Achse neue Kräfte $\mathfrak{R}$ und $\mathfrak{R}'$, von welcher Größe und Richtung sie auch sein mögen, angreifen läßt. Den Punkt O' der Achse wählen wir als Bezugspunkt, dann lauten die Gleichgewichtsbedingungen:

$$(4) \qquad \begin{cases} \Sigma \mathfrak{P}_i + \mathfrak{R} + \mathfrak{R}' = 0 \\ \Sigma [\mathfrak{r}_i - \mathfrak{a}, \mathfrak{P}_i] - [\mathfrak{a}, \mathfrak{R}] = 0. \end{cases}$$

Statt der zweiten Gleichung können wir schreiben:

$$\Sigma [\mathfrak{r}_i \mathfrak{P}_i] - [\mathfrak{a} \Sigma \mathfrak{P}_i] - [\mathfrak{a} \mathfrak{R}] = 0$$

oder

$$(5) \qquad \Sigma [\mathfrak{r}_i \mathfrak{P}_i] + [\mathfrak{a} \mathfrak{R}'] = 0,$$

worin $\mathfrak{R}'$ willkürlich gewählt werden kann. Nun ist aber $[\mathfrak{a} \mathfrak{R}']$ ein zu $\mathfrak{a}$ senkrechter Vektor. Die Gleichgewichtsbedingung (5) fordert also, daß auch $\Sigma [\mathfrak{r}_i \mathfrak{P}_i]$ ein zu $\mathfrak{a}$ senkrechter Vektor sei. Da Gleichung (4_1) infolge des noch frei verfügbaren $\mathfrak{R}$ stets erfüllt werden kann, heißt das, daß immer dann Gleichgewicht der Kräfte, die an einem um eine Achse drehbaren Körper angreifen, vorhanden ist und nur dann, wenn das resultierende Moment $\mathfrak{M} = \Sigma [\mathfrak{r}_i \mathfrak{P}_i]$ der angreifenden Kräfte der Bedingung genügt:

$$(6) \qquad (\mathfrak{M} \mathfrak{a}) = 0.$$

Im Anschluß hieran wird in Aufgabe 33 (Seite 189) der Satz vom kleinsten statischen Moment abgeleitet.

§ 11. Das skalare Tripelprodukt $\mathfrak{c}\,[\mathfrak{a}\mathfrak{b}]$

Mit den Regeln für die Multiplikation zweier Vektoren sind auch die für die Multiplikation mehrerer Vektoren miteinander gegeben. Durch die Schreibweise muß aber kenntlich gemacht werden, in welcher Reihenfolge die Vektoren miteinander zu multiplizieren sind. In diesem Paragraphen und den folgenden sollen die verschiedenen Möglichkeiten der Produktbildung in den Fällen von 3 und von 4 Vektoren behandelt werden, wobei sich einige wichtige Umrechnungsformeln ergeben.

1. Einfach liegt die Sache, wenn es sich um das Produkt eines Vektors $\mathfrak{c}$ mit einem skalaren Produkt zweier Vektoren $(\mathfrak{a}\mathfrak{b})$ handelt, also um $\mathfrak{c}(\mathfrak{a}\mathfrak{b})$, den mit einer skalaren Größe $(\mathfrak{a}\mathfrak{b})$ multiplizierten Vektor

$$\mathfrak{c}\, ab \cos(\mathfrak{a}\mathfrak{b}).$$

In dem Fall muß auf die Stellung der Klammer geachtet werden; $\mathfrak{c}(\mathfrak{a}\mathfrak{b})$, $(\mathfrak{c}\mathfrak{a})\mathfrak{b}$ und $(\mathfrak{c}\mathfrak{b})\mathfrak{a}$ sind völlig verschiedene Vektoren.

2. Das skalare Produkt eines Vektors $\mathfrak{c}$ mit einem Vektorprodukt $\mathfrak{d} = [\mathfrak{a}\mathfrak{b}]$ hat eine anschauliche Bedeutung; es gibt den Inhalt des Parallelepipeds an, das über dem Parallelogramm $[\mathfrak{a}, \mathfrak{b}]$ als Basis mit dem Vektor $\mathfrak{c}$ als dritter bestimmender Kante errichtet werden kann. Es ist gleich dem Inhalt des Zylinders mit der Grundfläche $\mathfrak{d} = [\mathfrak{a}\mathfrak{b}]$ und der Höhe $\mathfrak{c}\mathfrak{d}$ oder gleich dem Inhalt des Parallelepipeds mit den 3 Kanten $\mathfrak{a}$, $\mathfrak{b}$, $\mathfrak{c}$. Aus dieser Bedeutung folgt, daß wir ohne Änderung des Wertes dieses „skalaren Tripelproduktes" die 3 Vektoren in dem Produkt zyklisch vertauschen können, daß also ist:

$$\mathfrak{c}[\mathfrak{a}\mathfrak{b}] = \mathfrak{b}[\mathfrak{c}\mathfrak{a}] = \mathfrak{a}[\mathfrak{b}\mathfrak{c}]. \tag{1}$$

Denn bei zyklischer Vertauschung behält die Aufeinanderfolge der 3 Vektoren den gleichen Richtungssinn, d. h. wenn die Vektoren $\mathfrak{c}$ und $\mathfrak{d} = [\mathfrak{a}\mathfrak{b}]$ einen spitzen Winkel bilden, gilt dasselbe von den Vektoren $\mathfrak{b}$ und $[\mathfrak{c}\mathfrak{a}]$ und von den Vektoren $\mathfrak{a}$ und $[\mathfrak{b}\mathfrak{c}]$. Dagegen fordert die nicht-zyklische Vertauschung die Änderung des Vorzeichens; es ist

$$(2) \qquad \mathfrak{c}[\mathfrak{a}\mathfrak{b}] = -\mathfrak{c}[\mathfrak{b}\mathfrak{a}] = -\mathfrak{b}[\mathfrak{a}\mathfrak{c}] = -\mathfrak{a}[\mathfrak{c}\mathfrak{b}].$$

Ohne Mißverständnisse befürchten zu müssen, können wir in diesen Ausdrücken die Klammern ganz fortlassen und, wie es häufig geschieht, schreiben:

$$(3) \qquad \mathfrak{c}[\mathfrak{a}\mathfrak{b}] = \mathfrak{c}\mathfrak{a}\mathfrak{b} = -\mathfrak{a}\mathfrak{c}\mathfrak{b}, \text{ oder auch } [\mathfrak{c}\mathfrak{a}\mathfrak{b}].$$

Sind die 3 Vektoren durch die Komponenten nach den Einheitsvektoren $\mathfrak{i}, \mathfrak{j}, \mathfrak{k}$ gegeben, so kann das skalare Tripelprodukt in der Determinantenform geschrieben werden:

$$(4) \qquad \mathfrak{a}\mathfrak{b}\mathfrak{c} = \begin{vmatrix} a_1 & a_2 & a_3 \\ b_1 & b_2 & b_3 \\ c_1 & c_2 & c_3 \end{vmatrix}.$$

Denn die Komponenten des Vektorprodukts $[\mathfrak{a}\mathfrak{b}]$ sind die Unterdeterminanten dieser Determinante, und das skalare Produkt zweier Vektoren ist gleich der Summe der Produkte der Komponenten.

Beziehen wir pie Vektoren auf ein entgegengesetzt gerichtetes Achsensystem, so ändern die Vektoren ihr Vorzeichen, damit auch die skalare Größe $(\mathfrak{a}\mathfrak{b}\mathfrak{c})$. Man hat skalare Größen, deren Vorzeichen von der Richtung des Bezugssystems abhängig ist, Pseudoskalare genannt; Klein und Timerding unterschieden die beiden Arten durch die Bezeichnung: Skalar erster und zweiter Art.

Liegt $\mathfrak{c}$ in der Ebene von $\mathfrak{a}$ und $\mathfrak{b}$, so ist der Inhalt des aus den drei Vektoren gebildeten Parallelepipeds Null, also

$\mathfrak{c}[\mathfrak{a}\mathfrak{b}] = 0$. Dies geht auch unmittelbar aus der Rechnung hervor, wenn wir $\mathfrak{c}$ durch die Vektoren $\mathfrak{a}$ und $\mathfrak{b}$ ausdrücken, welches in dem Fall der Komplanarität möglich ist. Es sei

$$\mathfrak{c} = x\mathfrak{a} + y\mathfrak{b},$$

dann lautet das Produkt:

$$x\mathfrak{a}[\mathfrak{a}\mathfrak{b}] + y\mathfrak{b}[\mathfrak{a}\mathfrak{b}] = x\mathfrak{b}[\mathfrak{a}\mathfrak{a}] + y\mathfrak{a}[\mathfrak{b}\mathfrak{b}] = 0.$$

Ein wichtiges Beispiel eines solchen skalaren Produktes dreier Vektoren liefert der sogenannte Vektorfluß durch eine Fläche. Die Wassermenge in einem Strom, die in der Zeiteinheit durch eine Fläche von beliebiger, vorgegebener Lage und Größe innerhalb des von der Wassermasse durchströmten Raumes hindurchtritt, ist gleich der Menge, die in den Zylinder hineingeht, dessen Basis die vorgegebene Fläche ist und dessen Leitlinie der Größe und Richtung nach gleich der Geschwindigkeit des Wassers an dieser Stelle ist. Ist die Basis das Parallelogramm $[\mathfrak{a},\mathfrak{b}]$, so ist die pro Zeiteinheit hindurchtretende Wassermenge, wenn dieselbe sich mit der Geschwindigkeit $\mathfrak{c}$ bewegt, gegeben durch das skalare Produkt:

$$\mathfrak{c}[\mathfrak{a}\mathfrak{b}].$$

Man nennt dasselbe den *Fluß, Durchfluß des Vektors* $\mathfrak{c}$, *den Geschwindigkeitsfluß* durch die Fläche. Ist $\mathfrak{c}$ ein Kraftvektor, so spricht man von *Kraftfluß*; stehen z. B. zwei entgegengesetzt elektrisch geladene, unendlich große, leitende Platten einander parallel gegenüber, einen freien Raum einschließend, so daß zwischen ihnen ein homogenes elektrisches Feld besteht, welches die Feldstärke $\mathfrak{c}$ besitzt — d. h. auf den positiv geladenen elektrischen Einheitspol die Kraft $\mathfrak{c}$ an jeder Stelle des Feldes ausübt —, so ist der Kraftfluß durch eine irgendwie gelegene Fläche $[\mathfrak{a}, \mathfrak{b}]$ durch das skalare Produkt $\mathfrak{c}[\mathfrak{a}\mathfrak{b}]$ gegeben. Man nennt den numerischen Wert dieses

Produktes die Zahl der *Strömungs-* oder *Kraftlinien* durch die Fläche von der vorgegebenen Richtung.

§ 12. Das vektorielle Tripelprodukt $[\mathfrak{c}[\mathfrak{a}\mathfrak{b}]]$

Nach der Definition des Vektorproduktes steht der dadurch bestimmte Vektor senkrecht auf der Ebene, die die vektorischen Faktoren enthält, also im Fall des Produktes $[\mathfrak{c}[\mathfrak{a}\mathfrak{b}]]$ die Normale des aus $\mathfrak{a}$ und $\mathfrak{b}$ gebildeten Parallelogramms und den Vektor $\mathfrak{c}$. Er liegt also jedenfalls in der Ebene des Parallelogramms $[\mathfrak{a}, \mathfrak{b}]$ und muß sich schreiben lassen:

$$(1) \qquad [\mathfrak{c}[\mathfrak{a}\mathfrak{b}]] = x\mathfrak{a} + y\mathfrak{b}.$$

Um x und y zu finden, rechnen wir die linke Seite mit Benutzung der Komponentendarstellung der Vektoren aus. Wir legen der bequemeren Rechnung wegen den Einheitsvektor $\mathfrak{i}$ in die Richtung des Vektors $\mathfrak{b}$, den Vektor $\mathfrak{j}$ in die Ebene von $\mathfrak{a}$ und $\mathfrak{b}$; dann ist (vgl. Fig. 9a)

$$\begin{aligned} \mathfrak{b} &= b_1\mathfrak{i}, \\ \mathfrak{a} &= a_1\mathfrak{i} + a_2\mathfrak{j}, \\ \mathfrak{c} &= c_1\mathfrak{i} + c_2\mathfrak{j} + c_3\mathfrak{k}, \end{aligned}$$

$$\text{also } [\mathfrak{c}[\mathfrak{a}\mathfrak{b}]] = -b_1a_2(c_2\mathfrak{i} - c_1\mathfrak{j}).$$

Die rechte Seite der letzten Gleichung muß sich in der Form $x\mathfrak{a} + y\mathfrak{b}$ schreiben lassen, d. h. es muß sein:

$$x a_1\mathfrak{i} + x a_2\mathfrak{j} + y\, b_1\mathfrak{i} = -b_1a_2c_2\mathfrak{i} + b_1a_2c_1\mathfrak{j},$$

$$\text{daher} \quad x = b_1c_1 = (\mathfrak{b}\,\mathfrak{c}),$$

$$y = -a_1c_1 - a_2c_2 = -(\mathfrak{a}\,\mathfrak{c}).$$

Das Vektorprodukt aus den 3 Vektoren $\mathfrak{a}, \mathfrak{b}, \mathfrak{c}$ nimmt also die Form an:

$$(2) \qquad [\mathfrak{c}[\mathfrak{a}\mathfrak{b}]] = (\mathfrak{b}\mathfrak{c})\,\mathfrak{a} - (\mathfrak{a}\mathfrak{c})\mathfrak{b}.$$

Es folgt hieraus die Beziehung:

$$(3) \qquad [\mathfrak{a}[\mathfrak{b}\mathfrak{c}]] + [\mathfrak{b}[\mathfrak{c}\mathfrak{a}]] + [\mathfrak{c}[\mathfrak{a}\mathfrak{b}]] = 0\,.$$

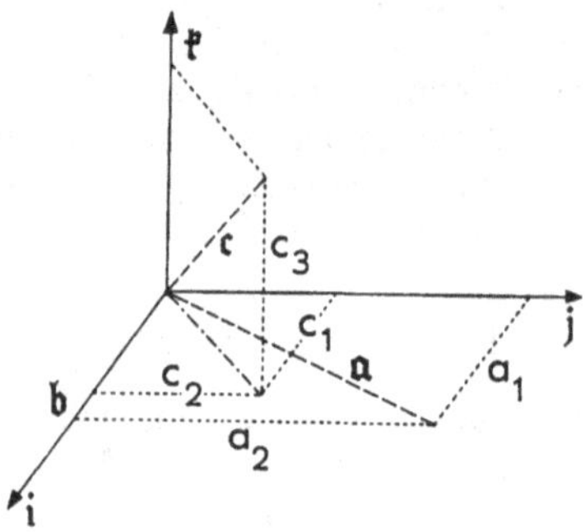

Fig. 9a

Man kann sie durch Ausmultiplizieren mit Benutzung von Gleichnung (6) in § 9 leicht direkt verifizieren; die Rechnung wird vereinfacht, wenn man den einen Vektor in die Richtung einer der Achsen $\mathfrak{i}$, $\mathfrak{j}$, $\mathfrak{k}$ legt.

Man bezeichnet die durch (2) angegebene Entwicklung als den *Entwicklungssatz des „vektorischen Tripelprodukts"*, der ebenso wie die Beziehung (3) häufig Anwendung findet.

§ 13. Produkte aus Vektorprodukten

1. Skalares Produkt $[\mathfrak{a}\mathfrak{b}][\mathfrak{c}\mathfrak{d}]$. Wir setzen $[\mathfrak{a}\mathfrak{b}] = \mathfrak{e}$ und finden mit den Ergebnissen der beiden letzten Paragraphen

$$(1) \qquad \begin{aligned}[\mathfrak{a}\mathfrak{b}][\mathfrak{c}\mathfrak{d}] &= \mathfrak{e}[\mathfrak{c}\mathfrak{d}] = \mathfrak{d}[\mathfrak{e}\mathfrak{c}] = \mathfrak{d}[[\mathfrak{a}\mathfrak{b}]\mathfrak{c}] \\ &= \mathfrak{d}\,\{(\mathfrak{a}\mathfrak{c})\mathfrak{b} - (\mathfrak{b}\mathfrak{c})\mathfrak{a}\} \\ &= (\mathfrak{a}\mathfrak{c})(\mathfrak{b}\mathfrak{d}) - (\mathfrak{b}\mathfrak{c})(\mathfrak{a}\mathfrak{d})\,,\end{aligned}$$

d. h. für das skalare Produkt $[\mathfrak{a}\mathfrak{b}][\mathfrak{c}\mathfrak{d}]$ die Differenz der skalaren Produkte je zweier skalarer Produkte aus je 2 der 4 Vektoren in den 2 noch möglichen Kombinationen.

2. Vektorprodukt $[[\mathfrak{a}\mathfrak{b}][\mathfrak{c}\mathfrak{d}]]$. Wir setzen wieder $[\mathfrak{a}\mathfrak{b}] = \mathfrak{e}$ und finden

$$(2)\qquad \begin{aligned}[][\mathfrak{a}\mathfrak{b}][\mathfrak{c}\mathfrak{d}]] &= [\mathfrak{e}[\mathfrak{c}\mathfrak{d}]] = \mathfrak{c}(\mathfrak{e}\mathfrak{d}) - \mathfrak{d}(\mathfrak{e}\mathfrak{c}) \\ &= \mathfrak{c}([\mathfrak{a}\mathfrak{b}]\mathfrak{d}) - \mathfrak{d}([\mathfrak{a}\mathfrak{b}]\mathfrak{c})\,. \\ &= \mathfrak{c}(\mathfrak{a}\mathfrak{b}\mathfrak{d}) - \mathfrak{d}(\mathfrak{a}\mathfrak{b}\mathfrak{c})\,.\end{aligned}$$

Das ist die Differenz der letzten beiden Vektoren nach ihrer Multiplikation mit den skalaren Tripelprodukten der 3 übrigen.

Das Vektorprodukt aus 2 polaren und aus 2 axialen Vektoren stellt einen axialen Vektor dar, das Vektorprodukt aus einem polaren und einem axialen Vektor einen polaren.

3. Da $[[\mathfrak{a}\mathfrak{b}][\mathfrak{c}\mathfrak{d}]] = -[[\mathfrak{c}\mathfrak{d}][\mathfrak{a}\mathfrak{b}]]$,

so ist auch

$$(3)\qquad [[\mathfrak{a}\mathfrak{b}][\mathfrak{c}\mathfrak{d}]] = -\mathfrak{a}(\mathfrak{b}\mathfrak{c}\mathfrak{d}) + \mathfrak{b}(\mathfrak{a}\mathfrak{c}\mathfrak{d})\,.$$

Für $\mathfrak{b} = \mathfrak{c}$ geht diese Gleichung über in

$$[[\mathfrak{a}\mathfrak{b}][\mathfrak{b}\mathfrak{d}]] = \mathfrak{b}(\mathfrak{a}\mathfrak{b}\mathfrak{d}).$$

Wir erhalten hieraus die wichtige Beziehung zwischen 4 Vektoren, von denen nicht 3 in einer Ebene liegen:

$$\mathfrak{d}([\mathfrak{a}\mathfrak{b}]\mathfrak{c}) = \mathfrak{a}(\mathfrak{b}\mathfrak{c}\mathfrak{d}) - \mathfrak{b}(\mathfrak{a}\mathfrak{c}\mathfrak{d}) + \mathfrak{c}(\mathfrak{a}\mathfrak{b}\mathfrak{d}),$$

oder, da $([\mathfrak{a}\mathfrak{b}]\mathfrak{c})$ eine skalare Größe ist und Vektoren durch skalare Größen dividiert werden, indem man den absoluten Betrag durch die skalare Größe dividiert, nach Division:

$$(4)\qquad \mathfrak{d} = \mathfrak{a}\frac{\mathfrak{b}\mathfrak{c}\mathfrak{d}}{\mathfrak{c}\mathfrak{a}\mathfrak{b}} + \mathfrak{b}\frac{\mathfrak{c}\mathfrak{a}\mathfrak{d}}{\mathfrak{c}\mathfrak{a}\mathfrak{b}} + \mathfrak{c}\frac{\mathfrak{a}\mathfrak{b}\mathfrak{d}}{\mathfrak{c}\mathfrak{a}\mathfrak{b}}\,.$$

§ 14. Die Frage der Division von Vektoren

Es liegt auf der Hand zu fragen, ob auch eine Division einer skalaren Größe oder eines Vektors durch einen Vektor als eine Operation definiert werden kann, die auf ein eindeutiges Ergebnis führt. Die algebraische Definition einer Division auf die Vektorrechnung übertragen würde lauten:

Eine Größe Φ (Skalar oder Vektor) durch einen Vektor $\mathfrak{b}$ dividieren, heißt die Größe Ψ (Skalar oder Vektor) aufsuchen, die mit dem Divisor (dem Vektor $\mathfrak{b}$) nach den Regeln der Vektorrechnung skalar oder vektoriell multipliziert den Dividend Φ ergibt.

Eine leichte Rechnung zeigt, daß, wenn Φ eine skalare Größe ist, Ψ ein Vektor sein muß, der aber nur bis auf eine unbestimmte additive Komponente senkrecht zur Richtung von $\mathfrak{b}$ angegeben werden kann, und daß, wenn Φ ein Vektor ist, Ψ nur dann eine eindeutig bestimmte Größe, und zwar ein Skalar sein kann, wenn Φ und $\mathfrak{b}$ in einer Richtung liegen.

Weiter kommt man, wenn man fordert, der reziproke Wert des Vektors $\mathfrak{b}$ sei ein Vektor von gleicher Richtung wie $\mathfrak{b}$ und dem reziproken Betrag, und dann definiert:

Eine Größe Φ (Skalar oder Vektor) durch einen Vektor $\mathfrak{b}$ dividieren, heißt die Größe Φ mit dem reziproken Vektor $\mathfrak{b}' = 1/\mathfrak{b} = \bar{\mathfrak{b}}/b$ skalar oder vektoriell multiplizieren.

Dann ist die Division durch einen Vektor auf eine skalare oder vektorielle Multiplikation zurückgeführt.

§ 15. Reziproke Vektortripel

Die Gleichung (4) des § 13 ist auch deshalb von besonderer Bedeutung, weil sie die Regel angibt, nach der wir einen Vektor $\mathfrak{d}$ durch drei willkürlich gewählte, nicht in eine Ebene fallende Vektoren $\mathfrak{a}$, $\mathfrak{b}$, $\mathfrak{c}$ ausdrücken, also die Größen A, B, C in dem Ausdruck:

$$(1) \qquad \mathfrak{d} = A\mathfrak{a} + B\mathfrak{b} + C\mathfrak{c}$$

bestimmen können. Wir müssen, um diese Komponenten zu erhalten, bilden:

$$(2)\qquad \frac{[\mathfrak{b}\mathfrak{c}]}{\mathfrak{a}\mathfrak{b}\mathfrak{c}} = \mathfrak{a}', \quad \frac{[\mathfrak{c}\mathfrak{a}]}{\mathfrak{a}\mathfrak{b}\mathfrak{c}} = \mathfrak{b}', \quad \frac{[\mathfrak{a}\mathfrak{b}]}{\mathfrak{a}\mathfrak{b}\mathfrak{c}} = \mathfrak{c}'$$

und skalar mit $\mathfrak{d}$ multiplizieren. Denn es ist, wie der Vergleich zeigt:

$$A = \frac{\mathfrak{d}[\mathfrak{b}\mathfrak{c}]}{\mathfrak{a}\mathfrak{b}\mathfrak{c}} = \mathfrak{d}\mathfrak{a}' \text{ usw.}$$

Gleichung (4) des § 13 oder mit den Abkürzungen (2):

$$(3)\qquad \mathfrak{d} = (\mathfrak{d}\mathfrak{a}')\,\mathfrak{a} + (\mathfrak{d}\mathfrak{b}')\,\mathfrak{b} + (\mathfrak{d}\mathfrak{c}')\,\mathfrak{c}$$

schreibt man auch in der Form:

$$(4)\qquad \mathfrak{d} = \mathfrak{d}(\mathfrak{a}';\ \mathfrak{a} + \mathfrak{b}';\ \mathfrak{b} + \mathfrak{c}';\ \mathfrak{c})$$
$$\text{oder}\quad \mathfrak{d} = (\mathfrak{a};\ \mathfrak{a}' + \mathfrak{b};\ \mathfrak{b}' + \mathfrak{c};\ \mathfrak{c}')\,\mathfrak{d}$$

und nennt den symbolischen Klammerausdruck einen Tensor oder eine vollständige Dyade, und zwar, weil er mit dem Vektor $\mathfrak{d}$ multipliziert den Vektor $\mathfrak{d}$ selbst ergibt, einen *Einheitstensor* oder eine *Identitätsdyade* (vgl. § 43 und 50) $(\mathfrak{a}';\ \mathfrak{a})$ ist eine *eingliedrige* Dyade.

Es ist leicht zu sehen, daß die Vektoren $\mathfrak{a}', \mathfrak{b}', \mathfrak{c}'$ senkrecht stehen auf den Flächen $\mathfrak{b}\mathfrak{c}$, $\mathfrak{c}\mathfrak{a}$, $\mathfrak{a}\mathfrak{b}$; man nennt $\mathfrak{a}', \mathfrak{b}', \mathfrak{c}'$ das zu $\mathfrak{a}, \mathfrak{b}, \mathfrak{c}$ „reziproke Vektortripel“. Stehen die Vektoren $\mathfrak{a}, \mathfrak{b}, \mathfrak{c}$, also auch $\mathfrak{a}', \mathfrak{b}', \mathfrak{c}'$, aufeinander senkrecht, so gilt:

$$(5)\qquad \begin{cases} \mathfrak{a}\mathfrak{b}' = \mathfrak{a}\mathfrak{c}' = 0, \text{ usw.} \\ \mathfrak{a}\mathfrak{a}' = \mathfrak{b}\mathfrak{b}' = \mathfrak{c}\mathfrak{c}' = 1. \end{cases}$$

und weiter

$$\mathfrak{a}'\mathfrak{b}'\mathfrak{c}' = \frac{1}{\mathfrak{a}\mathfrak{b}\mathfrak{c}},$$

im besonderen $(\mathfrak{i}\mathfrak{j}\mathfrak{k}) = 1$. —

Beim Übergang von einem Bezugssystem zu einem anderen, dessen aufeinander senkrechte Achsen $\mathfrak{l}', \mathfrak{m}', \mathfrak{n}'$ das reziproke Vektortripel der Achsen $\mathfrak{l}, \mathfrak{m}, \mathfrak{n}$ des anderen sind, vereinfachen sich die Transformationsformeln für die Koordinaten a_1, a_2, a_3 bzw. b_1, b_2, b_3 eines Vektors. Er sei in den beiden Systemen

$$(6)\quad \mathfrak{V} = a_1\mathfrak{l} + a_2\mathfrak{m} + a_3\mathfrak{n} \text{ bzw. } \mathfrak{V} = b_1\mathfrak{l}' + b_2\mathfrak{m}' + b_3\mathfrak{n}'.$$

Für den Übergang vom einen zum anderen System mögen gelten

$$(7)\quad \begin{cases} \mathfrak{l} = A_{11}\mathfrak{l}' + A_{21}\mathfrak{m}' + A_{31}\mathfrak{n}', \\ \mathfrak{m} = A_{12}\mathfrak{l}' + A_{22}\mathfrak{m}' + A_{32}\mathfrak{n}', \\ \mathfrak{n} = A_{13}\mathfrak{l}' + A_{23}\mathfrak{m}' + A_{33}\mathfrak{n}', \end{cases}$$

bzw. (*inverse Transformation*)

$$(7')\quad \begin{cases} \mathfrak{l}' = B_{11}\mathfrak{l} + B_{21}\mathfrak{m} + B_{31}\mathfrak{n}, \\ \mathfrak{m}' = B_{12}\mathfrak{l} + B_{22}\mathfrak{m} + B_{32}\mathfrak{n}, \\ \mathfrak{n}' = B_{13}\mathfrak{l} + B_{23}\mathfrak{m} + B_{33}\mathfrak{n}; \end{cases}$$

dann bestehen für die Koordinaten die Beziehungen

$$(8)\quad \begin{cases} b_1 = a_1 A_{11} + a_2 A_{12} + a_3 A_{13}, \\ b_2 = a_1 A_{21} + a_2 A_{22} + a_3 A_{23}, \\ b_3 = a_1 A_{31} + a_2 A_{32} + a_3 A_{33}, \end{cases}$$

bzw.

$$(8')\quad \begin{cases} a_1 = b_1 B_{11} + b_2 B_{12} + b_3 B_{13}, \\ a_2 = b_1 B_{21} + b_2 B_{22} + b_3 B_{23}, \\ a_3 = b_1 B_{31} + b_2 B_{32} + b_3 B_{33}, \end{cases}$$

Durch Multiplikation der Gleichungen mit $\mathfrak{l}$, $\mathfrak{m}$, $\mathfrak{n}$ bzw. $\mathfrak{l}'$, $\mathfrak{m}'$, $\mathfrak{n}'$ ergibt sich bei Berücksichtigung von Gleichungen (5)

$$(9)\quad \begin{cases} \mathfrak{l}\mathfrak{l} = A_{11}, \ \mathfrak{m}\mathfrak{m} = A_{22}, \ \mathfrak{n}\mathfrak{n} = A_{33}, \\ \mathfrak{l}\mathfrak{m} = A_{12} = A_{21}, \ \mathfrak{l}\mathfrak{n} = A_{13} = A_{31}, \ \mathfrak{m}\mathfrak{n} = A_{23} = A_{32}, \end{cases}$$

bzw.

$$(9')\quad \begin{cases} \mathfrak{l}'\mathfrak{l}' = B_{11}, \ \mathfrak{m}'\mathfrak{m}' = B_{22}, \ \mathfrak{n}'\mathfrak{n}' = B_{33}, \\ \mathfrak{l}'\mathfrak{m}' = B_{12} = B_{21}, \ \mathfrak{l}'\mathfrak{n}' = B_{13} = B_{31}, \ \mathfrak{m}'\mathfrak{n}' = B_{23} = B_{32} \end{cases}$$

und die allgemein geltenden Formeln (8) bzw. (8′) gehen über in

$$(10)\qquad \begin{cases} b_1 = a_1\mathfrak{l}\mathfrak{l} + a_2\mathfrak{l}\mathfrak{m} + a_3\mathfrak{l}\mathfrak{n}, \\ b_2 = a_1\mathfrak{l}\mathfrak{m} + a_2\mathfrak{m}\mathfrak{m} + a_3\mathfrak{m}\mathfrak{n}, \\ b_3 = a_1\mathfrak{l}\mathfrak{n} + a_2\mathfrak{m}\mathfrak{n} + a_3\mathfrak{n}\mathfrak{n}, \end{cases}$$

bzw.

$$(10')\qquad \begin{cases} a_1 = b_1\mathfrak{l}'\mathfrak{l}' + b_2\mathfrak{l}'\mathfrak{m}' + b_3\mathfrak{l}'\mathfrak{n}', \\ a_2 = b_1\mathfrak{l}'\mathfrak{m}' + b_2\mathfrak{m}'\mathfrak{m}' + b_3\mathfrak{m}'\mathfrak{n}', \\ a_3 = b_1\mathfrak{l}'\mathfrak{n}' + b_2\mathfrak{m}'\mathfrak{n}' + b_3\mathfrak{n}'\mathfrak{n}'. \end{cases}$$

§ 16. Produkte im schiefwinkligen Bezugssystem

Sind die Vektoren $\mathfrak{A}$ und $\mathfrak{B}$ auf die nicht komplanaren, aber unter irgendeinem Winkel zueinander stehenden Vektoren $\mathfrak{a}, \mathfrak{b}, \mathfrak{c}$ bezogen, also

$$\mathfrak{A} = a_1\mathfrak{a} + b_1\mathfrak{b} + c_1\mathfrak{c}$$
$$\mathfrak{B} = a_2\mathfrak{a} + b_2\mathfrak{b} + c_2\mathfrak{c},$$

so ist

$$[\mathfrak{A}\mathfrak{B}] = [\mathfrak{a}\mathfrak{b}](a_1b_2 - a_2b_1) + [\mathfrak{b}\mathfrak{c}](b_1c_2 - b_2c_1) + [\mathfrak{c}\mathfrak{a}](c_1a_2 - c_2a_1)$$

und mit Einführung des reziproken Vektortripels

$$[\mathfrak{A}\mathfrak{B}] = (\mathfrak{c}'(a_1b_2 - a_2b_1) + \mathfrak{a}'(b_1c_2 - b_2c_1) + \mathfrak{b}'(c_1a_2 - c_2a_1))\cdot(\mathfrak{a}\mathfrak{b}\mathfrak{c})$$

$$= (\mathfrak{a}\mathfrak{b}\mathfrak{c})\begin{vmatrix} \mathfrak{a}' & \mathfrak{b}' & \mathfrak{c}' \\ a_1 & b_1 & c_1 \\ a_2 & b_2 & c_2 \end{vmatrix}.$$

Das Tripelprodukt $\mathfrak{A}\mathfrak{B}\mathfrak{C}$ mit dem Vektor $\mathfrak{C} = a_3\mathfrak{a} + b_3\mathfrak{b} + c_3\mathfrak{c}$ läßt sich schreiben:

$$\mathfrak{A}\mathfrak{B}\mathfrak{C} = (\mathfrak{a}\mathfrak{b}\mathfrak{c})\begin{vmatrix} a_1 & b_1 & c_1 \\ a_2 & b_2 & c_2 \\ a_3 & b_3 & c_3 \end{vmatrix}.$$

§ 17. Über die Erweiterung des Vektorbegriffes auf den mehrdimensionalen Raum

Die bisher benutzten Vektoren beziehen sich auf den dreidimensionalen Raum, entsprechend der unmittelbaren Anschaulichkeit. Die Regeln können mit gewissen Änderungen auch auf Gebilde übertragen werden, die in einem mehrdimensionalen Raum vorstellbar sind. Mit Größen dieser Art zu rechnen, fordert u. a. die Relativitätstheorie, deren Beziehungen durch Benutzung eines Systems mit 4 statt mit 3 Koordinaten an Übersichtlichkeit gewinnen. Zu den 3 Ortskoordinaten tritt in dem Fall als gleichberechtigte Koordinate die Zeit. Die Größe, die dem polaren Vektor des dreidimensionalen Raumes entspricht, der „Vierervektor", ist der Inbegriff von 4 Komponenten P_x, P_y, P_z, P_l[1]) nach den Richtungen der Achsen des vierdimensionalen Systems. Dem axialen Vektor, der im dreidimensionalen Raum durch drei auf je zwei Koordinatenachsen bezogenen Komponenten bestimmt wird, entspricht der Sechservektor, der aus den 6 Komponenten gebildet wird, die sich auf die 6 Kombinationen je zweier Achsen beziehen.

Die Rechnung mit Vierer- und Sechservektoren („Weltvektoren") und ihren linearen Vektorfunktionen („Welttensoren") ist von Sommerfeld entwickelt worden. Ihre Behandlung würde hier zu weit führen.

Von Vektorgebilden im n-dimensionalen Raum macht die Quantenmechanik Gebrauch.

§ 18. Differentiation eines Vektors nach einer skalaren Größe

1. Der Vektor $\mathfrak{a}$ mag sich in der Folge auf ein Vektorfeld mit den Koordinaten x, y, z beziehen, und damit z. B. der Ausdruck der Eigenschaft eines materiellen Trägers an der Stelle x, y, z des Raumes sein. $\mathfrak{a}$ sei also eine Funktion von x, y, z. Außerdem sei $\mathfrak{a}$ eine Funktion der Zeit t. $\mathfrak{a}$ sei, im Bildraum mit den Achsen $\mathfrak{i}, \mathfrak{j}, \mathfrak{k}$ dargestellt, zur Zeit $t = t_0$ gegeben durch

$$\mathfrak{a} = a_x \mathfrak{i} + a_y \mathfrak{j} + a_z \mathfrak{k}.$$

[1]) Für die vierte Koordinate wurde infolge ihrer speziellen Bedeutung von Sommerfeld die Bezeichnung „l" gewählt: sie soll an „Lichtweg" = $c \cdot t$ erinnern, worin c die Lichtgeschwindigkeit ist.

Die Änderung des Vektors während des Zeitelementes dt an derselben Stelle x, y, z ist dann durch

$$\frac{\partial \mathfrak{a}}{\partial t} = \frac{\partial a_x}{\partial t}\mathfrak{i} + \frac{\partial a_y}{\partial t}\mathfrak{j} + \frac{\partial a_z}{\partial t}\mathfrak{k}$$

gegeben, da die Abbildung in demselben Abbildungsraum geschieht, d. h. die Achsen $\mathfrak{i}, \mathfrak{j}, \mathfrak{k}$ unabhängig von der Zeit sind. Diese Änderung kann man als lokale Änderung mit der Zeit bezeichnen, indem hier zunächst von einer gleichzeitigen Änderung des Ortes x, y, z abgesehen ist.

Bei mehrfacher Differentiation gilt entsprechend:

$$\frac{\partial^n \mathfrak{a}}{\partial t^n} = \frac{\partial^n a_x}{\partial t^n}\mathfrak{i} + \frac{\partial^n a_y}{\partial t^n}\mathfrak{j} + \frac{\partial^n a_z}{\partial t^n}\mathfrak{k}.$$

Die Differentiation von Produkten folgt den bekannten Regeln der Analysis. Es ist

$$\frac{d(\mathfrak{a}\mathfrak{b})}{dt} = \frac{1}{dt}\{(\mathfrak{a} + d\mathfrak{a})(\mathfrak{b} + d\mathfrak{b}) - \mathfrak{a}\mathfrak{b}\} = \frac{d\mathfrak{a}}{dt}\mathfrak{b} + \frac{d\mathfrak{b}}{dt}\mathfrak{a}$$

und

$$\frac{d[\mathfrak{a}\mathfrak{b}]}{dt} = \frac{1}{dt}\{[(\mathfrak{a} + d\mathfrak{a})(\mathfrak{b} + d\mathfrak{b})] - [\mathfrak{a}\mathfrak{b}]\}$$

$$= \left[\frac{d\mathfrak{a}}{dt}\mathfrak{b}\right] + \left[\mathfrak{a}\frac{d\mathfrak{b}}{dt}\right];$$

im letzteren Falle muß, den Regeln der Vektormultiplikation entsprechend, auf die Reihenfolge der Faktoren geachtet werden.

In gleicher Weise läßt sich die Änderung des Vektors $\mathfrak{a}$ bei Änderung irgendeines skalaren Argumentes von $\mathfrak{a}$, aus der Änderung der Komponenten berechnen, so z. B.:

$$\frac{\partial \mathfrak{a}}{\partial x} = \frac{\partial a_x}{\partial x}\mathfrak{i} + \frac{\partial a_y}{\partial x}\mathfrak{j} + \frac{\partial a_z}{\partial x}\mathfrak{k}.$$

2. *Der Differentialquotient eines Einheitsvektors $\bar{\mathfrak{a}}(t)$ nach seinem skalaren Argument ist ein Vektor, der auf dem Einheitsvektor senkrecht steht.*

Denn die Differentiation der Bedingung, daß $\bar{\mathfrak{a}}$ ein Einheitsvektor ist, nämlich der Gleichung:

$$\bar{\mathfrak{a}}^2 = 1$$

nach seinem skalaren Argument, ergibt:

$$2\bar{\mathfrak{a}}\frac{d\bar{\mathfrak{a}}}{dt} = 0,$$

d. h. $\bar{\mathfrak{a}}$ und $d\bar{\mathfrak{a}}$ sind zwei aufeinander senkrechte Vektoren. (Das gilt natürlich nur so lange, als die Größe des Einheitsvektors die Einheit bleiben soll.) Es ist im Gegensatz hierzu die Formel anzumerken:

$$\frac{d}{dt}(\mathfrak{a}) \equiv \frac{d}{dt}(a\bar{\mathfrak{a}}) = \bar{\mathfrak{a}}\frac{da}{dt} + a\frac{d\bar{\mathfrak{a}}}{dt},$$

worin wieder $\bar{\mathfrak{a}}$ und $d\bar{\mathfrak{a}}$ aufeinander senkrecht stehen.

Also auch *der Differentialquotient eines Vektors von unveränderlicher Länge nach seinem Argument steht auf dem Vektor senkrecht.*

3. Ist $\mathfrak{a}$ der Größe und Richtung nach der Radiusvektor einer durch die Polarkoordinaten r und φ dargestellten ebenen Kurve s mit den Elementen $d\mathfrak{a}$ bzw. ds, so daß

$$\mathfrak{a} = \mathfrak{a}_0 + \Sigma d\mathfrak{a},$$

so ist

$$d\mathfrak{a} = \bar{\mathfrak{a}}\,da + a\,d\bar{\mathfrak{a}}$$

und durch skalare Multiplikation:

$$(d\mathfrak{a})^2 = (da)^2 + a^2(d\bar{\mathfrak{a}})^2.$$

Die analoge analytische Formel lautet:

$$(ds)^2 = (dr)^2 + r^2(d\varphi)^2.$$

Es folgt hieraus die Bedeutung von $|d\bar{\mathfrak{a}}|$, es ist

$$|d\bar{\mathfrak{a}}| = d\varphi$$

der Betrag der Winkeländerung des Vektors $\mathfrak{a}$ gegen eine gegebene Richtung.

4. Ist der Vektor $\mathfrak{a}$ der Ortsvektor einer in einem Punkt vereinigt gedachten Masse an der Stelle x, y, z selbst oder der Fahrstrahl zum Massenpunkt x, y, z, vom Koordinatenanfangspunkt, also

$$\mathfrak{a} = x\mathfrak{i} + y\mathfrak{j} + z\mathfrak{k},$$

so ist
$$\frac{\partial \mathfrak{a}}{\partial x} = \mathfrak{i}, \quad \frac{\partial \mathfrak{a}}{\partial y} = \mathfrak{j}, \quad \frac{\partial \mathfrak{a}}{\partial z} = \mathfrak{k};$$

das sind die Änderungen des Vektors, wenn wir von Punkt x, y, z übergehen zu dem Punkt $x + dx, y, z$ resp. $x, y + dy, z$, oder $x, y, z + dz$, dividiert durch die jedesmalige Entfernung des neuen Punktes vom alten. Sie sind gleich den Einheitsvektoren der Richtungen, auf die die Änderung von $\mathfrak{a}$ sich bezieht. Allgemein gilt: *Die Änderung des Ortsvektors $\mathfrak{a}$ in einer bestimmt vorgegebenen Richtung pro Längeneinheit ist gleich dem Einheitsvektor, der in diese Richtung fällt.*

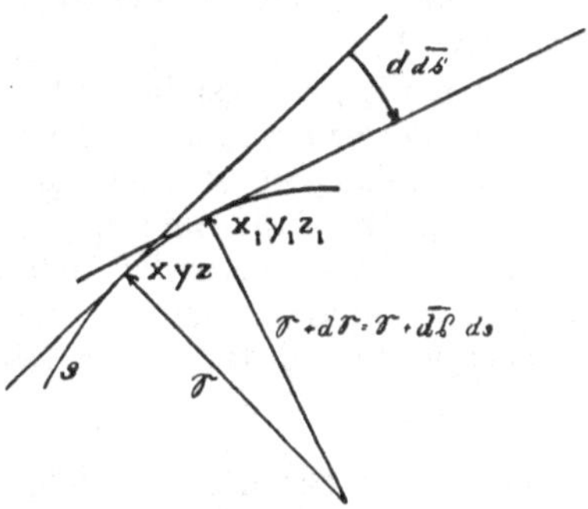

Fig. 10

Bewegt sich der Massenpunkt von x, y, z auf einer Kurve $s = \Sigma ds$ und ist der Ort des Punktes auf der Kurve gegeben durch die auf derselben gemessene Entfernung s von einem beliebig gewählten Kurvenpunkt, so ist der absolute Betrag der Geschwindigkeit des Punktes auf der Kurve: $v = \frac{ds}{dt}$; die

Richtung der Geschwindigkeit fällt in jedem Augenblick mit der Richtung des Kurvenelementes $d\mathfrak{s}$ zusammen. Also ist die Geschwindigkeit, d. h. die zeitliche Änderung des Vektors $\mathfrak{a}$ der Richtung und Größe nach pro Zeiteinheit gegeben durch:

$$\frac{d\mathfrak{a}}{dt} = \frac{d\mathfrak{s}}{ds}\frac{ds}{dt} = \overline{d\mathfrak{s}}\,v = \mathfrak{v}\,.$$

Der Vektor der Beschleunigung ist dargestellt durch:

$$\mathfrak{b} = \frac{d\mathfrak{v}}{dt} = \frac{d\overline{d\mathfrak{s}}}{ds}v^2 + \overline{d\mathfrak{s}}\frac{dv}{dt}\,.$$

$\frac{d\overline{d\mathfrak{s}}}{ds}$, ein nach seinem Argument differenzierter Einheitsvektor, muß senkrecht stehen zu dem Einheitsvektor $\overline{d\mathfrak{s}}$; $d\overline{d\mathfrak{s}}$ gibt die Richtungsänderung der Tangente, wenn wir auf der Kurve von x, y, z zu x_1, y_1, z_1 weitergehen (vgl. Fig. 10). Die Normalen in der Ebene des Krümmungskreises zu den Tangenten in diesen beiden Punkten schneiden sich im Krümmungsmittelpunkt und sind die Fahrstrahlen der Kurvenpunkte x, y, z und x_1, y_1, z_1 vom Krümmungsmittelpunkt aus. Die vektorielle Änderung des Fahrstrahls (oder des Krümmungsradius) $d\mathfrak{S}$ zum Kurvenpunkt x, y, z bei Änderung des Punktes in der Bahn zum Punkt x_1, y_1, z_1 ist

(1) $$d\mathfrak{S} = d\mathfrak{s} = \overline{d\mathfrak{s}}\,ds$$

und steht senkrecht auf dem Fahrstrahl $\mathfrak{S}$ im Punkt x, y, z; also ist $d\overline{d\mathfrak{s}}$ parallel zu $\mathfrak{S}$, aber entgegengesetzt gerichtet. Aus der Ähnlichkeit der Vektorendreiecke und Gleichung (1) folgt ferner:

$$\frac{|d\overline{d\mathfrak{s}}|}{1} = \frac{ds}{|\mathfrak{S}|} \quad \text{und} \quad \frac{d^2\mathfrak{S}}{ds^2} = \frac{d\overline{d\mathfrak{s}}}{ds} = -\frac{\mathfrak{S}}{S}\,,$$

somit:

(2) $$\mathfrak{b} = -\,\mathfrak{S}\frac{v^2}{S} + \overline{d\mathfrak{s}}\frac{dv}{dt}\,.$$

Diese Form enthält die bekannte Zerlegung der Beschleunigung in einen tangentialen Teil der Richtung $\bar{\mathfrak{v}}$

$$b_t = \frac{dv}{dt} = \mathfrak{b}\bar{\mathfrak{v}} = \mathfrak{b}\frac{\mathfrak{v}}{|\mathfrak{v}|}$$

und einen zur Bahn senkrechten Teil

$$b_n = -\frac{v^2}{S},$$

so daß

$$\mathfrak{b} = \mathfrak{b}_n + \mathfrak{b}_t = -\bar{\mathfrak{S}}\frac{v^2}{S} + \frac{\mathfrak{b}\mathfrak{v}}{v^2}\mathfrak{v}. \tag{3}$$

Man nennt

$$\frac{1}{S} = \sigma = \sqrt{\left(-\frac{\mathfrak{S}}{S}\right)^2} = \sqrt{\left(\frac{d^2\mathfrak{S}}{ds^2}\right)^2}$$

$$= \sqrt{\left(\frac{d^2x}{ds^2}\right)^2 + \left(\frac{d^2y}{ds^2}\right)^2 + \left(\frac{d^2z}{ds^2}\right)^2}$$

das Maß der Krümmung oder die *Krümmung der Kurve* im Punkt x, y, z.

§ 19. Der Gradient einer skalaren Funktion

Es sei $V(xyz)$ in der Umgebung des Punktes x, y, z eine stetige skalare Funktion des Ortes x, y, z. Die Änderung der Funktion V hängt ab von der Richtung, in der man von x, y, z fortgeht, und ist:

$$dV = \frac{\partial V}{\partial x}dx + \frac{\partial V}{\partial y}dy + \frac{\partial V}{\partial z}dz. \tag{1}$$

Das ist das skalare Produkt zweier Vektoren, da wir [s. Gl. (6) S. 24] die rechte Seite auch schreiben können:

$$= \frac{\partial V}{\partial x}\mathfrak{i}\cdot\mathfrak{i}dx + \frac{\partial V}{\partial y}\mathfrak{j}\cdot\mathfrak{j}dy + \frac{\partial V}{\partial z}\mathfrak{k}\cdot\mathfrak{k}dz$$

oder

$$= \left(\frac{\partial V}{\partial x}\mathfrak{i} + \frac{\partial V}{\partial y}\mathfrak{j} + \frac{\partial V}{\partial z}\mathfrak{k}\right)(dx\mathfrak{i} + dy\mathfrak{j} + dz\mathfrak{k}).$$

Der eine Vektor dieses Produkts:

$$(2) \qquad \frac{\partial V}{\partial x}\mathfrak{i} + \frac{\partial V}{\partial y}\mathfrak{j} + \frac{\partial V}{\partial z}\mathfrak{k}$$

hängt nur von den Änderungen von V in Richtung der Koordinatenachsen ab. Für ihn gilt die Bezeichnung Gradient V, grad V oder (nach Hamilton) ∇V.[1])

Der andere Vektor

$$(3) \qquad \mathfrak{i}\,dx + \mathfrak{j}\,dx + \mathfrak{k}\,dz = d\mathfrak{s}$$

gibt die Richtung an, in der man die Änderung von V kennen lernen will. Als skalares Produkt hat

$$(4) \qquad d\mathfrak{s} \cdot \text{grad } V$$

den größten Wert, wenn die Richtung $d\mathfrak{s}$ mit der des Vektors grad V zusammenfällt. Es ist also

$$(5) \qquad \text{grad } V = \frac{\partial V}{\partial x}\mathfrak{i} + \frac{\partial V}{\partial y}\mathfrak{j} + \frac{\partial V}{\partial z}\mathfrak{k}$$

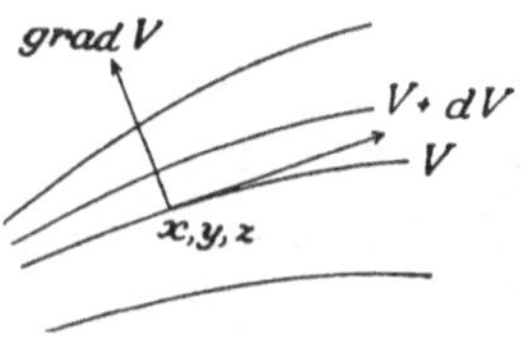

Fig. 11

ein Vektor, dessen Richtung in die Richtung der größten Änderung von V im Punkt x, y, z zeigt und dessen absoluter Betrag diese größte Änderung angibt. (Vgl. Fig. 11.)

Ist das Produkt (4) Null, so stehen die Richtungen von $d\mathfrak{s}$ und grad V senkrecht zueinander; $d\mathfrak{s}$ fällt in die Tangentialebene einer Fläche gleicher Werte von V im Punkt $x. y, z$. Man nennt diese Fläche die *Niveau-* oder *Äquipotentialfläche* und kann sagen (vgl. Fig 11):

Der Gradient steht senkrecht zur Niveaufläche der Funktion V im betrachteten Punkt x, y, z und zeigt in Richtung wachsender V.

---

[1]) Das Zeichen ∇ ist der Form eines altägyptischen Saiteninstrumentes nachgebildet, welches *nabla* genannt wird. Häufig findet man für den Vektor in entgegengesetzter Richtung das Zeichen: grad V angewendet. Andere Vorschläge zur Nennung des Zeichens ∇ sind „del" (Gibbs-Wilson) und „Atled" (Umdrehung von Delta), die indessen nicht Eingang gefunden haben.

§ 20. Differentiation einer skalaren Funktion nach einer skalaren Größe in einer vorgegebenen Richtung

Das skalare Produkt der beiden Vektoren $d\mathfrak{s} \cdot \operatorname{grad} V$ bezogen auf die Längeneinheit des Vektors $d\mathfrak{s}$ ist nun offenbar nichts anderes als der Differentialquotient von V in der Richtung $\overline{d\mathfrak{s}}$:

$$\frac{dV}{ds} = \overline{d\mathfrak{s}} \cdot \operatorname{grad} V = \frac{\partial V}{\partial x}\frac{dx}{ds} + \frac{\partial V}{\partial y}\frac{dy}{ds} + \frac{\partial V}{\partial z}\frac{dz}{ds}.$$

Man bezeichnet grad oder ∇ als *Differentialoperator*

$$\nabla = \mathfrak{i}\frac{\partial}{\partial x} + \mathfrak{j}\frac{\partial}{\partial y} + \mathfrak{k}\frac{\partial}{\partial z};$$

ebenso auch den Ausdruck

$$\overline{d\mathfrak{s}} \cdot \operatorname{grad} = \overline{d\mathfrak{s}} \cdot \nabla = (\overline{d\mathfrak{s}}\,\nabla) = \frac{dx}{ds}\frac{\partial}{\partial x} + \frac{dy}{ds}\frac{\partial}{\partial y} + \frac{dz}{ds}\frac{\partial}{\partial z}$$

oder

$$d\mathfrak{s}\,\nabla = (d\mathfrak{s}\,\nabla) = dx\frac{\partial}{\partial x} + dy\frac{\partial}{\partial y} + dz\frac{\partial}{\partial z},$$

wenn

$$d\mathfrak{s} = \mathfrak{i}\,dx + \mathfrak{j}\,dy + \mathfrak{k}\,dz,$$

oder

$$\mathfrak{s}\,\nabla = (\mathfrak{s}\,\nabla) = s_x\frac{\partial}{\partial x} + s_y\frac{\partial}{\partial y} + s_z\frac{\partial}{\partial z},$$

wenn $\mathfrak{s} = \mathfrak{i}s_x + \mathfrak{j}s_y + \mathfrak{k}s_z$.

Wie sich hier zeigt und aus § 22 weiter deutlich hervergehen wird, spielt ein Differentialoperator durchaus die Rolle eines Vektors, insofern seine Anwendung auf einen Skalar einen Vektor liefert und seine Anwendung auf einen Vektor (§ 22) einen Ausdruck, der einer skalaren oder einer vektoriellen Multiplikation entspricht.

Aus der Bedeutung des Zeichens ∇ geht unmittelbar hervor, daß

$$\nabla(U + V) = \nabla U + \nabla V,$$
$$\nabla(UV) = V\nabla U + U\nabla V,$$

und wenn c eine Konstante ist,

$$\nabla(cU) = c\nabla U.$$

Die inverse Operation, d. h. die Integration des Gradienten längs eines Weges 1—2 ergibt:

$$\int_1^2 \nabla V \cdot d\mathfrak{s} = \int_1^2 \operatorname{grad} V \cdot d\mathfrak{s} = V_2 - V_1 = \int_1^2 \frac{\partial V}{\partial s}\, ds.$$

Man nennt dieses Integral das *Linienintegral* des Gradienten von V. Für irgend zwei Wege mit demselben Endpunkt hat dieses Linienintegral den gleichen Wert. Es ist daher das Linienintegral eines Gradienten über einen geschlossenen Weg gleich Null: $\oint \operatorname{grad} V \cdot d\mathfrak{s} = 0$. Umgekehrt folgt aus der Bedingung, daß jedes Linienintegral eines Vektors über einen geschlossenen Weg Null sein soll, daß der Vektor als der Gradient einer skalaren Größe darstellbar ist. Wenn nämlich das Linienintegral z. B. der Funktion $X(x, y, z)$ über eine *geschlossene* Kurve Null ist, so kann das Linienintegral über ein Kurvenstück nicht vom Wege abhängen, sondern muß eine Funktion der Endpunkte sein, also

$$\int_1^2 X\,ds = V(x_2, y_2, z_2) - V(x_1, y_1, z_1) = V_2 - V_1.$$

Wir können die Endpunkte des Weges 1—2 beliebig nahe zusammenrücken, so daß nur ein Glied links und ein Differential rechts stehenbleibt und folgt

$$X\,ds = dV = \operatorname{grad} V \cdot d\mathfrak{s}.$$

§ 21. Differentiation eines Vektors nach einer skalaren Größe in einer vorgegebenen Richtung

Die Änderung eines Vektors

$$\mathfrak{V} = V_x\mathfrak{i} + V_y\mathfrak{j} + V_z\mathfrak{k} \tag{1}$$

bei Änderung seiner Ortskoordinaten x, y, z setzt sich zusammen aus den Änderungen seiner Komponenten. Diese

Änderungen in der Richtung

$$(1') \qquad \bar{\mathfrak{a}} = a_x \mathfrak{i} + a_y \mathfrak{j} + a_z \mathfrak{k}$$

oder die Differentialquotienten von V_x, V_y, V_z in der Richtung $\bar{\mathfrak{a}}$ sind nun nach § 20

$$(\bar{\mathfrak{a}}\nabla)\, V_x,\ (\bar{\mathfrak{a}}\nabla)\, V_y,\ (\bar{\mathfrak{a}}\nabla)\, V_z.$$

Die Gesamtänderung, die $\mathfrak{V}$ erfährt, wenn wir in der Richtung $\bar{\mathfrak{a}}$ um die beliebig kleine Längeneinheit vorgehen, oder der *Differentialquotient von* $\mathfrak{V}$ *in der Richtung* $\bar{\mathfrak{a}}$ ist danach:

$$(2) \qquad \left\{ \begin{aligned} &\frac{dV_x}{da}\cdot \mathfrak{i} + \frac{dV_y}{da}\,\mathfrak{j} + \frac{dV_z}{da}\,\mathfrak{k} \\ &= (\bar{\mathfrak{a}}\nabla)V_x\mathfrak{i} + (\bar{\mathfrak{a}}\nabla)\, V_y\mathfrak{j} + (\bar{\mathfrak{a}}\nabla)\, V_z\mathfrak{k} \\ &= \mathfrak{W} = W_x\mathfrak{i} + W_y\,\mathfrak{j} + W_z\,\mathfrak{k} \end{aligned} \right.$$

mit den Koordinaten

$$(3) \qquad \left\{ \begin{aligned} W_x &= a_x \frac{\partial V_x}{\partial x} + a_y \frac{\partial V_x}{\partial y} + a_z \frac{\partial V_x}{\partial z} = \bar{\mathfrak{a}} \operatorname{grad} V_x, \\ W_y &= a_x \frac{\partial V_y}{\partial x} + a_y \frac{\partial V_y}{\partial y} + a_z \frac{\partial V_y}{\partial z} = \bar{\mathfrak{a}} \operatorname{grad} V_y, \\ W_z &= a_x \frac{\partial V_z}{\partial x} + a_y \frac{\partial V_z}{\partial y} + a_z \frac{\partial V_z}{\partial z} = \bar{\mathfrak{a}} \operatorname{grad} V_z, \end{aligned} \right.$$

wofür wir abkürzend schreiben:

$$(3') \qquad (\bar{\mathfrak{a}}\nabla)\, \mathfrak{V} = d_{\bar{\mathfrak{a}}}\mathfrak{V} = \bar{\mathfrak{a}}\ \mathfrak{Grad}\ \mathfrak{V}$$

mit der Bezeichnung: Vektorgradient von $\mathfrak{V}$ in Richtung $\bar{\mathfrak{a}}$. $\mathfrak{W}$, im vorliegenden Fall der Differentialquotient von $\mathfrak{V}$ in Richtung $\bar{\mathfrak{a}}$, ist eine lineare Vektorfunktion von $\bar{\mathfrak{a}}$. (Vgl. III. Teil) —.

Es sei nun der Vektor $\mathfrak{V}$ der Ausdruck einer Eigenschaft eines materiellen Trägers an der Stelle x, y, z; und es sei nach der Änderung dieses auf denselben Träger bezüglichen Vektors in dem Zeitelement dt gefragt, in welchem der Träger von x, y, z zu der benachbarten Stelle in der Entfernung

$d\mathfrak{s} = \mathfrak{v} \cdot dt$ sich bewegt. Die Änderung des Vektors in der Richtung $\overline{d\mathfrak{s}}$ ist nach dem eben Gesagten

$$(d\mathfrak{s}\, \nabla)\, \mathfrak{B}.$$

Sollen wir die *gesamte Änderung des Vektors in dem Zeitelement dt* angeben, so müssen wir noch der *zeitlichen Änderung des Vektors selbst* an der Stelle x, y, z Rechnung tragen, die nach § 18 durch $\frac{\partial \mathfrak{B}}{\partial t}$ gegeben ist. Wenn wir von unendlich kleinen Größen höherer Ordnung absehen, so setzt sich die Gesamtänderung, aus diesen beiden Teilen additiv zusammen, es ist:

$$\frac{d\mathfrak{B}}{dt} = \frac{\partial \mathfrak{B}}{\partial t} + (\mathfrak{v}\, \nabla)\, \mathfrak{B}. \tag{4}$$

Im Gegensatz zum ersten Glied auf der rechten Seite, der *zeitlichen Änderung an derselben Stelle*, bezeichnet man das zweite als die *stationäre Änderung*.

In gleicher Weise ergibt sich als gesamte zeitliche Änderung einer skalaren Eigenschaft V eines materiellen Trägers, der seinen Ort mit der Geschwindigkeit $\mathfrak{v}$ ändert, der Ausdruck:

$$\frac{dV}{dt} = \frac{\partial V}{\partial t} + (\mathfrak{v}\, \nabla)\, V. \tag{5}$$

§ 22. Die Operation ∇ bei vektoriellem Argument

Die Anwendung des Hamiltonschen Operators

$$\nabla = \mathfrak{i}\, \frac{\partial}{\partial x} + \mathfrak{j}\, \frac{\partial}{\partial y} + \mathfrak{k}\, \frac{\partial}{\partial z}$$

auf Vektoren führt zu Formeln von physikalischer Wichtigkeit. Es ist

$$\nabla \mathfrak{B} = \mathfrak{i}\, \frac{\partial \mathfrak{B}}{\partial x} + \mathfrak{j}\, \frac{\partial \mathfrak{B}}{\partial y} + \mathfrak{k}\, \frac{\partial \mathfrak{B}}{\partial z}$$

zunächst nur eine symbolische Schreibweise, die einer näheren Definition bedarf. Führen wir in die Gleichung die

Vektorkomponenten ein, so kommt:

$$\nabla \mathfrak{V} = \mathfrak{i}\left\{\frac{\partial V_x}{\partial x}\mathfrak{i} + \frac{\partial V_y}{\partial x}\mathfrak{j} + \frac{\partial V_z}{\partial x}\mathfrak{k}\right\} + \mathfrak{j}\left\{\frac{\partial V_x}{\partial y}\mathfrak{i} + \frac{\partial V_y}{\partial y}\mathfrak{j} + \frac{\partial V_z}{\partial y}\mathfrak{k}\right\} + \mathfrak{k}\left\{\frac{\partial V_x}{\partial z}\mathfrak{i} + \frac{\partial V_y}{\partial z}\mathfrak{j} + \frac{\partial V_z}{\partial z}\mathfrak{k}\right\},$$

und man sieht sogleich das in § 20 Gesagte bestätigt: Die Anwendung des Operators kann skalar oder vektoriell vorgenommen werden. Man schreibt im einen Fall — skalare Multiplikation —

$$(\nabla \mathfrak{V}) \text{ oder } \nabla \cdot \mathfrak{V} \text{ oder } \operatorname{div} \mathfrak{V}$$

mit der Bezeichnung *Divergenz* von $\mathfrak{V}$; im andern Fall — vektorielle Multiplikation —

$$[\nabla \mathfrak{V}] \text{ oder } \nabla \times \mathfrak{V} \text{ oder } \operatorname{curl} \mathfrak{V} \text{ oder } \operatorname{rot} \mathfrak{V}$$

mit der Bezeichnung *Rotor* oder *Rotation* von $\mathfrak{V}$.

Nach den Regeln der skalaren Multiplikation ist:

$$\nabla \mathfrak{V} = \frac{\partial V_x}{\partial x} + \frac{\partial V_y}{\partial y} + \frac{\partial V_z}{\partial z}, \tag{1}$$

ein Differentialausdruck der Komponenten des Vektors, und zwar eine skalare Größe. Näheres folgt in § 23 und § 24.

Im Fall der Vektormultiplikation ergibt sich:

$$[\nabla \mathfrak{V}] = \mathfrak{i}\left(\frac{\partial V_z}{\partial y} - \frac{\partial V_y}{\partial z}\right) + \mathfrak{j}\left(\frac{\partial V_x}{\partial z} - \frac{\partial V_z}{\partial x}\right) + \mathfrak{k}\left(\frac{\partial V_y}{\partial x} - \frac{\partial V_x}{\partial y}\right), \tag{2}$$

statt dessen können wir die formale Schreibweise benutzen:

$$[\nabla \mathfrak{V}] = \begin{vmatrix} \mathfrak{i} & \mathfrak{j} & \mathfrak{k} \\ \frac{\partial}{\partial x} & \frac{\partial}{\partial y} & \frac{\partial}{\partial z} \\ V_x & V_y & V_z \end{vmatrix}.$$

Sie hat eine ähnliche Form wie das Vektorprodukt zweier Vektoren. Näheres folgt in § 25 und § 26.

Im Anschluß daran wollen wir durch ein besonderes Beispiel, dessen Resultat wir später gebrauchen, zeigen, wie einfach eine Rechnung wird, wenn man ∇ wie einen Vektor behandelt (Weitere Anwendungen s. § 28).

Es sei $\mathfrak{u}$ ein beliebiger von x, y, z abhängiger Vektor, und

$$\mathfrak{r} = x\mathfrak{i} + y\mathfrak{j} + z\mathfrak{k}.$$

Es soll berechnet werden rot $[\mathfrak{r}\mathfrak{u}]$ oder $[\nabla[\mathfrak{r}\mathfrak{u}]]$. Die geforderten Differentiationen sind auf $\mathfrak{r}$ und $\mathfrak{u}$ auszudehnen. Also ist

$$\operatorname{rot}[\mathfrak{r}\mathfrak{u}] = \operatorname{rot}[\mathfrak{r}\mathfrak{u}]_{\mathfrak{u}} + \operatorname{rot}[\mathfrak{r}\mathfrak{u}]_{\mathfrak{r}},$$

wobei die Indizes die bei der Differentiation konstant zu haltende Größe bezeichnen. Nach Gleichung (2) § 12 ist:

$$(3)\ \operatorname{rot}[\mathfrak{r}\mathfrak{u}]_{\mathfrak{u}} = [\nabla[\mathfrak{r}\mathfrak{u}]]_{\mathfrak{u}} = (\mathfrak{u}\nabla)_{\mathfrak{u}}\mathfrak{r} - (\nabla\mathfrak{r})_{\mathfrak{u}}\mathfrak{u} = d_{\mathfrak{u}}\mathfrak{r} - \mathfrak{u}\operatorname{div}\mathfrak{r}.$$

Entsprechend:

$$(4)\qquad \operatorname{rot}[\mathfrak{r}\mathfrak{u}]_{\mathfrak{r}} = -\operatorname{rot}[\mathfrak{u}\mathfrak{r}]_{\mathfrak{r}} = \mathfrak{r}\operatorname{div}\mathfrak{u} - d_{\mathfrak{r}}\mathfrak{u}.$$

Die Bedeutung von $d_{\mathfrak{u}}\mathfrak{r}$ und $d_{z}\mathfrak{u}$ ergibt sich aus Gleichung (3′) in § 21, es sind die Differantialquotienten von $\mathfrak{r}$ bzw. von $\mathfrak{u}$ in den Richtungen $\mathfrak{u}$ und $\mathfrak{r}$, multipliziert mit den absoluten Beträgen von $\mathfrak{u}$ und von $\mathfrak{r}$.

Infolge der speziellen Annahme von $\mathfrak{r}$ ist

$$(5)\qquad d_{\mathfrak{u}}\mathfrak{r} = \mathfrak{u},\quad \operatorname{div}\mathfrak{r} = 3$$

und

$$(6)\qquad \operatorname{rot}[\mathfrak{r}\mathfrak{u}] = -2\mathfrak{u} + \mathfrak{r}\operatorname{div}\mathfrak{u} - d_{\mathfrak{r}}\mathfrak{u}.$$

§ 23. Die skalare Operation ∇ bei vektoriellem Argument. Integralsatz von Gauß

Um die physikalische Bedeutung der Differentialprodukte abzuleiten, wenden wir diese Symbole auf bekannte Beispiele an. Zunächst soll es sich um $\nabla\mathfrak{B}$ handeln:

In § 11 wurde als Beispiel eines skalaren Produktes dreier Vektoren die mit „Fluß eines Vektors" bezeichnete Größe eingeführt. Danach ist der Fluß des Vektors $\mathfrak{B}$ durch ein Flächenelement $d\mathfrak{o}$ von vorgegebener Richtung gleich $dw = \mathfrak{V} \cdot d\mathfrak{o}$. Es sei nun die Aufgabe gestellt, den Fluß des von den Ortskoordinaten abhängigen Vektors $\mathfrak{V}$ durch eine beliebig vorgelegte, *geschlossene* Fläche mit den Elementen $d\mathfrak{o}$, deren Normalen nach außen gerichtet sein mögen, zu berechnen. Wir denken uns die geschlossene Fläche durch zahlreiche, zu den Koordinatenebenen parallele, von einander immer um dx, bzw. dy, bzw. dz entfernte Ebenen in Elemente $d\mathfrak{o}$ zerschnitten. Dann ist:

$$d\mathfrak{o} = dy\,dz\,\mathfrak{i} + dz\,dx\,\mathfrak{j} + dx\,dy\,\mathfrak{k}$$

und

(1) $$w = \oint \mathfrak{V} \cdot d\mathfrak{o} = \oint (V_x dy\,dz + V_y dz\,dx + V_z dx\,dy).$$

$V_x dy\,dz$ ist der Fluß des Vektors $\mathfrak{V}$ an der Stelle x, y, z durch $d\mathfrak{o}$ in Richtung der x-Achse, oder der Fluß durch die Projektion von $d\mathfrak{o}$ in die yz-Ebene.

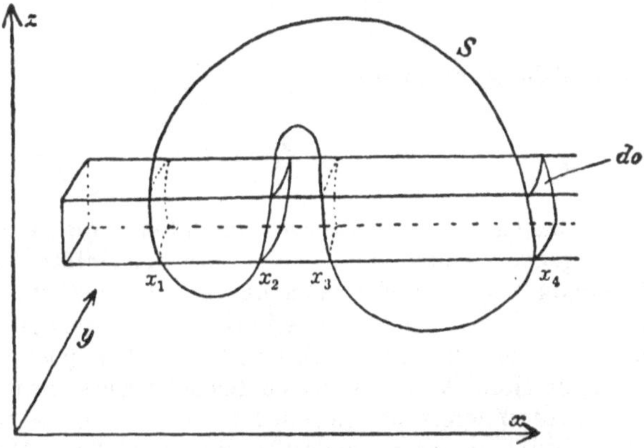

Fig. 12

In Fig. 12 sei S die Schnittlinie der geschlossenen Fläche mit einer zur zx-Ebene parallelen Ebene, $d\mathfrak{o}$ ein Element der Fläche. Der zu diesem $d\mathfrak{o}$ gehörige auf der yz-Ebene senkrechte Zylinder schneidet in der yz-Ebene die Projektion $dy\,dz$ von $d\mathfrak{o}$ heraus und durchsetzt die geschlossene Fläche mindestens noch einmal, jedenfalls aber eine gerade Anzahl mal (in der Figur viermal). Der erste Teil des Integrals erfordert eine Summierung der Projektionen sämtlicher mit V_x multiplizierter Oberflächenelemente auf die yz-Ebene. Diese Summierung führen wir in der Weise aus, daß wir zunächst die Summe der mit demselben $dy\,dz$ multiplizierten Werte von V_x bilden und dann diese Beträge über die ganze yz-Ebene summieren.

Das Durchsetzen mag an den Stellen $x_1, x_2, x_3, x_4 \cdots$ geschehen. Ist an der Stelle x_1 der Wert von V_x gleich $V_x^{(1)}$, so ist er an der Stelle x_2 gleich

$$\int_{x_1}^{x_2} \frac{\partial V_x}{\partial x}\,dx + V_x^{(1)},$$

an der Stelle x_4 entsprechend

$$\int_{x_3}^{x_4} \frac{\partial V_x}{\partial x}\,dx + V_x^{(3)} \text{ usw.}$$

Die Normalen der Oberflächenelemente an zwei aufeinanderfolgenden Durchsetzungsstellen haben infolge der Festsetzung, daß die Normalen der geschlossenen Fläche sämtlich nach außen gerechnet sein sollen, entgegengesetzte Richtung. Das eine Mal ist also $dy\,dz$ mit dem positiven, das andere Mal mit dem negativen Zeichen zu versehen. Da wir nun ferner wegen der getroffenen Festsetzung der Normalenrichtung an der geschlossenen Fläche die Normale der Projektion des Oberflächenelementes an der *ersten* Durchsetzungsstelle in der *negativen* x-Richtung annehmen müssen, so folgt für die Summe der Wert:

$$\sum_x = \int_{x_1}^{x_2} \frac{\partial V_x}{\partial x}\, dx + \int_{x_3}^{x_4} \frac{\partial V_x}{\partial x}\, dx + \cdots .$$

Die mit $dy\,dz$ multiplizierte Summe Σ von Integralen ist gerade die Summe aller mit $\frac{\partial V_x}{\partial x}$ multiplizierten Volumenelemente $d\tau$, die in dem Zylinder über der Basis $dy\,dz$ innerhalb der betrachteten Oberfläche liegen. Das Integral

$$\int \sum_x dy\,dz$$

ausgedehnt über die ganze Ebene yz ist daher die Summe aller mit $\frac{\partial V_x}{\partial x}$ multiplizierten Volumenelemente, die innerhalb der vorgelegten Oberfläche liegen. Wir schreiben infolgedessen:

(2)
$$\int V_x\, dy\,dz = \int \sum_x dy\,dz = \int \frac{\partial V_x}{\partial x}\, dx\,dy\,dz$$
$$= \int \frac{\partial V_x}{\partial x}\, d\tau .$$

Ebenso gilt:
$$\int V_y\, dx\,dz = \int \frac{\partial V_y}{\partial y}\, d\tau ,$$
$$\int V_z\, dy\,dx = \int \frac{\partial V_z}{\partial z}\, d\tau .$$

Durch Addition folgt:

(3)
$$w = \oint \mathfrak{V}\, d\mathfrak{o} = \int \left(\frac{\partial V_x}{\partial x} + \frac{\partial V_y}{\partial y} + \frac{\partial V_z}{\partial z} \right) d\tau = \int \nabla \mathfrak{V}\, d\tau .$$

Der Fluß eines Vektors $\mathfrak{V}$ *durch eine geschlossene Oberfläche ist gleich dem Integral über die mit* div $\mathfrak{V}$ *multiplizierten Volumenelemente des von der Oberfläche eingeschlossenen Raumes.* Schließt die Oberfläche nur ein Volumenelement ein, so ergibt sich: *Der Fluß des Vektors* $\mathfrak{V}$ *durch die Oberfläche eines Volumenelementes, bezogen auf die Volumeneinheit, ist die* Divergenz von $\mathfrak{V}$, div $\mathfrak{V}$, d. i. *die auf den Vektor* $\mathfrak{V}$ *skalar ausgeübte Hamiltonsche Operation* ∇; es ist

$$\text{div}\,\mathfrak{V} = \operatorname*{Lim}_{(d\tau=0)} \frac{\oint \mathfrak{V}\cdot d\mathfrak{o}}{d\tau}. \tag{4}$$

Um zu einer anderen anschaulichen Bedeutung der Divergenz zu gelangen, betrachten wir jetzt den Vektorfluß durch die Oberfläche eines kleinen Zylinders von der sehr kleinen Höhe dh, dessen Basisflächen senkrecht zu der Richtung des Vektors $\mathfrak{V}$ stehen und dessen Achse in die Richtung von $\mathfrak{V}$ fällt. $d\tau = dh \cdot do$ sei das Volumen des Zylinders, dann ist:

$$\text{div}\,\mathfrak{V}\cdot d\tau = \oint \mathfrak{V}\cdot d\mathfrak{o}. \tag{5}$$

Das Integral auf der rechten Seite setzt sich, da $\mathfrak{V}\cdot d\mathfrak{o}$ auf dem Zylindermantel Null ist, aus den beiden Elementen $\mathfrak{V}\cdot d\mathfrak{o}$ zusammen, die sich auf die Basisflächen beziehen. Da auf diesen beiden Flächen $d\mathfrak{o}$ entgegengesetztes Zeichen hat, ist $\oint \mathfrak{V} d\mathfrak{o} = (V^{(2)} - V^{(1)})\cdot do$, wenn $V^{(2)}$ und $V^{(1)}$ die Beträge des Vektors $\mathfrak{V}$ an den beiden Basisflächen des Zylinders sind. Gleichung (5) geht also über in die Form:

$$\text{div}\,\mathfrak{V}\cdot dh = V^{(2)} - V^{(1)},$$

diese Gleichung sagt aus: Die Änderung des Vektorflusses durch die Flächeneinheit an der Stelle x_1, y_1, z_1 beim Übergang zum Punkt x_2, y_2, z_2, der von x_1, y_1, z_1 in Richtung des Vektors $\mathfrak{V}$ um dh entfernt ist, ist gleich der Divergenz des Vektors $\mathfrak{V}$ multipliziert mit dh.

Behält bei auf Null abnehmendem dh die Differenz $V^{(2)} - V^{(1)}$ einen endlichen Wert, so hat man es an der Fläche, in die die beiden Zylinderbasisflächen übergehen, mit einer Unstetigkeit der zur Fläche senkrechten Komponente von $\mathfrak{V}$ zu tun. Man schreibt dann:

$$\text{div}\,\mathfrak{V}\cdot dh = \frac{1}{do} \oint \mathfrak{V} d\mathfrak{o} = \text{Div}\,\mathfrak{V}$$

und spricht von einer *Flächendivergenz*, in die die räumliche Divergenz übergegangen ist.

Die Gleichung (3) ist bekannt unter dem Namen: *Integralsatz von Gauß* und gibt die Transformation eines Flächenintegrals in ein Raumintegral oder umgekehrt.

Da das Vorzeichen von $\nabla\mathfrak{B}$ von der Festsetzung der Richtung der Flächennormale abhängt, ist $\nabla\mathfrak{B}$ eine pseudoskalare Größe.

§ 24. Anwendungen. Die Bezeichnung Divergenz

Ist durch den Vektor $\mathfrak{B}$ ein Wärmestrom in einem Körper der Richtung und Größe nach bezeichnet, d. h. die Wärmemenge, die in der Zeiteinheit durch die zur Richtung von $\mathfrak{B}$ senkrecht gelegene Flächeneinheit hindurchtritt, so ist die Wärmemenge, die durch das Flächenelement $d\mathfrak{o}$ von beliebig vorgegebener Richtung hindurchgeht, der Vektorfluß durch dieses Flächenelement, gleich $\mathfrak{B} \cdot d\mathfrak{o}$. Die Wärmemenge, die in das von der Fläche eingeschlossene Volumen mehr ein- als austritt, dient zur Energievermehrung dieses Volumens. Wird in dem Volumen keine innere oder äußere Arbeit geleistet, so wird die Wärmemenge eine Temperaturerhöhung hervorrufen. Wenn c die spezifische Wärme und ϱ die Dichte des Körpers bezeichnet, so ist die Wärmemenge, die eine Temperaturerhöung $\frac{\partial\vartheta}{\partial t}$ des Volumens $d\tau$ in der Zeiteinheit bewirkt: $c\varrho\frac{\partial\vartheta}{\partial t}d\tau$. Dies ist also gleichzusetzen: $-\operatorname{div}\mathfrak{B}\cdot d\tau$ oder:

$$-\operatorname{div}\mathfrak{B} = c\varrho\frac{\partial\vartheta}{\partial t}.$$

Bezeichnet der Vektor $\mathfrak{B}$ eine Flüssigkeitsströmung, so ist der Vektorfluß durch eine Fläche gleich der durch die Fläche pro Zeiteinheit hindurchtretenden Flüssigkeitsmenge. Die Inkompressibilitätsbedingung von Flüssigkeiten verlangt, daß in eine geschlossene Fläche nicht mehr Flüssigkeit ein- als austritt, d. h. die Menge der im ganzen eintretenden Flüssigkeit, der Fluß durch die geschlossene Fläche,

Null ist. Die Inkompressibilitätsbedingung lautet also in Vektorschreibweise:

$$\operatorname{div} \mathfrak{V} = 0.$$

Ist ein Vektorfeld so beschaffen, daß in Volumenelementen an gewissen Stellen des Raumes $\nabla\mathfrak{V}$ einen von Null verschiedenen Wert annimmt, so wird in diesen Elementen ein Teil der durch den Vektor mitgeführten Menge (z. B. Wärmemenge oder Flüssigkeitsmenge) erzeugt oder vernichtet. Man spricht dann bei Erzeugung im Volumenelement von Quellgebieten und Quellpunkten. Stellen, in denen eine größere Menge zu- als fortgeführt wird, nennt man Senken (*negative Quellen*). Die Menge, die positiv oder negativ zugeführt wird, also $\nabla\mathfrak{V}$, ist die Ergiebigkeit, die Divergenz *der Quelle.*

§ 25. Die vektorielle Operation ∇. Die Rotation

Um die Bedeutung der Operation $[\nabla\mathfrak{V}]$ zu erkennen, knüpfen wir an die Bewegung eines starren Körpers an. Die relative Geschwindigkeit irgendeines Punktes p_1 gegen einen Punkt p_2 ist durch die Gleichung gegeben:

$$\mathfrak{v} = \frac{d\mathfrak{r}}{dt} = \bar{\mathfrak{r}}\frac{dr}{dt} + r\frac{d\bar{\mathfrak{r}}}{dt}, \tag{1}$$

wenn der Vektor $\mathfrak{r}$ den Fahrstrahl von Punkt p_2 zum Punkt p_1 bedeutet. Sind die beiden Punkte starr miteinander verbunden, kann also die Entfernung sich nicht ändern, so muß $\frac{dr}{dt} = 0$ sein; der Rest

$$\mathfrak{v} = r\frac{d\bar{\mathfrak{r}}}{dt} \tag{2}$$

sagt aus, daß die relative Geschwindigkeit $\mathfrak{v}$ immer senkrecht zu der Verbindungslinie der Punkte gerichtet ist, deren relative Geschwindigkeit $\mathfrak{v}$ gesucht wird, und ist die allgemeine Form der relativen Bewegung der Punkte eines starren Körpers gegen irgendeinen mit dem Körper fest verbundenen Punkt O. Hat der Punkt O selbst die Geschwindigkeit $\mathfrak{v}_0$, so ist, wenn $\mathfrak{r}_i$ den Fahrstrahl des Punktes p_i von dem Bezugspunkt ist, die Geschwindigkeit $\mathfrak{v}_i$ der Punkte eines starren Körpers:

$$\mathfrak{v}_i = \mathfrak{v}_0 + r_i \frac{d\bar{\mathfrak{r}}_i}{dt}. \tag{3}$$

Wir können $\mathfrak{v}_i - \mathfrak{v}_0$ noch in einer anderen Form schreiben. Es sei OA (Fig. 13) mit der Richtung des Vektors $\bar{\mathfrak{a}}$ die augenblickliche Drehungsachse des starren Körpers, dann ist, wenn $\mathfrak{S}_i$ den momentanen Krümmungskreisradius des Punktes p_i darstellt ($\mathfrak{S}_i \perp \mathfrak{a}$):

$$\mathfrak{r}_i = \mathfrak{a}_i + \mathfrak{S}_i$$

$$\mathfrak{v}_i - \mathfrak{v}_0 = \frac{d\mathfrak{r}_i}{dt} = \frac{d\mathfrak{S}_i}{dt} = S_i \frac{d\overline{\mathfrak{S}}_i}{dt} = (\mathfrak{S}_i \overline{\mathfrak{S}}_i) \frac{d\overline{\mathfrak{S}}_i}{dt}. \tag{4}$$

Die rechte Seite können wir mit Rücksicht auf die Identität

$$\overline{\mathfrak{S}}_i \left(\frac{d\overline{\mathfrak{S}}_i}{dt} \mathfrak{S}_i \right) = 0$$

und auf die Rechenregel (2) in § 12 umformen in:

$$-\left[\mathfrak{S}_i \left[\overline{\mathfrak{S}}_i \frac{d\overline{\mathfrak{S}}_i}{dt}\right]\right].$$

Der Vektor $\left[\overline{\mathfrak{S}}_i \frac{d\overline{\mathfrak{S}}_i}{dt}\right]$ hat nun für alle Punkte p_i des starren Körpers denselben Wert. Er steht senkrecht auf $\overline{\mathfrak{S}}_i$ und $\frac{d\overline{\mathfrak{S}}_i}{dt}$, fällt also in die Rich-

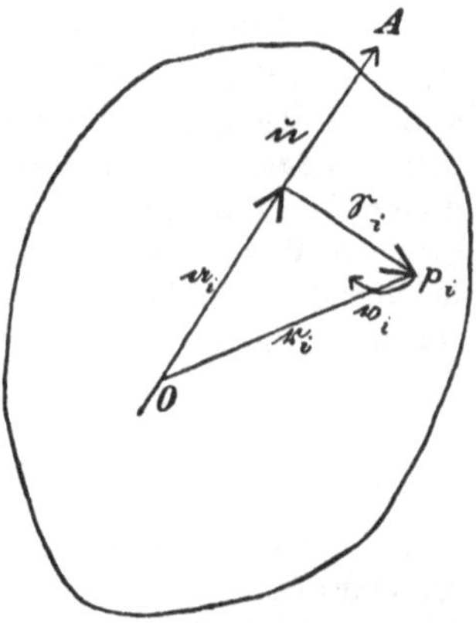

Fig. 13

tung der Drehungsachse. Sein Betrag ist gleich dem doppelten Inhalt der Fläche, die von dem Einheitsradius in einer zur Drehachse senkrechten Ebene in der Zeiteinheit über strichen wird. Wir wollen diesen Vektor, wie das allgemein üblich geworden ist, *Winkelgeschwindigkeit* nennen und mit $\mathfrak{u}$ bezeichnen. Denn der Begriff „Winkelgeschwindigkeit" der gewöhnlichen Analysis hat die charakteristischen Merkmale eines Vektors; zu ihrer Bestimmung ist neben der Angabe des absoluten Betrages auch die Angabe der Richtung der Drehungsachse notwendig. Es ist also:

$$\mathfrak{u} = \left[\overline{\mathfrak{S}}_i \frac{d\overline{\mathfrak{S}}_i}{dt}\right] \text{ und } \mathfrak{v}_i = \mathfrak{v}_o + [\mathfrak{u}\mathfrak{S}_i]$$

oder, da $[\mathfrak{a}_i\mathfrak{u}] = 0$ und $\mathfrak{r}_i = \mathfrak{a}_i + \mathfrak{S}_i$ ist:

$$\mathfrak{v}_i = \mathfrak{v}_o + [\mathfrak{u}\,\mathfrak{r}_i].$$

Wir wollen nun auf

$$\mathfrak{v} = \mathfrak{v}_o + [\mathfrak{u}\,\mathfrak{r}] \tag{5}$$

die vektorielle Differentialoperation ∇ anwenden. In den darin geforderten Differentiationen nach x, y, z handelt es sich um Bestimmung der Änderung von $\mathfrak{v}$ bzw. $[\mathfrak{u}\,\mathfrak{r}]$ bei dem Übergang vom Punkt x, y, z zum Nachbarpunkt. Für diesen Nachbarpunkt hat $\mathfrak{u}$ aber zur gleichen Zeit den gleichen Wert wie für den Punkt x, y, z, also haben wir bei der Differentiation der rechten Seite $\mathfrak{u}$ als eine Konstante zu betrachten. Wir erhalten mit Benutzung der Gleichung (6) in § 22

$$\operatorname{rot}\mathfrak{v} = \operatorname{rot}[\mathfrak{u}\,\mathfrak{r}]_u = 2\mathfrak{u}. \tag{6}$$

Die Rotation oder der Rotor der momentanen Geschwindigkeit eines Punktes eines starren Körpers ist gleich der doppelten Winkelgeschwindigkeit des Punktes in seiner Bahn um die momentane Drehachse des Körpers. (Vgl. hierzu das Ende des folgenden Paragraphen.)

Infolge dieser Beziehung hat man die Operation als Rotation, R o t o r oder W i r b e l, curl oder Quirl bezeichnet.

Aus der Komponentendarstellung:

$$(7)\qquad \operatorname{rot}\mathfrak{v} = \begin{vmatrix} \mathfrak{i} & \mathfrak{j} & \mathfrak{k} \\ \frac{\partial}{\partial x} & \frac{\partial}{\partial y} & \frac{\partial}{\partial z} \\ v_x & v_y & v_z \end{vmatrix} = +\mathfrak{i}\left(\frac{\partial v_z}{\partial y} - \frac{\partial v_y}{\partial z}\right) + \mathfrak{j}\left(\frac{\partial v_x}{\partial z} - \frac{\partial v_z}{\partial x}\right) + \mathfrak{k}\left(\frac{\partial v_y}{\partial x} - \frac{\partial v_x}{\partial y}\right)$$

folgt unmittelbar, daß $\operatorname{rot}\mathfrak{v} = 0$, wenn $\mathfrak{v}$ *der Gradient einer skalaren Größe* φ *ist*:

$$(8)\qquad \operatorname{rot}\operatorname{grad}\varphi = 0,$$

denn dann sind die Unterdeterminanten Null. Ist dagegen $\operatorname{rot}\mathfrak{v} \neq 0$, so muß nach § 20 das Integral $\int \mathfrak{v}\, d\mathfrak{s}$ vom Integrationswege abhängen und über eine geschlossene Kurve von Null verschieden sein.

§ 26. Satz von Stokes

Wenn das über eine geschlossene Kurve genommene Integral $\oint \mathfrak{V}\, d\mathfrak{s}$ *nicht Null ist, so läßt es sich durch den Vektor* rot $\mathfrak{V}$ *darstellen.*

Es sei zunächst eine ganz bestimmte Kurve vorgelegt, längs der die Integration ausgeführt werden soll, nämlich die Umrandung eines Parallelogrammes $\bar{\mathfrak{o}}\, do = d\mathfrak{o}$ von beliebig kleinem Flächeninhalt mit den Seiten $d\mathfrak{r}$ und $\delta\mathfrak{r}$ an der Stelle x, y, z (Fig. 14). Die Mittelwerte des stetig sich ändernden Vektors $\mathfrak{V}$ auf den vier Seiten 1, 2, 3, 4 seien $\mathfrak{V}^{(1)}, \mathfrak{V}^{(2)}, \mathfrak{V}^{(3)}, \mathfrak{V}^{(4)}$. Dann ist

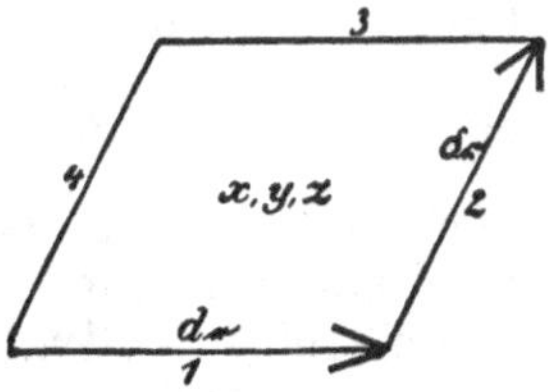

Fig. 14

$$(1)\begin{cases} \oint \mathfrak{V}\, d\mathfrak{s} = \mathfrak{V}^{(1)} d\mathfrak{r} + \mathfrak{V}^{(2)}\delta\mathfrak{r} - \mathfrak{V}^{(3)} d\mathfrak{r} - \mathfrak{V}^{(4)}\delta\mathfrak{r} \\ \qquad = d\mathfrak{r}(\mathfrak{V}^{(1)} - \mathfrak{V}^{(3)}) - \delta\mathfrak{r}(\mathfrak{V}^{(4)} - \mathfrak{V}^{(2)}). \end{cases}$$

$\mathfrak{B}^{(1)} - \mathfrak{B}^{(3)}$ ist nun die Änderung des Vektors $\mathfrak{B}$ an der Stelle x, y, z in der Richtung $-\delta\mathfrak{r}$ auf dem Stück $\delta\mathfrak{r}$, $\mathfrak{B}^{(4)} - \mathfrak{B}^{(2)}$ die in Richtung $-d\mathfrak{r}$ auf dem Stück $d\mathfrak{r}$; wir können also schreiben:

$$(2) \qquad \oint \mathfrak{B}\, d\mathfrak{s} = (d\mathfrak{r}\, \nabla)\, \mathfrak{B} \cdot \delta\mathfrak{r} - (\delta\mathfrak{r}\, \nabla)\, \mathfrak{B} \cdot d\mathfrak{r}.$$

Da wir mit dem Operationszeichen ∇ genau so verfahren können wie mit einem Vektor, so dürfen wir die folgenden Umformungen vornehmen. Die einzige Vorsicht, die wir walten lassen müssen, ist, daß wir auf die Reihenfolge der Zeichen achten. Ferner ist zu bedenken, daß am Schlusse der Transformation, in welcher Reihenfolge die Zeichen auch stehen mögen, die durch das Zeichen ∇ geforderten Differentiationen sich auf den Vektor $\mathfrak{B}$ beziehen, während $\delta\mathfrak{r}$ und $d\mathfrak{r}$ konstante Größen bedeuten. (Zu der folgenden Entwicklung s. Gl. (1) in § 13.)

$$(3) \qquad \left\{ \begin{aligned} \oint \mathfrak{B}\, d\mathfrak{s} &= (d\mathfrak{r}\, \nabla)(\mathfrak{B}\,\delta\mathfrak{r}) - (\delta\mathfrak{r}\, \nabla)(\mathfrak{B}\, d\mathfrak{r}) \\ &= (\nabla d\mathfrak{r})(\mathfrak{B}\,\delta\mathfrak{r}) - (\nabla \delta\mathfrak{r})(\mathfrak{B}\, d\mathfrak{r}) \\ &= [\nabla \mathfrak{B}]\,[d\mathfrak{r}\,\delta\mathfrak{r}] \\ &= \operatorname{rot} \mathfrak{B} \cdot [d\mathfrak{r}\,\delta\mathfrak{r}] = \operatorname{rot} \mathfrak{B} \cdot d\mathfrak{o}. \end{aligned} \right.$$

Daraus folgt, daß

$$(4) \qquad \operatorname{rot} \mathfrak{B} \cdot \bar{\mathfrak{o}} = \cdot \lim_{do = 0} \cdot \frac{\oint \mathfrak{B}\, d\mathfrak{s}}{do},$$

wobei in Anbetracht des Übergangs zum Lim ($do = o$) das Parallelogramm durch ein beliebig begrenztes Flächenelement ersetzt werden kann. Die Bezeichnung (4) sagt aus, *daß das Linienintegral eines mit dem Wegelement skalar multiplizierten Vektors, nach Division durch das von der Integrationskurve umschlossene Flächenelement einem Grenzwert sich nähert, der gleich ist der* Rotor- oder Wirbelkomponente *jenes Vektors in Richtung der Flächennormale an der von der Integrationskurve umschlossenen Stelle*, (die von der Normalen aus gesehen im positiven Sinn durchlaufen wird).

Zu dem *Stokes*schen Satz, der eine Transformation eines Linien- in ein Flächenintegral oder umgekehrt darstellt, gelangen wir, wenn wir die in Gleichung (3) berechnete Größe rot $\mathfrak{V} \cdot \bar{\mathfrak{o}}\,do$ über eine Fläche F integrieren, die wir uns in lauter Flächenelemente der betrachteten Art zerlegt denken können. Die linke Seite der Gleichung (3) geht dadurch in die Summe der Linienintegrale längs der Umrandungen sämtlicher Flächenelemente über. Da nun aber

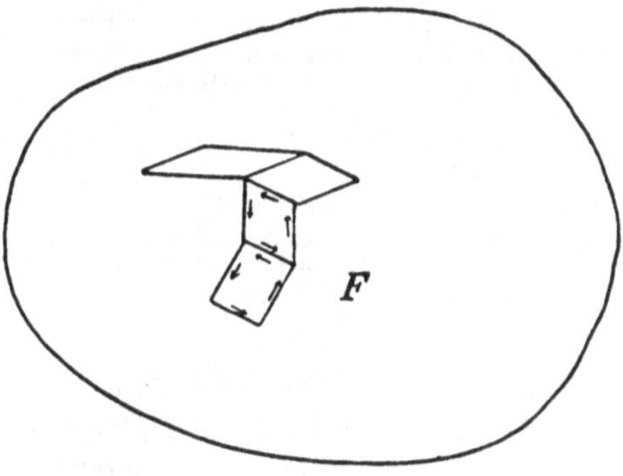

Fig. 15

(vgl. Fig. 15) die Umrandungen zweier benachbarter Flächenelemente hierbei teilweise sich decken und diese Stücke bei der Integration in entgegengesetzter Richtung durchlaufen werden, so ist die Summe aller Linienintegrale gleich dem Linienintegral über $\mathfrak{V}\,d\mathfrak{s}$ längs der Umrandung der Fläche F. Es ist also

$$\oint \mathfrak{V}\,d\mathfrak{s} = \int \operatorname{rot} \mathfrak{V}\,do. \tag{5}$$

Diese Gleichung stellt den Satz von Stokes dar: *Das Linienintegral des Vektors $\mathfrak{V}$ über eine geschlossene Kurve ist gleich* *dem Oberflächenintegral der Rotation des Vektors über eine von der Kurve umrandete Fläche.*

Aus Gleichung (5) folgt der wichtige Satz, daß $\oint \operatorname{rot} \mathfrak{V} \cdot d\mathfrak{o}$ über eine geschlossene Fläche Null ist, da das Integral auf der linken Seite verschwindet.

Setzen wir in Gleichung (4) für $\mathfrak{V}$ den Geschwindigkeitsvektor $\mathfrak{v}$ des Punktes x, y, z eines starren Körpers, so sagt (4) aus, daß die Komponente von rot $\mathfrak{v}$ in einer bestimmten Richtung gleich ist dem Linienintegral über $\mathfrak{v}$ um ein zu der Richtung senkrechtes Flächenelement, dividiert durch den Flächeninhalt des Elementes. Fällt das Flächenelement in die Ebene des Krümmungskreises, dem sich die Bahn des Punktes x, y, z augenblicklich anschmiegt, so wird das Linienintegral und somit auch die linke Seite den größtmöglichen Wert annehmen. Ein Blick auf die Figur 13 lehrt, daß dieser Wert um so größer sein wird, je kleiner der Krümmungsradius der Bahn und je größer die Geschwindigkeit des Punktes x, y, z in der Bahn ist, mit anderen Worten je größer die Winkelgeschwindigkeit des Punktes x, y, z in der Bahn (um den augenblicklichen Krümmungsmittelpunkt) sein wird. Diese Bemerkung wird zum Verständnis des Inhalts der Gleichung (6) von § 25 beitragen.

§ 27. Anwendung

Gleichung (3) des vorigen Paragraphen können wir dazu benutzen, dem Differentialquotienten, der durch $(\bar{a}\,\nabla)\,\mathfrak{V}$ dargestellt werden kann, eine andere Form zu geben. Indem wir auch durch die Schreibweise andeuten wollen, daß die Änderung von $\mathfrak{V}$ längs einer sehr kleinen Strecke in der Richtung $\mathfrak{a}$ bestimmt werden soll, schreiben wir den Differentialquotienten $(d\bar{a}\,\nabla)\,\mathfrak{V}$. Wir ersetzen in der Gleichung (3) des § 26 $d\mathfrak{r}$ durch $d\mathfrak{a}$, dann ist (vgl. Gl. (2) in § 12)

$$(1) \qquad [\operatorname{rot} \mathfrak{V}\, d\mathfrak{a}]\, \delta\mathfrak{r} = (d\mathfrak{a}\, \nabla)\, \mathfrak{V} \cdot \delta\mathfrak{r} - \nabla(\mathfrak{V}\, d\mathfrak{a})\, \delta\mathfrak{r}.$$

Nach den Regeln der Multiplikation können wir statt dessen schreiben:

$$\delta\mathfrak{r}\, \{[\operatorname{rot} \mathfrak{V}\, d\mathfrak{a}] + \nabla(\mathfrak{V}\, d\mathfrak{a}) - (d\mathfrak{a}\nabla)\, \mathfrak{V}\} = 0.$$

Da diese Gleichung identisch erfüllt sein muß, welchen

Wert der Vektor $\delta\mathfrak{r}$ auch annimmt, so muß der Klammerausdruck identisch Null sein, d. h. das Differential des Vektors $\mathfrak{B}$ in der Richtung des Vektors da ist

$$(2) \qquad (da\nabla)\,\mathfrak{B} = [\mathrm{rot}\,\mathfrak{B}\cdot da] + \nabla(\mathfrak{B}da)_{da},$$

wobei anzumerken ist, daß da bei der Differentiation konstant gehalten werden muß, was wir durch den Index anzeigen wollen.

Die Formel (4) des § 21 geht dadurch über in:

$$(3) \qquad \frac{d\mathfrak{B}}{dt} = \frac{\partial\mathfrak{B}}{\partial t} + [\mathrm{rot}\,\mathfrak{B}\cdot\mathfrak{v}] + \nabla(\mathfrak{B}\,\mathfrak{v})_{\mathfrak{v}}.$$

Ist der Vektor $\mathfrak{B}$ der Geschwindigkeitsvektor des Punktes selbst, so erhalten wir die spezielle Form:

$$(4) \qquad \frac{d\mathfrak{v}}{dt} = \frac{\partial\mathfrak{v}}{\partial t} + \frac{1}{2}\nabla\mathfrak{v}^2 - [\mathfrak{v}\;\mathrm{rot}\,\mathfrak{v}].$$

Es mag hier noch die Gesamtänderung des Vektorflusses durch eine Fläche F in der Zeit dt berechnet werden, also:

$$\frac{d}{dt}\int\mathfrak{B}\,d\mathfrak{o}.$$

$\int\mathfrak{B}\,d\mathfrak{o}$ ist eine skalare Größe, es ist also nach Gleichung (5) des § 21:

$$\frac{d}{dt}\int\mathfrak{B}\,d\mathfrak{o} = \frac{\partial}{\partial t}\int\mathfrak{B}\,d\mathfrak{o} + (\mathfrak{v}\nabla)\int\mathfrak{B}\,d\mathfrak{o}.$$

Das letzte Glied bedeutet die Änderung des Flusses pro Zeiteinheit, wenn die durchströmte Fläche sich mit der Geschwindigkeit $\mathfrak{v}$ bewegt. Die Fläche durchstreicht im allgemeinen bei der Bewegung einen Raum, der begrenzt ist erstens durch die Größe und Lage der Fläche $\mathfrak{F}^{(1)}$ und $\mathfrak{F}^{(2)}$ zu Beginn und zu Ende der Bewegung und zweitens durch den bei der Bewegung von der Umrandung $\mathfrak{s}$ der Fläche bestrichenen Zylindermantel. Der aus diesem geschlossenen Raum austretende Fluß ist nach Gleichung (3) in § 23:

$$\int \operatorname{div} \mathfrak{B} (\mathfrak{v}\, d\mathfrak{o}).$$

Bezüglich der Normale von $d\mathfrak{o}$ setzen wir fest, daß sie mit der Bewegungsrichtung $\mathfrak{v}$ einen spitzen Winkel bilde, dadurch ist die Richtung der Umrandung $\mathfrak{s}$ festgelegt, und zwar so, daß $[d\mathfrak{s}\, \mathfrak{v}]$ ein Oberflächenelement des betrachteten Raumes mit einer nach außen weisenden Normale ist. Subtrahieren wir von diesem Fluß den, welcher durch die Fläche

$$\int [d\mathfrak{s}\, \mathfrak{v}]$$

heraustritt, die $\mathfrak{F}^{(1)}$ und $\mathfrak{F}^{(2)}$ verbindet, so erhalten wir den Fluß, welcher durch die beiden Flächen $\mathfrak{F}^{(1)}$ und $\mathfrak{F}^{(2)}$ austritt. Das ist aber gerade die gesuchte Änderung des Flusses, wenn die Fläche $\mathfrak{F}^{(1)}$ in $\mathfrak{F}^{(2)}$ übergeht. Es ist also

$$(\mathfrak{v}\nabla) \int \mathfrak{B}\, d\mathfrak{o} = \int \operatorname{div} \mathfrak{B}(\mathfrak{v}\, d\mathfrak{o}) + \int \mathfrak{B}\, [\mathfrak{v}\, d\mathfrak{s}],$$

und mit Benutzung des Satzes von Stokes

$$(5) \quad \begin{cases} (\mathfrak{v}\nabla) \int \mathfrak{B}\, d\mathfrak{o} = \int \operatorname{div} \mathfrak{B}(\mathfrak{v}\, d\mathfrak{o}) + \int [\mathfrak{B}\mathfrak{v}]\, d\mathfrak{s} \\ \qquad\qquad\qquad = \int \operatorname{div} \mathfrak{B}(\mathfrak{v}\, d\mathfrak{o}) + \int \operatorname{rot} [\mathfrak{B}\mathfrak{v}]\, d\mathfrak{o}, \end{cases}$$

folglich ist

$$(6) \quad \frac{d}{dt} \int \mathfrak{B}\, d\mathfrak{o} = \int \left\{ \frac{\partial \mathfrak{B}}{\partial t} + \mathfrak{v} \operatorname{div} \mathfrak{B} + \operatorname{rot} [\mathfrak{B}\mathfrak{v}] \right\} d\mathfrak{o},$$

und die Flußänderung durch eine *geschlossene* Fläche ist daher

$$(7) \quad \frac{d}{dt} \oint \mathfrak{B}\, d\mathfrak{o} = \oint \left(\frac{\partial \mathfrak{B}}{\partial t} + \mathfrak{v} \operatorname{div} \mathfrak{B} \right) d\mathfrak{o}.$$

§ 28. Mehrfache Anwendung der Differentialoperation ∇

Es ist schon häufig von der Bemerkung Gebrauch gemacht worden, daß das Zeichen ∇ bei Multiplikationsrechnungen und Transformationen von Ausdrücken ebenso behandelt werden könne, als sei es das Symbol eines Vektors. Mit Hilfe dieser symbolischen Rechnungsweise, als der einfachsten Methode, mögen hier noch einige Formeln entwickelt werden, welche die Anwendung des Hamiltonschen Operators bei Produkten von Skalaren und Vektoren und die mehrfache Anwendung des Operators auf die bekannten Formen zurückführen.

Es sind im folgenden der Reihe nach die verschiedenen dreigliedrigen Differentialkombinationen von Skalaren, Vektoren und dem Operationszeichen aufgeführt; beigefügte Indizes sollen die Größe bezeichnen, die in dem Differentialausdruck bei der Differentiation konstant zu halten ist.

$$(1)\quad \nabla(a\mathfrak{b}) = \operatorname{div}(a\mathfrak{b}) = \nabla(a\mathfrak{b})_a + \nabla(a\mathfrak{b})_{\mathfrak{b}} = a \operatorname{div}\mathfrak{b} + \mathfrak{b}\operatorname{grad} a.$$

$$(2)\quad [\nabla(a\mathfrak{b})] = \operatorname{rot}(a\mathfrak{b}) = a \operatorname{rot}\mathfrak{b} - [\mathfrak{b}\operatorname{grad} a].$$

$$(3)\quad (\nabla\mathfrak{a}\mathfrak{b}) = \operatorname{grad}(\mathfrak{a}\mathfrak{b}) = \operatorname{grad}(\mathfrak{a}\mathfrak{b})_{\mathfrak{a}} + \operatorname{grad}(\mathfrak{a}\mathfrak{b})_{\mathfrak{b}}.$$

$$(4)\quad \nabla[\mathfrak{a}\mathfrak{b}] = \operatorname{div}[\mathfrak{a}\mathfrak{b}] = \nabla[\mathfrak{a}\mathfrak{b}]_{\mathfrak{a}} + \nabla[\mathfrak{a}\mathfrak{b}]_{\mathfrak{b}} = -\mathfrak{a}\operatorname{rot}\mathfrak{b} + \mathfrak{b}\operatorname{rot}\mathfrak{a}.$$

$$(5)\quad [\nabla[\mathfrak{a}\mathfrak{b}]] = \operatorname{rot}[\mathfrak{a}\mathfrak{b}] = [\nabla[\mathfrak{a}\mathfrak{b}]]_{\mathfrak{a}} + [\nabla[\mathfrak{a}\mathfrak{b}]]_{\mathfrak{b}} = [\mathfrak{a}(\nabla\mathfrak{b}) - \mathfrak{b}(\nabla\mathfrak{a})]_{\mathfrak{a}} + [\mathfrak{a}(\nabla\mathfrak{b}) - \mathfrak{b}(\nabla\mathfrak{a})]_{\mathfrak{b}} = \mathfrak{a}\operatorname{div}\mathfrak{b} - (\mathfrak{a}\nabla)\mathfrak{b} + (\mathfrak{b}\nabla)\mathfrak{a} - \mathfrak{b}\operatorname{div}\mathfrak{a}.$$

$$(6)\quad [\mathfrak{a}[\nabla\mathfrak{b}]] = \nabla(\mathfrak{a}\mathfrak{b})_{\mathfrak{a}} - \mathfrak{b}(\mathfrak{a}\nabla)_{\mathfrak{a}} = \operatorname{grad}(\mathfrak{a}\mathfrak{b})_{\mathfrak{a}} - (\mathfrak{a}\nabla)\mathfrak{b}.$$

Die Vereinfachung der Rechnung durch die symbolische Schreibweise ist sehr groß, besonders bei etwas kompliziertem Bau, wie z. B. bei Gleichung (5). Um diese Gleichung auf gewöhnlichem analytischem Wege zu verifizieren, geht man am besten von der Schreibweise aus:

$$\operatorname{rot}[\mathfrak{a}\mathfrak{b}] = \begin{vmatrix} \mathfrak{i} & \mathfrak{j} & \mathfrak{k} \\ \frac{\partial}{\partial x} & \frac{\partial}{\partial y} & \frac{\partial}{\partial z} \\ \begin{vmatrix} a_y & a_z \\ b_y & b_z \end{vmatrix} & \begin{vmatrix} a_z & a_x \\ b_z & b_x \end{vmatrix} & \begin{vmatrix} a_x & a_y \\ b_x & b_y \end{vmatrix} \end{vmatrix}$$

und berechnet die x-Komponente der rechten Seite von Gleichung (5); dieselbe läßt sich nach einigen Kürzungen auf die Form

$$\frac{\partial}{\partial y}(a_x b_y - a_y b_x) - \frac{\partial}{\partial z}(a_z b_x - a_x b_z)$$

bringen; entsprechendes gilt von der y- und z-Komponente.

Ist in den Formeln (1) bis (5) der Vektor $\mathfrak{b}$ durch das Zeichen ∇ ersetzt, so kommt:

$$(1') \quad \nabla\nabla a = \operatorname{div} \operatorname{grad} a = \frac{\partial^2 a}{\partial x^2} + \frac{\partial^2 a}{\partial y^2} + \frac{\partial^2 a}{\partial z^2} = \nabla^2 a = \Delta a\text{[1]},$$

$$(2') \quad [\nabla\nabla a] = \operatorname{rot} \operatorname{grad} a = \begin{vmatrix} \mathfrak{i} & \mathfrak{j} & \mathfrak{k} \\ \frac{\partial}{\partial x} & \frac{\partial}{\partial y} & \frac{\partial}{\partial z} \\ \frac{\partial a}{\partial x} & \frac{\partial a}{\partial y} & \frac{\partial a}{\partial z} \end{vmatrix} = 0,$$

$$(3') \quad \nabla(\nabla \mathfrak{a}) = \operatorname{grad} \operatorname{div} \mathfrak{a},$$

$$(4') \quad \nabla[\nabla \mathfrak{a}] = \operatorname{div} \operatorname{rot} \mathfrak{a} = \frac{\partial}{\partial x} \begin{vmatrix} \frac{\partial}{\partial y} & \frac{\partial}{\partial z} \\ a_y & a_z \end{vmatrix} + \frac{\partial}{\partial y} \begin{vmatrix} \frac{\partial}{\partial z} & \frac{\partial}{\partial x} \\ a_z & a_x \end{vmatrix} + \frac{\partial}{\partial z} \begin{vmatrix} \frac{\partial}{\partial x} & \frac{\partial}{\partial y} \\ a_x & a_y \end{vmatrix} = 0,$$

[1]) Die Schreibweise rührt von Lamé her.

$$\begin{aligned}(5')\quad [\nabla[\nabla\mathfrak{a}]] &= \operatorname{rot}\operatorname{rot}\mathfrak{a} = \nabla(\nabla\mathfrak{a}) - (\nabla\nabla)\,\mathfrak{a}\\ &= \operatorname{grad}\operatorname{div}\mathfrak{a} - \nabla^2\mathfrak{a}\\ &= \operatorname{grad}\operatorname{div}\mathfrak{a} - \left(\frac{\partial^2\mathfrak{a}}{\partial x^2} + \frac{\partial^2\mathfrak{a}}{\partial y^2} + \frac{\partial^2\mathfrak{a}}{\partial z^2}\right)\\ &= \operatorname{grad}\operatorname{div}\mathfrak{a} - \mathfrak{i}\nabla^2 a_x - \mathfrak{j}\nabla^2 a_y - \mathfrak{k}\nabla^2 a_z.\end{aligned}$$

Ist die Divergenz eines Vektors $\mathfrak{c}$, div $\mathfrak{c}$, im betrachteten Raum Null, so muß sich nach Gleichung (4′) $\mathfrak{c}$ als Rotor eines anderen Vektors darstellen lassen.

§ 29. Die Differentialoperationen bei Benutzung rechtwinkliger, krummliniger Koordinaten

Die explizite Form der Differentialoperationen in dem Fall, daß die skalaren Größen und die Vektoren nicht auf rechtwinklig-gradlinige, sondern auf rechtwinklig-krummlinige Koordinaten bezogen sind, z. B. auf die Polarkoordinaten r, ϑ, φ, d. h. auf Koordinaten, deren Richtungen sich sämtlich oder zum Teil im Raum von Punkt zu Punkt ändern, aber doch in jedem Punkt als die Schnittlinien aufeinander senkrecht stehender Flächenscharen aufeinander senkrecht stehen, ist etwas komplizierter als die in §§ 19ff. abgeleiteten und soll im folgenden berechnet werden.

1. **grad** V, vgl. § 19.

Die Änderung von V bei Änderung um ds in Richtung $\bar{\mathfrak{s}}$ ist, wenn die Komponenten von $ds\cdot\bar{\mathfrak{s}} = d\mathfrak{s}$ im Punkte x, y, z in den Richtungen $\bar{\mathfrak{e}}, \bar{\mathfrak{f}}, \bar{\mathfrak{g}}$ der rechtwinklig-krummlinigen Koordinaten durch $d_{\mathfrak{e}}s$, $d_{\mathfrak{f}}s$, $d_{\mathfrak{g}}s$ angegeben werden, so daß

$$ds\cdot\bar{\mathfrak{s}} = d\mathfrak{s} = d_{\mathfrak{e}}s\cdot\bar{\mathfrak{e}} + d_{\mathfrak{f}}s\cdot\bar{\mathfrak{f}} + d_{\mathfrak{g}}s\cdot\bar{\mathfrak{g}}$$

zu setzen ist:

$$\begin{aligned}dV &= \frac{\partial V}{\partial_{\mathfrak{e}}s}d_{\mathfrak{e}}s + \frac{\partial V}{\partial_{\mathfrak{f}}s}d_{\mathfrak{f}}s + \frac{\partial V}{\partial_{\mathfrak{g}}s}d_{\mathfrak{g}}s\\ &= \frac{\partial V}{\partial e}\frac{\partial e}{\partial_{\mathfrak{e}}s}d_{\mathfrak{e}}s + \frac{\partial V}{\partial f}\frac{\partial f}{\partial_{\mathfrak{f}}s}d_{\mathfrak{f}}s + \frac{\partial V}{\partial g}\frac{\partial g}{\partial_{\mathfrak{g}}s}d_{\mathfrak{g}}s.\end{aligned}$$

Für $\frac{\partial e}{\partial_{\mathfrak{e}} s}$, $\frac{\partial f}{\partial_{\mathfrak{f}} s}$, $\frac{\partial g}{\partial_{\mathfrak{g}} s}$ schreiben wir $\frac{1}{E}$, $\frac{1}{F}$, $\frac{1}{G}$; es sind bekannte Funktionen von e, f, g oder von x, y, z; dann folgt

$$\begin{aligned} dV &= \frac{\partial V}{\partial e}\frac{1}{E}\bar{\mathfrak{e}}\cdot\bar{\mathfrak{e}}d_{\mathfrak{e}}s + \frac{\partial V}{\partial f}\frac{1}{F}\bar{\mathfrak{f}}\cdot\bar{\mathfrak{f}}d_{\mathfrak{f}}s + \frac{\partial V}{\partial g}\frac{1}{G}\bar{\mathfrak{g}}\cdot\bar{\mathfrak{g}}d_{\mathfrak{g}}s \\ &= \left(\frac{\partial V}{\partial e}\frac{1}{E}\bar{\mathfrak{e}} + \frac{\partial V}{\partial f}\frac{1}{F}\bar{\mathfrak{f}} + \frac{\partial V}{\partial g}\frac{1}{G}\bar{\mathfrak{g}}\right) \\ &\quad\cdot(d_{\mathfrak{e}}s\,\bar{\mathfrak{e}} + d_{\mathfrak{f}}s\,\bar{\mathfrak{f}} + d_{\mathfrak{g}}s\,\bar{\mathfrak{g}}) \\ &= \operatorname{grad} V\cdot d\mathfrak{s} \end{aligned}$$

mit den *Gradientkomponenten* in den Richtungen $\bar{\mathfrak{e}}, \bar{\mathfrak{f}}, \bar{\mathfrak{g}}$

$$\operatorname{grad}_{\mathfrak{e}} V = \frac{\partial V}{\partial e}\frac{1}{E}, \quad \operatorname{grad}_{\mathfrak{f}} V = \frac{\partial V}{\partial f}\frac{1}{F}, \quad \operatorname{grad}_{\mathfrak{g}} V = \frac{\partial V}{\partial g}\frac{1}{G}.$$

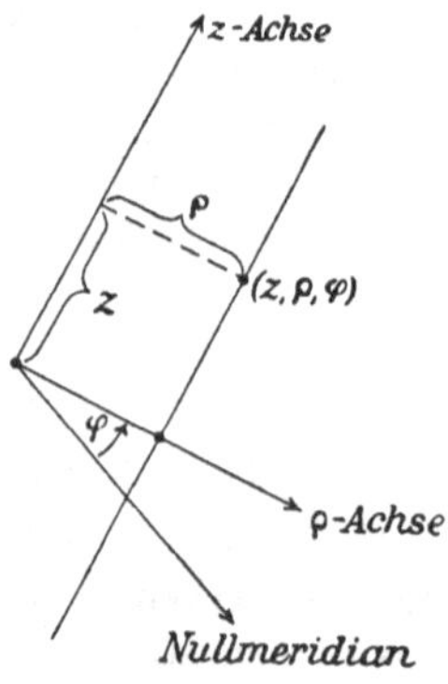

Fig. 16

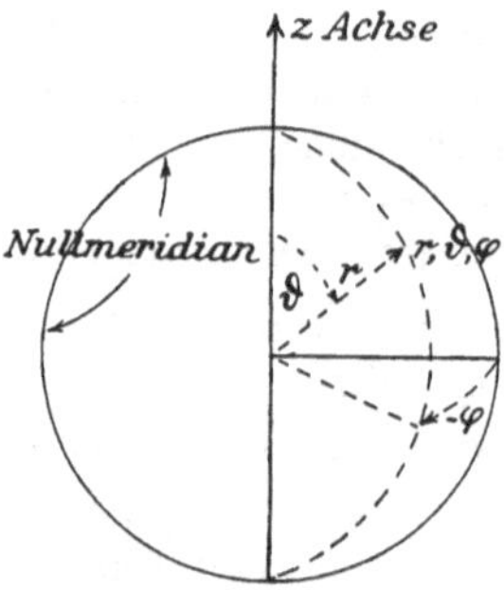

Fig. 17

Im Fall der *Zylinderkoordinaten* z, ϱ, φ, vgl. Fig. 16, ist die Änderung von $\mathfrak{s}$ in der z-Koordinate, also $\frac{\partial_z s}{\partial z} = E$, gleich 1 und somit

$$\operatorname{grad}_z V = \frac{\partial V}{\partial z},$$

entsprechend ergibt sich

$$\frac{\partial_\varrho s}{\partial \varrho} = F = 1 \text{ und } \operatorname{grad}_\varrho V = \frac{\partial V}{\partial \varrho},$$

$$\frac{\partial_\varphi s}{\partial \varphi} = G = \varrho \text{ und } \operatorname{grad}_\varphi V = \frac{1}{\varrho}\frac{\partial V}{\partial \varphi}.$$

Im Fall der *Polarkoordinaten* r, ϑ, φ, vgl. Fig. 17, findet man:

$$\frac{\partial_r s}{\partial r} = E = 1 \text{ und } \operatorname{grad}_r V = \frac{\partial V}{\partial r},$$

$$\frac{\partial_\vartheta s}{\partial \vartheta} = F = r \text{ und } \operatorname{grad}_\vartheta V = \frac{1}{r}\frac{\partial V}{\partial \vartheta},$$

$$\frac{\partial_\varphi s}{\partial \varphi} = G = r \sin\vartheta \text{ und } \operatorname{grad}_\varphi V = \frac{1}{r \sin\vartheta}\frac{\partial V}{\partial \varphi}.$$

2. div $\mathfrak{V}$, vgl. § 23 und Fig. 18.

Wir gehen aus von der Definition

$$\operatorname{div} \mathfrak{V} = \frac{1}{d\tau}\oint \mathfrak{V} \cdot d\mathfrak{o},$$

darin ist

$$d\tau = d_\mathfrak{e} s \cdot d_\mathfrak{f} s \cdot d_\mathfrak{g} s = de\,df\,dg\,EFG.$$

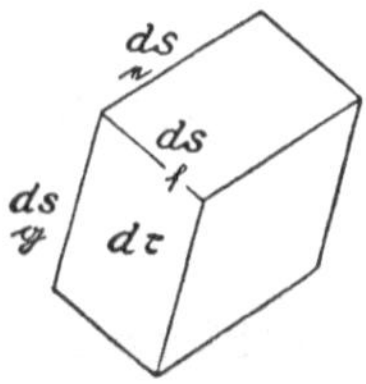

Fig. 18

Die Oberfläche des $d\tau$, über die das Integral zu erstrecken ist, setzt sich aus je zwei Flächenelementen $d_\mathfrak{e} s \cdot d_\mathfrak{f} s$, $d_\mathfrak{f} s \cdot d_\mathfrak{g} s$, $d_\mathfrak{g} s \cdot d_\mathfrak{e} s$, zusammen, von denen z. B.

$$d_\mathfrak{f} s \cdot d_\mathfrak{g} s = df\,dg \cdot FG$$

ist. $\mathfrak{V}$ ändert sich von dem einen $d_\mathfrak{f} s \cdot d_\mathfrak{g} s$ zum gegenüberliegenden um $\frac{\partial \mathfrak{V}_\mathfrak{e}}{\partial e}\, de$, so daß diese zwei Flächenelemente zum Integral

$$\frac{\partial(\mathfrak{V}_\mathfrak{e} FG)}{\partial e}\, de\,df\,dg$$

beitragen. Damit wird

$$\operatorname{div}\mathfrak{V} = \frac{1}{EFG}\left\{\frac{\partial(\mathfrak{V}_{\mathfrak{e}}FG)}{\partial e} + \frac{\partial(\mathfrak{V}_{\mathfrak{f}}GE)}{\partial f} + \frac{\partial(\mathfrak{V}_{\mathfrak{g}}EF)}{\partial g}\right\}.$$

Ist $\mathfrak{V} = \operatorname{grad} V_0$, so geht die Gleichung über in

$$\operatorname{div}\mathfrak{V} = \Delta V_0 = \frac{1}{EFG}\left\{\frac{\partial}{\partial e}\left(\frac{FG}{E}\frac{\partial V_0}{\partial e}\right) + \frac{\partial}{\partial f}\left(\frac{GE}{F}\frac{\partial V_0}{\partial f}\right) + \frac{\partial}{\partial g}\left(\frac{EF}{G}\frac{\partial V_0}{\partial g}\right)\right\}.$$

Als Beispiel diene wieder der Fall der *Zylinderkoordinaten*. Es ist:

$$\operatorname{div}\mathfrak{V} = \frac{1}{\varrho}\left\{\varrho\frac{\partial \mathfrak{V}_z}{\partial z} + \frac{\partial}{\partial\varrho}(\varrho\mathfrak{V}_\varrho) + \frac{\partial}{\partial\varphi}\mathfrak{V}_\varphi\right\}.$$

Im Fall der *Polarkoordinaten* gilt:

$$\operatorname{div}\mathfrak{V} = \frac{1}{r^2}\frac{\partial}{\partial r}(r^2\mathfrak{V}_r) + \frac{1}{r\sin\vartheta}\frac{\partial}{\partial\vartheta}(\sin\vartheta\,\mathfrak{V}_\vartheta) + \frac{1}{r\sin\vartheta}\frac{\partial\mathfrak{V}_\varphi}{\partial\varphi}.$$

3. rot $\mathfrak{V}$, vgl. § 26 und Fig. 14.

Die Wirbelkomponente durch das Flächenelement

$$do = EF\,de\,df$$

in Richtung der Flächennormale $\bar{\mathfrak{o}} = \bar{\mathfrak{g}}$, vgl. Fig. 14, d. h.

$$\operatorname{rot}\mathfrak{V}\cdot\bar{\mathfrak{o}} \equiv (\operatorname{rot}\mathfrak{V})_{\mathfrak{g}} = \frac{1}{do}\oint \mathfrak{V}\,d\mathfrak{s}$$

erscheint in der Form

$$(\operatorname{rot}\mathfrak{V})_{\mathfrak{g}} = \frac{1}{EF\,de\,df}\left\{\frac{\partial}{\partial e}(\mathfrak{V}_{\mathfrak{f}}F)\,de\,df - \frac{\partial}{\partial f}(\mathfrak{V}_{\mathfrak{e}}E)\,de\,df\right\}$$
$$= \frac{1}{EF}\left\{\frac{\partial}{\partial e}(\mathfrak{V}_{\mathfrak{f}}F) - \frac{\partial}{\partial f}(\mathfrak{V}_{\mathfrak{e}}E)\right\}.$$

Denn zu dem Integral $\oint\mathfrak{V}\,d\mathfrak{s}$ liefert das unter dem Integral stehende $\mathfrak{V}\,d\mathfrak{s}$ längs der Seiten 1 und 3 des Parallelogramms bis auf kleine Größen 2. Ordnung den Wert

$$\frac{\partial\mathfrak{V}_{\mathfrak{f}}\,d_{\mathfrak{f}}s}{\partial e}de = \frac{\partial\mathfrak{V}_{\mathfrak{f}}F\,df}{\partial e}de = \frac{\partial}{\partial e}(\mathfrak{V}_{\mathfrak{f}}F)\,de\,df$$

und längs der Seiten 2 und 4 den Wert $\frac{\partial}{\partial f}(\mathfrak{V}_e E)\,de\,df$. Entsprechend findet man

$$(\operatorname{rot}\mathfrak{V})_e = \frac{1}{FG}\left\{\frac{\partial}{\partial f}(\mathfrak{V}_g G) - \frac{\partial}{\partial g}(\mathfrak{V}_f F)\right\},$$

$$(\operatorname{rot}\mathfrak{V})_f = \frac{1}{GE}\left\{\frac{\partial}{\partial g}(\mathfrak{V}_e E) - \frac{\partial}{\partial e}(\mathfrak{V}_g G)\right\}.$$

Des leichteren Verständnisses halber seien auch hier die Ausdrücke für den Fall der *Zylinder-* und der *Polarkoordinaten* hingeschrieben:

$$(\operatorname{rot}\mathfrak{V})_z = \frac{1}{\varrho}\frac{\partial}{\partial\varrho}(\varrho\mathfrak{V}_\varphi) - \frac{1}{\varrho}\frac{\partial}{\partial\varphi}\mathfrak{V}_\varrho,$$

$$(\operatorname{rot}\mathfrak{V})_\varrho = \frac{1}{\varrho}\frac{\partial\mathfrak{V}_z}{\partial\varphi} - \frac{\partial\mathfrak{V}_\varphi}{\partial z},$$

$$(\operatorname{rot}\mathfrak{V})_\varphi = \frac{\partial\mathfrak{V}_\varrho}{\partial z} - \frac{\partial\mathfrak{V}_z}{\partial\varrho},$$

bzw.

$$(\operatorname{rot}\mathfrak{V})_r = \frac{1}{r\sin\vartheta}\left\{\frac{\partial\sin\vartheta\,\mathfrak{V}_\varphi}{\partial\vartheta} - \frac{\partial\mathfrak{V}_\vartheta}{\partial\varphi}\right\},$$

$$(\operatorname{rot}\mathfrak{V})_\vartheta = \frac{1}{r}\left\{\frac{1}{\sin\vartheta}\frac{\partial\mathfrak{V}_r}{\partial\varphi} - \frac{\partial r\mathfrak{V}_\varphi}{\partial r}\right\},$$

$$(\operatorname{rot}\mathfrak{V})_\varphi = \frac{1}{r}\frac{\partial(r\mathfrak{V}_\vartheta)}{\partial r} - \frac{1}{r}\frac{\partial\mathfrak{V}_r}{\partial\vartheta}.$$

Unbequemer wird die Rechnung, wenn man schiefwinklige Koordinaten einführt.

II. Teil

Anwendungen in einigen physikalischen Gebieten

§ 30. Einteilung

Wir haben zweierlei Vektoren kennengelernt, die als Funktionen des Ortes Vektorfelder bestimmen, solche, deren Divergenz Null, und solche, deren Rotation Null ist. Im ersten Fall haben wir es mit einem quellenfreien, im zweiten mit einem wirbelfreien Gebiet zu tun; in jenem können wir den Vektor durch die Rotation eines anderen Vektors darstellen, in diesem durch den Gradienten einer skalaren Größe. Je nachdem das eine oder andere der Fall ist, spricht man von einem *Solenoidal-* oder einem *Potentialvektor.*

Den allgemeinsten Fall eines Vektorfeldes bestimmt die Summe eines Solenoidal- und eines Potentialvektors[1]).

Es kommen also die folgenden Fälle von Vektorfeldern vor. Es ist im ganzen Raum

(1) $$\operatorname{rot} \mathfrak{a} = 0, \quad \operatorname{div} \mathfrak{a} = 0;$$

wegen $\operatorname{rot} \mathfrak{a} = 0$ ist $\mathfrak{a} = \operatorname{grad} V$, also führt $\operatorname{div} \mathfrak{a} = 0$ zu

(1′) $$\nabla^2 V = 0.$$

Eine partikuläre Lösung dieser partiellen Differentialgleichung ist

$$V = \frac{c_1}{r} + c_2,$$

worin r die Entfernung des Punktes x, y, z vom Koordinatenanfangspunkt und c_1 und c_2 willkürliche Konstante bedeuten. Soll nun Gleichung (1′) im ganzen Raum, also auch für $r = 0$, gelten, so muß die willkürliche Konstante $c_1 = 0$ sein, so daß sich V auf eine Konstante reduziert und daher

$$\mathfrak{a} = 0$$

sein muß.

(2) $$\operatorname{rot} \mathfrak{a} = 0, \quad \operatorname{div} \mathfrak{a} \neq 0,$$

so haben wir ein wirbelfreies Quellengebiet mit dem *Potentialvektor* $\mathfrak{a}$;

(3) $$\operatorname{rot} \mathfrak{a} \neq 0, \quad \operatorname{div} \mathfrak{a} = 0,$$

so haben wir ein quellenfreies Wirbelgebiet mit dem *solenoidalen Vektor* $\mathfrak{a}$;

---

[1]) Das erinnert an die Darstellung des allgemeinsten Vektors selbst durch die Summe eines axialen und eines polaren Vektors.

(4) $$\text{rot}\ \mathfrak{a} \neq 0, \quad \text{div}\ \mathfrak{a} \neq 0,$$

so können wir die folgende Zerlegung vornehmen. Es sei

$$\text{div}\ \mathfrak{a} = \varrho,$$
$$\text{rot}\ \mathfrak{a} = 2\mathfrak{u},$$

dann setzen wir $$\mathfrak{a} = \mathfrak{a}_1 + \mathfrak{a}_2,$$

wo $\mathfrak{a}_1$ einen Potentialvektor, $\mathfrak{a}_2$ einen solenoidalen Vektor bedeuten soll; dann folgt:

$$\text{div}\ \mathfrak{a}_1 = \varrho, \quad \text{rot}\ \mathfrak{a}_1 = 0,$$
$$\text{div}\ \mathfrak{a}_2 = 0, \quad \text{rot}\ \mathfrak{a}_2 = 2\mathfrak{u}.$$

In der Potentialtheorie hat man es vorzugsweise mit dem Potentialvektor zu tun, in der Hydrodynamik vorzugsweise mit dem solenoidalen Vektor, während man sich zur Darstellung der elektrischen und magnetischen Erscheinungen des aus beiden zusammengesetzten Vektors bedient.

Kapitel 1

Einige Sätze der Potentialtheorie

§ 31. Die Bedeutung des Potentials in der Mechanik

Die skalare Größe V, als deren Gradient der Vektor $\mathfrak{a}$ dargestellt werden kann, wenn $\text{rot}\ \mathfrak{a} = 0$ ist, nennt man *das skalare Potential* des Potentialvektors.

Aus § 20 geht hervor: Die Komponente des Potentialvektors in der Richtung $\mathfrak{s}$ mit den Komponenten s_x, s_y, s_z erhalten wir durch Differentiation des Potentials nach dieser Richtung.

Ist $\mathfrak{a}$ ein Kraftvektor und von einem Potential V ableitbar $\mathfrak{a} = -\text{grad}\ V$, (das negative Zeichen im Hinblick auf die Verwendung des V als *Gravitationspotential* im folgenden), so ist die Arbeit, die bei Bewegung eines materiellen Punktes unter dem Einfluß dieser Kraft längs eines geschlossenen

Weges geleistet wird, Null; denn nach § 20 ist

$$\int_1^2 \mathfrak{a}\, d\mathfrak{s} = V_1 - V_2$$

nur von den Endpunkten des Weges abhängig.

Für die Bewegungsdifferentialgleichungen kennen wir daher in dem Fall stets ein Integral, nämlich das der Energie.

Denn durch skalare Multiplikation der Bewegungsdifferentialgleichung (Bedeutung von $\mathfrak{r}$ wie in § 30)

$$(1) \qquad m \frac{d^2 \mathfrak{r}}{dt^2} = \mathfrak{a} = -\nabla V$$

mit $\frac{d\mathfrak{r}}{dt}$ folgt

$$m \frac{d^2 \mathfrak{r}}{dt^2} \overline{\frac{dr}{dt} d\mathfrak{r}} = \mathfrak{a} \overline{\frac{dr}{dt} d\mathfrak{r}} = -\frac{dr}{dt} (\overline{d\mathfrak{r} \nabla}) V = -\frac{dV}{dt},$$

wobei unter dem Differential dV die Änderung von V in Richtung des Weges $d\mathfrak{r}$ bei der Bewegung während des Zeitelementes dt zu verstehen ist, und durch Integration weiter

$$\frac{m}{2} \left(\frac{dr}{dt} \right)^2 + V = \text{const.}$$

Kräfte, die ein Potential besitzen, nennt man *konservative* Kräfte; Zentralkräfte sind konservativ und V ist die *potentielle Energie.*

Der Ausdruck der Kraft, die dem Newtonschen Anziehungsgesetz zufolge zwischen den Massenpunkten m_1 und m_2 wirkt, ist, wenn r die Entfernung der Massen bezeichnet,

$$(2) \qquad \mathfrak{a} = -\frac{K m_1 m_2}{r^2} \bar{\mathfrak{r}}.$$

Das Potential dieser Kraft, das Gravitationspotential lautet:

$$(3) \qquad V = -\frac{K m_1 m_2}{r}$$

Eine einfache Rechnung zeigt, daß in diesem Falle unter Ausschluß des Wertes $r = 0$ überall im Raum

(4) $$\operatorname{div} \mathfrak{a} = \nabla\nabla V = \frac{2}{r}\frac{dV}{dr} + \frac{d^2 V}{dr^2} = 0$$

ist, eine Differentialgleichung, welche unter dem Namen „*Laplacesche Gleichung*" bekannt ist.

§ 32. Newtonsches Potential

Unter *Potential* schlechthin versteht man häufig die Kräftefunktion des Newtonschen Anziehungsgesetzes bei einer kontinuierlichen oder diskontinuierlichen Massenverteilung. Diese Funktion erfüllt in dem dreidimensionalen, unendlich ausgedehnten Raum die folgenden Bedingungen.

An jedem Punkt des Raumes mit Ausnahme gewisser, nicht räumlich ausgedehnter Stellen (z. B. Punkte, Linien, Flächen) gilt die „*Poissonsche Gleichung*"

(1) $$\nabla^2 V = \operatorname{div} \mathfrak{a} = 4\pi\varrho,$$

wo $\varrho(\mathfrak{r})$ die Dichte oder Ergiebigkeit des Massensystems im Punkte $\mathfrak{r} = x\mathfrak{i} + y\mathfrak{j} + z\mathfrak{k} = r\bar{\mathfrak{r}}$ bedeutet.

V und seine ersten Ableitungen nach $\mathfrak{r}$ sind überall stetige Funktionen, wieder mit Ausnahme gewisser, nicht räumlich ausgedehnter Stellen.

Die Produkte $\mathfrak{r}V$, $\mathfrak{r}(\mathfrak{r}\nabla)V$ behalten überall endliche Werte.

An *Punkten* und *Linien* dürfen Unstetigkeiten von V und seinen ersten Ableitungen vorhanden sein, ohne näher angegeben zu werden.

Besitzen V und die ersten Ableitungen an *Flächen* Unstetigkeiten, so sollen sich dieselben beschränken auf Unstetigkeiten von V und auf solche der ersten Ableitungen in Richtung der Normale $\mathfrak{n}$ zur Fläche $\mathfrak{f}$ beim Durchschreiten dieser Fläche; die Sprünge sollen durch die vorgegebenen Funktionen ω, χ gegeben sein, und zwar:

(2) $$((\bar{\mathfrak{n}}\nabla)V)_1 + ((\bar{\mathfrak{n}}\nabla)V)_2 = 4\pi\omega,$$

(3) $$V_1 - V_2 = 4\pi\chi,$$

wobei die Indizes zur Unterscheidung der Werte an den beiden Seiten der Fläche beigefügt und die Normalen beiderseits nach außen gerichtet sind.

Diese Bedingungen bestimmen eindeutig das Potential; die denselben genügende Funktion V lautet (nach § 34 und § 35):

(4) $$-V \quad \int \frac{\varrho \cdot d\tau}{r} + \int \frac{\omega}{r}\, df = \int \left(\chi(\bar{\mathfrak{n}}\nabla)\frac{1}{r}\right) df.$$

§ 33. Hilfssätze von Green

Nach dem Satz von Gauß:

(1) $$\int \operatorname{div} \mathfrak{a}\, d\tau = \oint \mathfrak{a}\, d\mathfrak{o}$$

ergibt sich, wenn wir statt $\mathfrak{a}$ das Produkt aus einem Vektor $\mathfrak{a}$ in eine skalare Größe V einsetzen (wobei die Endlichkeit und Stetigkeit des Vektors und des Skalars in dem betrachteten Raum vorausgesetzt wird):

(2) $$\int \operatorname{div} (\mathfrak{a} \cdot V)\, d\tau = \oint (\mathfrak{a} V) \cdot d\mathfrak{o}.$$

Nun ist

$$\operatorname{div} (\mathfrak{a} \cdot V) = V \operatorname{div} \mathfrak{a} + \mathfrak{a} \operatorname{grad} V;$$

setzen wir daher $\mathfrak{a} = \operatorname{grad} U$, so folgt aus Gleichung (2):

(3) $$\oint (V\nabla U)\, d\mathfrak{o} = \int (V\nabla^2 U)\, d\tau + \int (\nabla U \nabla V)\, d\tau.$$

Durch Vertauschung von U und V erhält man eine entsprechende Gleichung. Subtrahieren wir diese beiden voneinander, so kommt:

(4) $$\oint (V\nabla U - U\nabla V)\, d\mathfrak{o} = \int (V\nabla^2 U - U\nabla^2 V)\, d\tau.$$

Ist $V = U$, so entsteht aus Gleichung (3):

(5) $$\oint (V\nabla V)\, d\mathfrak{o} = \int \left(V\nabla^2 V + (\nabla V)^2\right) d\tau.$$

Genügt endlich V der Laplaceschen Gleichung: $\nabla^2 V = 0$, so ist

$$\oint (V \nabla V)\, do = \int (\nabla V)^2\, d\tau. \tag{6}$$

Die Gleichungen (4) bis (6) sind zuerst von *Green* abgeleitet worden.

Das Integral der Laplaceschen Gleichung

$$-V = \frac{1}{r}$$

hat nun im Punkt $r = 0$ einen unendlich großen Wert; sollen die *Greenschen Sätze* (3) bis (6) auf diese Funktion angewandt werden, so müssen wir von dem betreffenden Raum den Punkt $r = 0$ ausschließen und das Oberflächenintegral über diese ausschließende Fläche mit ausdehnen. Wir umschließen den Punkt durch eine Kugelfläche von beliebig kleinem Radius. Das Flächenintegral über diese Kugelfläche läßt sich sofort ausrechnen. Wir berechnen zunächst

$$-\oint V \nabla U\, do = \oint \frac{1}{r} \nabla U\, do.$$

Es bezeichne $\bar{\mathfrak{n}}$ die Richtung des Oberflächenelementes do, und $(\nabla U \cdot \bar{\mathfrak{n}})_{\max}$ den größten Wert, den die eingeklammerte Größe auf der kleinen Kugeloberfläche annehmen kann, so ist

$$\lim_{r=0} \left| \oint \frac{1}{r} \nabla U \cdot do \right| \leq \lim_{r=0} \left| (\nabla U \cdot \bar{\mathfrak{n}})_{\max} \oint \frac{do}{r} \right| = 0.$$

Ferner ist, wenn der Kugelradius so klein ist, daß die Werte von U an den verschiedenen Stellen unendlich wenig von dem Mittelwert U_0 im Punkt $r = 0$ verschieden sind,

$$\oint U \nabla V \cdot do = -\oint U \nabla \frac{1}{r} \cdot do = U_0 \oint \frac{do}{r^2} = 4\pi U_0. \tag{7}$$

Das Volumenintegral in Gleichung (4) über die kleine Kugel nähert sich mit abnehmendem r der Null, wenn $\nabla^2 U$ endlich ist. Berücksichtigen wir das alles, so geht Gleichung (4) über in:

$$(8) \quad \oint \left(\frac{1}{r} \nabla U - U \nabla \frac{1}{r}\right) do - 4\pi U_0 = \int \frac{1}{r} \nabla^2 U \, d\tau^{1)},$$

eine Formel, in der die Integrale über den Raum, resp. über die Oberfläche des Raumes zu erstrecken sind, in welchem U und die erste Ableitung von U stetige Funktionen sind.

§ 34. Ableitung der Potentialfunktion V aus den charakteristischen Bedingungen

Die Gleichung (8) des § 33 stellt eine Funktionalgleichung zwischen einer Funktion U und ihren ersten und zweiten Ableitungen dar, die von jeder Funktion erfüllt werden muß, welche samt ihrer ersten Ableitung in dem für die Funktionsgleichung in Betracht gezogenen Bereich endlich ist. Es muß also auch die Potentialfunktion V dieser Gleichung genügen, wenn wir die etwa vorhandenen Unstetigkeitspunkte durch Kugelflächen mit beliebig kleinem Radius von dem betrachteten Raum ausschließen, Linien durch röhrenförmige Flächen möglichst geringer Ausdehnung und Unstetigkeitsflächen durch geschlossene Flächen, die sich ihnen möglichst nahe beiderseits anlegen. Das linksstehende Oberflächenintegral ist dann auszudehnen: 1. über die unendlich große Kugelfläche, die den ganzen Raum umschließt, 2. über die Umschließungsflächen um Unstetigkeitspunkte und -linien, 3. über die Umschließungsflächen der Unstetigkeitsflächen mit den vorgegebenen Sprüngen.

Nun ergibt sich unter Berücksichtigung der Bedingungen in § 32:

---

[1]) Die Richtigkeit des negativen Zeichens von $4\pi U_0$ erkennt man sofort, wenn man bedenkt, daß wir die Normalenrichtung der Oberflächenelemente der sehr kleinen Kugel, deren Inneres zum „äußeren Raum" gehört — wenn man als solchen den Raum bezeichnet, der von der Betrachtung ausgeschlossen ist — konsequenterweise nach dem Innern der Kugel weisen lassen müssen, sobald an der Festsetzung, die Normale der Oberflächenelemente sei nach dem „äußeren Raum" gerichtet, festgehalten werden soll.

ad (1)
$$\left\{\begin{aligned}&\oint_\infty \frac{1}{r}\nabla V\cdot do =\\&\oint_\infty r(\mathfrak{r}\nabla V)\frac{do_1}{r} \leqq (r\mathfrak{r}\nabla V)_{\max}^{r=\infty}\oint_\infty \frac{do_1}{r} = 0,\end{aligned}\right.$$

worin do_1 den absoluten Betrag des Oberflächenelementes do_1 der Einheitskugel bezeichnet, welches vom Mittelpunkt unter dem gleichen Winkel wie do gesehen wird; ferner:

$$-\oint_\infty V\nabla\frac{1}{r}\,do = \oint_\infty V\frac{1}{r^2}r^2 do_1 \leqq (rV)_{\max}^{r=\infty}\oint_\infty \frac{do_1}{r} = 0;$$

ad (2)
$$\oint\left(\frac{1}{r}\nabla V - V\nabla\frac{1}{r}\right)do = 0,$$

wegen der Endlichkeit von V, r und deren Ableitungen an der Oberfläche und zufolge der gegen Null konvergierenden Größe der Oberfläche;

ad (3)
$$\left\{\begin{aligned}&\oint\left(\frac{1}{r}\nabla V - V\nabla\frac{1}{r}\right)do = \int\frac{1}{r}\{((\bar{\mathfrak{n}}\nabla)V)_1\\&+((\bar{\mathfrak{n}}\nabla)V)_2\}\,df - \int(V_1 - V_2)(\bar{\mathfrak{n}}\nabla)\frac{1}{r}\cdot df,\end{aligned}\right.$$

indem wir nämlich immer die auf den beiden Seiten der Unstetigkeitsfläche sich gegenüberliegenden Oberflächenelemente zusammennehmen und nur über die eine Seite, oder was dasselbe ist, über die Unstetigkeitsfläche mit den Flächenelementen df integrieren. Mit Bezugnahme auf die obigen Bestimmungen über die Flächenunstetigkeiten können wir den Ausdruck schreiben:

$$4\pi\int\frac{\omega}{r}\,df - 4\pi\int\chi(\bar{\mathfrak{n}}\nabla)\frac{1}{r}\,df.$$

Durch Addition der Flächenintegrale und mit Berücksichtigung des Wertes $4\pi\varrho$ für $\nabla^2 V$ in dem Integrationsraum selbst erhalten wir daher aus Gleichung (8) die folgende Form:

(1)
$$-V_0 = \int\frac{\varrho}{r}\,d\tau + \int\frac{\omega}{r}\,df - \int\chi(\bar{\mathfrak{n}}\nabla)\frac{1}{r}\,df.$$

V_0 ist der Wert der Potentialfunktion V an der Stelle des Raumes, von welcher aus die Entfernung r des Raumelementes $d\tau$ oder des

Flächenelementes df zu rechnen ist. Da die Größen ϱ, ω, χ als Funktionen von x, y, z resp. $\mathfrak{r}$ gegeben sind, ist V_0 hieraus berechenbar.

V_0 erfüllt nun alle Bedingungen, die in § 32 an V gestellt worden sind; es ist nur noch ein Wort über die Eindeutigkeit von V_0 hinzuzufügen. Sind V_0 und V_0' zwei Funktionen, die den gestellten Bedingungen genügen, so gelten für die Differenz $U = V_0 - V_0'$ die Bedingungen:

1. $\nabla^2 U = 0$ (mit Ausnahme gewisser, nicht räumlich ausgedehnter Stellen: Punkte, Linien, Flächen).

2. U und seine ersten Ableitungen nach $\mathfrak{r}$ sind überall endlich und stetig, mit Ausnahme nicht räumlich ausgedehnter Stellen, nämlich von Punkten und Linien; Unstetigkeitsflächen von U gibt es nicht.

3. Die Produkte $\mathfrak{r}U$ und $\mathfrak{r}(\mathfrak{r}\nabla)\,U$ behalten überall endliche Werte.

Wenden wir nach Ausschluß der Unstetigkeiten durch Kugel- und Röhrenflächen auf diese Funktion die Greensche Gleichung (6) an, so verschwindet, wie sich analog dem Obigen zeigen läßt, die linke Seite identisch; dies fordert $(\nabla U)^2 = 0$, und hieraus folgt mit Benutzung von Bedingung 3, daß U selbst Null sein muß. Somit ist die Eindeutigkeit der Potentialfunktion erwiesen.

§ 35. Deutung der einzelnen Glieder der Lösung

Die gewonnene Lösung stellt die Kräftefunktion des Newtonschen Anziehungsgesetzes bei einer kontinuierlichen oder diskontinuierlichen Massenverteilung dar; d. h. die partielle Ableitung der Lösung nach irgendeiner Richtung im Raum stellt eine in dieser Richtung wirkende Kraft dar, die als Ausdruck des Newtonschen Gesetzes aufgefaßt werden kann.

Leicht zu erkennen ist dies bei dem ersten Glied der Lösung:

$$\int \frac{\varrho}{r}\, d\tau;$$

dasselbe stellt das Newtonsche Potential einer kontinuierlich im Raume verteilten Masse in bezug auf irgendeinen Punkt mit der Masse 1 dar, der vom Element $d\tau$ um r entfernt ist. ϱ bedeutet die Dichte der im Raum kontinuierlich verteilten Masse, oder infolge von

$$\varrho = \frac{1}{4\pi} \nabla^2 V = \frac{1}{4\pi} \operatorname{div} \mathfrak{a}$$

die Ergiebigkeit des Vektors $\mathfrak{a}$ an dem Punkt x, y, z. Ist div $\mathfrak{a}$ oder ϱ positiv, so ist der Punkt ein Quellpunkt, ist ϱ negativ, ein Senkpunkt.

Den zweiten Term der Lösung, das Integral $\int \frac{\omega}{r}\, df$, können wir ebenfalls als den Ausdruck des Newtonschen Potentials eines gewissen materiellen Systems betrachten, nämlich einer Massenverteilung an der Unstetigkeitsfläche, auf dessen Umschließung sich das Integral bezieht, — einer sogenannten Flächenbelegung ω; das 4πfache ist nach Gleichung (2) in § 32 die Änderung von V senkrecht zur Fläche beim Durchschreiten der Unstetigkeitsfläche von V und kann nach § 23 als Flächendivergenz oder Flächenergiebigkeit eines Vektors $\mathfrak{a}$, also als Div $\mathfrak{a}$ angesprochen werden.

Der dritte Ausdruck der Lösung läßt sich in eine den ersten beiden analoge Form bringen.

Um dies zu zeigen, schreiben wir:

$$\int \chi(\bar{\mathfrak{n}}\nabla)\frac{1}{r}\, df = \int \chi \frac{d\frac{1}{r}}{dn}\, df$$

$$= \int \chi \frac{1}{dn}\frac{1}{r+dr}\, df - \int \chi \frac{1}{dn}\frac{1}{r}\, df.$$

Setzen wir nun:

$$\chi \frac{1}{dn} = \varphi$$

mit der Bedingung, daß $\varphi \cdot dn$ für kleiner werdendes dn einen endlichen Wert behält, so sind die beiden Integrale von der Form der ersten Terme. φ oder $\chi \frac{1}{dn}$ stellt eine Flächenbelegung oder Flächenergiebigkeit an der Unstetigkeitsfläche dar, welche dem Newtonschen Gesetze gemäß auf die äußeren Punkte wirkt. Die Flächenergiebigkeiten, auf die sich die zwei Integrale beziehen, sind zu beiden Seiten der Unstetigkeitsfläche verteilt, so daß das erste Integral über eine dem angezogenen Punkt abgewandte, der Unstetigkeitsfläche sich eng anschließende Fläche, das andere über eine der Unstetigkeitsfläche von der anderen Seite sich eng anschließende Fläche zu nehmen ist. Die Ergiebigkeiten sind auf gegenüberliegenden um dn voneinander entfernten Flächenelementen einander entgegengesetzt gleich und wachsen bei abnehmendem dn ins Unendliche, so daß

$$\text{Lim}\,(\varphi \cdot dn)$$

dem vorgegebenen Werte χ an der Stelle gleich wird. Infolgedessen nimmt die Differenz der beiden Integrale einen endlichen Wert an. Denn

$$\int \chi \frac{1}{dn}\left(\frac{1}{r} - \frac{1}{r+dr}\right) df = \int \varphi \cdot \frac{dr}{r^2} df = \int \chi \cos(\mathfrak{r}, \mathfrak{n}) \frac{df}{r^2}.$$

Wir können statt dessen sagen:

$$\int \chi(\bar{\mathfrak{n}} \nabla) \frac{1}{r} df \equiv \int (\chi \bar{\mathfrak{n}}) \nabla \frac{1}{r} df$$

stellt die Summe zweier entgegengesetzt gleicher, nahe benachbarter, zu beiden Seiten der Unstetigkeitsfläche verteilter Flächenbelegungen dar, die von der Art unendlich große Ergiebigkeit besitzen, daß das Produkt der Ergiebigkeit in die Entfernung der beiden Belegungen mit abnehmender Entfernung dem endlichen Wert

$$\chi = \frac{1}{4\pi}(V_1 - V_2)$$

sich nähert. Man nennt solche Unstetigkeiten *Doppelbelegungen* oder *Doppelquellen*, das Produkt $(\chi \bar{\mathfrak{n}})$ bezeichnet man als *Moment der Doppelquelle*; der absolute Betrag dieses Momentes ist also gleich dem 4πten Teil des Sprunges von V an der Unstetigkeitsfläche.

Ist $\chi = \varphi dn$ konstant über die ganze Unstetigkeitsfläche, so läßt sich das Potential einer solchen mit Doppelquellen belegten Fläche kürzer schreiben:

$$\chi \int \frac{\cos(\mathfrak{r}, \mathfrak{n})}{r^2} df = \chi \Omega,$$

wo Ω den körperlichen Winkel bezeichnet, unter dem die Fläche vom Bezugspunkt aus erscheint.

Kapitel 2

Einige Sätze der Hydrodynamik

§ 36. Einführung der Flächenkräfte

Um die Bewegung eines starren Körpers, der vorgegebenen Kräften unterworfen ist, zu bestimmen, geht man z. B. von dem d'Alembertschen Prinzip aus. Nach diesem müssen in jedem Augenblick der Bewegung des Punktsystems die gegebenen bewegenden Kräfte unter Hinzufügen der negativ genommenen, mit den Massen multiplizierten Beschleunigungen — der sogenannten Trägheitskräfte — sich das Gleichgewicht halten. Den Gleichgewichtsbedingungen der Kräfte am starren Körper entsprechend (§ 10) lauten also die Bedingungen, aus denen die Bewegung abgeleitet werden kann, wenn m_i die Massen der Angriffspunkte und $\mathfrak{r}_i$ ihre Entfernung von dem im Raume festen Bezugspunkt bezeichnen:

$$\Sigma_i \left(\mathfrak{P}_i - m_i \frac{d^2 \mathfrak{r}_i}{dt^2}\right) = 0 \text{ und } \Sigma_i \left[\mathfrak{r}_i, \mathfrak{P}_i - m_i \frac{d^2 \mathfrak{r}_i}{dt^2}\right] = 0.$$

Wird der Betrachtung der Systembewegungen nicht mehr die Vorstellung zugrunde gelegt, es bestehe das System aus einer Anzahl diskreter Massenpunkte, sondern, wie man es bei der Behandlung der Flüssigkeiten zu tun pflegt, die Vorstellung eines kontinuierlich im Raume verteilten Mediums, so ist es schon bei der einfachsten Art der Darstellung notwendig, von Kräften zu sprechen, die auf die mit Masse erfüllten Volumenelemente wirken und neben ihnen, *Flächenkräfte* einzuführen, die auf die Flächenelemente an der Oberfläche des Körpers wirken sollen. Diese Oberflächenkräfte setzen wir proportional dem absoluten Betrage *do* des Oberflächenelementes do, dessen nach dem Außenraum weisende Normale in die Richtung $\bar{\mathfrak{n}}$ fallen möge; im allgemeinen werden sie von den Ortskoordinaten und der Richtung des Flächenelementes abhängen; es sei deshalb durch den Index n angegeben, daß die Kraft $\mathfrak{P}_n$ sich auf ein Flächenelement mit der Normale $\bar{\mathfrak{n}}$ bezieht.

Die Bewegungsgleichungen gehen durch diese Festsetzung über in

(1) $$\int \left(\varrho \mathfrak{P} d\tau + \mathfrak{P}_n do - \varrho \frac{d^2 \mathfrak{r}}{dt^2} d\tau\right) = 0,$$

(2) $$\int \left[\mathfrak{r}, \varrho \mathfrak{P} d\tau + \mathfrak{P}_n do - \varrho \frac{d^2 \mathfrak{r}}{dt^2} d\tau\right] = 0,$$

wenn $\mathfrak{P}$ die Kraft je Masseneinheit, ϱ die Dichte bezeichnet, $\mathfrak{r} = x\mathfrak{i} + y\mathfrak{j} + z\mathfrak{k}$ auf ein im Raume festes Koordinatensystem bezogen ist und den Ort der Volumen- und Flächenelemente angibt.

Da diese Gleichungen für jeden Teil des Mediums, also auch für ein Volumenelement gelten müssen, so folgt aus der ersten, daß

$$\oint \mathfrak{P}_n do$$

über die Oberfläche eines Volumenelementes ausgedehnt klein von dritter Ordnung ist. Berechnen wir das Integral für den speziellen Fall, daß das Volumenelement ein Tetraeder mit den Flächen $d\mathfrak{o}$, $\mathfrak{i}d\mathfrak{o}$, $\mathfrak{j}d\mathfrak{o}$, $\mathfrak{k}d\mathfrak{o}$ ist, so erkennen wir, daß aus diesem Grunde

$$\mathfrak{P}_n = \mathfrak{P}_x(\mathfrak{i}d\mathfrak{o}) + \mathfrak{P}_y(\mathfrak{j}d\mathfrak{o}) + \mathfrak{P}_z(\mathfrak{k}d\mathfrak{o})$$

sein muß. Für irgendeinen Teil des Mediums oder das ganze Medium können wir daher schreiben:

$$\oint \mathfrak{P}_n do = \oint \left(\mathfrak{P}_x(\mathfrak{i}d\mathfrak{o}) + \mathfrak{P}_y(\mathfrak{j}d\mathfrak{o}) + \mathfrak{P}_z(\mathfrak{k}d\mathfrak{o})\right).$$

Die rechte Seite können wir mit Hilfe des Satzes von Gauß in das Raumintegral umformen:

$$\int \left(\frac{\partial \mathfrak{P}_x}{\partial x} + \frac{\partial \mathfrak{P}_y}{\partial y} + \frac{\partial \mathfrak{P}_z}{\partial z}\right) d\tau .$$

Denn es ist

$$\oint \mathfrak{P}_x(\mathfrak{i}d\mathfrak{o}) = \mathfrak{i} \oint (\mathfrak{i}\mathfrak{P}_x)\,(\mathfrak{i}d\mathfrak{o}) + \mathfrak{j} \oint (\mathfrak{j}\mathfrak{P}_x)\,(\mathfrak{i}d\mathfrak{o})$$
$$+ \mathfrak{k} \oint (\mathfrak{k}\mathfrak{P}_x)\,(\mathfrak{i}d\mathfrak{o})$$

oder, da

$$\oint (\mathfrak{i}\mathfrak{P}_x)\,(\mathfrak{i}d\mathfrak{o}) = \oint \mathfrak{i}(\mathfrak{i}\mathfrak{P}_x)\,d\mathfrak{o}$$
$$= \int \operatorname{div}\left(\mathfrak{i}(\mathfrak{i}\mathfrak{P}_x)\right) d\tau = \left(\mathfrak{i} \int \frac{\partial \mathfrak{P} x}{\partial x}\right) d\tau$$

und entsprechend

$$\oint (\mathfrak{j}\,\mathfrak{P}_x)\,(\mathfrak{i}\,do) = \left(\mathfrak{j}\int \frac{\partial \mathfrak{P}_x}{\partial x}\,d\tau\right),$$

$$\oint (\mathfrak{k}\,\mathfrak{P}_x)\,(\mathfrak{i}\,do) = \left(\mathfrak{k}\int \frac{\partial \mathfrak{P}_x}{\partial x}\,d\tau\right)$$

ist, folgt

$$\oint \mathfrak{P}_x(\mathfrak{i}\,do) = \mathfrak{i}\left(\mathfrak{i}\int \frac{\partial \mathfrak{P}_x}{\partial x}\,d\tau\right) + \mathfrak{j}\left(\mathfrak{j}\int \frac{\partial \mathfrak{P}_x}{\partial x}\,d\tau\right) + \mathfrak{k}\left(\mathfrak{k}\int \frac{\partial \mathfrak{P}_x}{\partial x}\,d\tau\right) = \int \frac{\partial \mathfrak{P}_x}{\partial x}\,d\tau.$$

Durch diese Transformation geht die linke Seite der Gleichung (1) in ein Raumintegral über, und es muß infolgedessen sein:

$$\varrho\,\frac{d^2\mathfrak{r}}{dt^2} = \varrho\,\mathfrak{P} + \frac{\partial \mathfrak{P}_x}{\partial x} + \frac{\partial \mathfrak{P}_y}{\partial y} + \frac{\partial \mathfrak{P}_z}{\partial z}. \tag{3}$$

In Gleichung (2) können wir das Oberflächenintegral einer ebensolchen Transformation unterziehen. Es ist

$$\oint [\mathfrak{r}, \mathfrak{P}_n]\,do = \oint \left([\mathfrak{r}, \mathfrak{P}_x]\,(\mathfrak{i}\,do) + [\mathfrak{r}, \mathfrak{P}_y]\,(\mathfrak{j}\,do) + [\mathfrak{r}, \mathfrak{P}_z]\,(\mathfrak{k}\,do)\right)$$
$$= \int \left(\frac{\partial}{\partial x}[\mathfrak{r}, \mathfrak{P}_x] + \frac{\partial}{\partial y}[\mathfrak{r}, \mathfrak{P}_y] + \frac{\partial}{\partial z}[\mathfrak{r}, \mathfrak{P}_z]\right) d\tau$$
$$= \int \left(\left[\mathfrak{r}, \frac{\partial \mathfrak{P}_x}{\partial x}\right] + [\mathfrak{i}, \mathfrak{P}_x] + \cdots\right) d\tau.$$

Es folgt daher durch Substitution aus Gleichung (2):

$$\left[\mathfrak{r}, \varrho\,\mathfrak{P} + \frac{\partial \mathfrak{P}_x}{\partial x} + \frac{\partial \mathfrak{P}_y}{\partial y} + \frac{\partial \mathfrak{P}_z}{\partial z} - \varrho\,\frac{d^2\mathfrak{r}}{dt^2}\right]$$
$$= -[\mathfrak{i}\,\mathfrak{P}_x] - [\mathfrak{j}\,\mathfrak{P}_y] - [\mathfrak{k}\,\mathfrak{P}_z].$$

Nach Gleichung (3) verschwindet die linke Seite dieser Gleichung; also folgt, daß die Komponenten des rechtsstehenden Vektors Null sein müssen, d. h. für die Oberflächenkräfte gilt:

$$(4) \qquad \begin{cases} (\mathfrak{P}_x \mathfrak{j}) = (\mathfrak{P}_y \mathfrak{i}), \\ (\mathfrak{P}_y \mathfrak{k}) = (\mathfrak{P}_z \mathfrak{j}), \\ (\mathfrak{P}_z \mathfrak{i}) = (\mathfrak{P}_x \mathfrak{k}). \end{cases}$$

§ 37. Eulersche Gleichungen für reibungslose Flüssigkeiten

Bei der Betrachtung reibungsloser Flüssigkeiten nimmt man an, daß

$$(1) \qquad (\mathfrak{P}_x \mathfrak{j}) = (\mathfrak{P}_y \mathfrak{k}) = (\mathfrak{P}_z \mathfrak{i}) = 0$$

und die absoluten Beträge der Druckkräfte $\mathfrak{P}_x, \mathfrak{P}_y, \mathfrak{P}_z$ gleich sind. Dann kann man schreiben:

$$(2) \qquad \begin{cases} \mathfrak{P}_x = p\mathfrak{i}, \\ \mathfrak{P}_y = p\mathfrak{j}, \\ \mathfrak{P}_z = p\mathfrak{k}, \end{cases}$$

so daß Gleichung (3) des § 36 die Form annimmt:

$$(3) \qquad \varrho \frac{d^2\mathfrak{r}}{dt^2} = \varrho \mathfrak{P} + \nabla p.$$

Die Eulersche Schreibweise dieser Fundamentalgleichung der Hydrodynamik erhalten wir, wenn wir die totale zeitliche Änderung der Geschwindigkeit eines Punktes mit dem Vektor $\mathfrak{r}$, also $\frac{d^2\mathfrak{r}}{dt^2}$, oder $\frac{d\mathfrak{v}}{dt}$ durch die Summe der lokalen und der stationären Änderung ersetzen; es ist nach Gleichung (4) in § 21 und (4) in § 27

$$(4) \qquad \frac{\partial \mathfrak{v}}{\partial t} + (\mathfrak{v}\nabla)\,\mathfrak{v} = \frac{\partial \mathfrak{v}}{\partial t} + \frac{1}{2}\nabla \mathfrak{v}^2 - [\mathfrak{v} \operatorname{rot} \mathfrak{v}] = \mathfrak{P} + \frac{1}{\varrho}\nabla p.$$

Hierzu kommt als weitere Fundamentalgleichung die Inkompressibilitätsbedingung, nach welcher die in ein Volumenelement einströmende Flüssigkeitsmasse Null sein muß. Die Flüssigkeitsmasse pro Zeiteinheit und Flächeneinheit ist gleich dem Produkt der Dichte mal der Geschwindigkeit. Soll die Dichte konstant sein, so ergibt sich

$$(5) \qquad \operatorname{div} \mathfrak{v} = 0.$$

§ 38. Sätze von Helmholtz über die Wirbelbewegung

Besitzt die Kraft $\mathfrak{P}$ ein Potential V, ist also

$$\mathfrak{P} = \nabla V,$$

so läßt die Gleichung (4) des § 37 sich einfacher schreiben, es ist

$$\frac{\partial \mathfrak{v}}{\partial t} + (\mathfrak{v}\nabla)\,\mathfrak{v} = \nabla\left(V + \frac{1}{\varrho}p\right). \tag{1}$$

Hieraus können wir sofort eine Gleichung ableiten, die eine allgemeine Eigenschaft der Bewegung von Flüssigkeiten darstellt, was für Kräften die Teilchen der Flüssigkeit auch unterworfen sein mögen, wenn dieselben nur ein Potential besitzen. (Nach den Vorstellungen, die man sich von den Reibungskräften macht, gehören diese nicht dazu.) Wir haben oben gezeigt, daß die Rotation eines Gradienten Null ist; daraus folgt in vorliegendem Fall:

$$\operatorname{rot}\left(\frac{\partial \mathfrak{v}}{\partial t} + (\mathfrak{v}\nabla)\,\mathfrak{v}\right) = 0. \tag{2}$$

Nennen wir die Rotationsgeschwindigkeit

$$\frac{1}{2}\operatorname{rot}\mathfrak{v} = \mathfrak{u},$$

so können wir die Gleichung schreiben:

$$2\frac{\partial \mathfrak{u}}{\partial t} - \operatorname{rot}[\mathfrak{v}\operatorname{rot}\mathfrak{v}] = 0.$$

Benutzen wir die Gleichung (5) in § 28, so kommt:

$$\frac{\partial \mathfrak{u}}{\partial t} + (\mathfrak{v}\nabla)\,\mathfrak{u} - (\mathfrak{u}\nabla)\,\mathfrak{v} = 0,$$

oder nach Gleichung (4) in § 21:

$$\frac{d\mathfrak{u}}{dt} = (\mathfrak{u}\nabla)\,\mathfrak{v}. \tag{3}$$

Diese Gleichung ist der Ausdruck der von Helmholtz zuerst erkannten Eigenschaft reibungsloser Flüssigkeiten:

Diejenigen Wasserteilchen, welche nicht schon Rotationsbewegungen haben, bekommen auch im Verlaufe der Zeit keine Rotationsbewegungen.

Die Richtung des Vektors $\mathfrak{u}$ fällt nach der Definition in die Achse der Rotation, oder nach Helmholtz in die Richtung der *Wirbellinie* durch den betreffenden Punkt, indem er definiert: „Wirbellinien sind Linien, welche durch die Flüssigkeitsmasse so gezogen sind, daß ihre Richtung überall mit der Richtung der augenblicklichen Rotationsachse der in ihnen liegenden Wasserteilchen zusammenfällt."

Die Entfernung zweier in einer Wirbellinie zu Beginn des Zeitelements dt befindlicher, benachbarter Teilchen sei der Richtung und Größe nach durch $(\varepsilon \cdot \mathfrak{u})$ gegeben. Am Ende des Zeitelementes dt ist die Entfernung:

$$(\varepsilon \mathfrak{u}) + \frac{d}{dt}(\varepsilon \mathfrak{u})\, dt,$$

oder mit Benutzung der Gleichung (3):

$$= (\varepsilon \mathfrak{u}) + (\varepsilon \mathfrak{u} \nabla)\, \mathfrak{v}\, dt = \varepsilon \left(\mathfrak{u} + \frac{d\mathfrak{u}}{dt} dt\right),$$

d. h. die Verbindungslinie der Teilchen fällt in die Richtung der Rotationsachse am Ende der Zeit dt, es bleiben also die Teilchen in ein und derselben Wirbellinie.

Eine jede Wirbellinie bleibt fortdauernd aus denselben Wasserteilchen zusammengesetzt, während sie mit diesen Wasserteilchen in der Flüssigkeit fortschwimmt.

Wirbelfäden nennt Helmholtz Teile der Wassermasse, welche man dadurch aus ihr herausschneidet, daß man durch alle Punkte des Umfanges eines unendlich kleinen Flächenelementes die entsprechenden Wirbellinien konstruiert.

Man sieht sofort, daß das Produkt aus der Rotationsgeschwindigkeit und dem Querschnitt in der ganzen Länge desselben Wirbelfadens konstant ist. Denn wenn wir von einem Querschnitt eines Wirbelfadens zum benachbarten übergehen, so ist die Änderung des Integrals dieses Produktes über den Querschnitt nach Gleichung (5) in § 27

$$(\mathfrak{u}\nabla)\int \mathfrak{u} \cdot d\mathfrak{o} = 0.$$

Den Betrag des Vektors $\mathfrak{u}$ bezeichnet man als *Wirbelstärke*, das Produkt aus Wirbelstärke in den Querschnitt eines Wirbelfadens als das *Moment des Wirbelfadens*. Es folgt hieraus, daß Wirbelfäden und daher auch *Wirbellinien stets geschlossen sein müssen.*

Besitzt die Kraft $\mathfrak{P}$ kein Potential, so ist

$$(4)\quad \operatorname{rot}\left(\frac{\partial \mathfrak{v}}{\partial t} + (\mathfrak{v}\,\nabla)\,\mathfrak{v}\right) \equiv 2\left(\frac{d\mathfrak{u}}{dt} - (\mathfrak{u}\,\nabla)\,\mathfrak{v}\right) = \operatorname{rot}\mathfrak{P}.$$

Umgekehrt folgt hieraus, daß, wenn die Bewegung der Teilchen so vor sich geht, daß ein *Geschwindigkeitspotential* besteht, d. h. daß

$$\operatorname{rot}\mathfrak{v} = 2\mathfrak{u} = 0,$$

die Bewegung unter dem Einfluß von Kräften erfolgen muß, die ein Potential besitzen, so daß Gleichung (1) gilt, oder

$$(5)\quad \frac{\partial \mathfrak{v}}{\partial t} + \frac{1}{2}\nabla\mathfrak{v}^2 = \nabla\left(V + \frac{1}{\varrho}p\right).$$

Setzen wir $\mathfrak{v} = \nabla a$, so folgt nach Integration:

$$(6)\quad \frac{\partial a}{\partial t} + \frac{1}{2}(\nabla a)^2 = V + \frac{1}{\varrho}p + \text{Funktion der Zeit.}$$

Die Inkompressibilitätsbedingung geht über in:

$$\nabla^2 a = 0.$$

§ 39. Solenoidaler Vektor

Im allgemeinen wird die Geschwindigkeit der Teilchen in einer inkompressiblen Flüssigkeit die beiden Differentialgleichungen erfüllen:

$$\text{div}\,\mathfrak{v} = 0, \tag{1}$$

$$\text{rot}\,\mathfrak{v} = 4\pi\mathfrak{u}_0. \tag{2}$$

Der Geschwindigkeitsvektor der Flüssigkeitsteilchen ist also nach § 30 ein solenoidaler Vektor eines quellenfreien Gebietes. Seine Verteilung ist durch Gleichung (1) und (2) bestimmt.

Da $\text{div}\,\mathfrak{v} = 0$ ist, so können wir nach § 28 $\mathfrak{v}$ als die Rotation eines anderen Vektors darstellen, wir setzen:

$$\mathfrak{v} = \text{rot}\,\mathfrak{w}. \tag{3}$$

Dann geht Gleichung (2) über in:

$$\text{rot}\,\text{rot}\,\mathfrak{w} \equiv \text{grad}\,\text{div}\,\mathfrak{w} - \nabla^2\mathfrak{w} = 4\pi\mathfrak{u}_0. \tag{4}$$

Die allgemeinste Form eines Vektors ist die Summe der Rotation eines anderen Vektors und des Gradienten einer skalaren Größe. Wir können also schreiben:

$$\mathfrak{w} = \text{rot}\,\mathfrak{w}' + \text{grad}\,w''.$$

Die Gleichung (3) bestimmt nun von dem Vektor $\mathfrak{w}$ nur den ersten Teil, während $\text{grad}\,w''$ willkürlich gewählt werden kann, denn

$$\mathfrak{v} = \text{rot}\,\mathfrak{w} = \text{rot}\,\text{rot}\,\mathfrak{w}',$$

da

$$\text{rot}\,\text{grad}\,w'' = 0.$$

Der Vektor $\mathfrak{v}$ läßt sich also jedenfalls durch einen Vektor darstellen, der wieder durch die Rotation eines neuen Vektors darstellbar ist, d. h. durch einen Vektor, dessen Divergenz Null ist. Wir dürfen daher $\mathfrak{w}$ in Gleichung (3) der Nebenbedingung unterwerfen:

$$\text{div}\,\mathfrak{w} = 0. \tag{5}$$

Dann folgt aus Gleichung (4):

$$(6) \qquad \nabla^2 \mathfrak{w} = -4\pi \mathfrak{u}_0.$$

Diese Gleichung ist drei analytischen Gleichungen zwischen den drei Komponenten äquivalent, und die Form dieser Gleichungen ist dieselbe, die wir in § 32 kennengelernt haben. Übertragen wir die obigen Resultate auf den vorliegenden Fall, so können wir schreiben:

$$(7) \qquad \mathfrak{w} = \int \frac{\mathfrak{u}_0}{r} d\tau,$$

wenn wir von $\mathfrak{w}$ Stetigkeit im ganzen Raum voraussetzen und annehmen, daß es im Unendlichen wie $\frac{1}{r}$ verschwindet, wodurch festgesetzt wird, daß $\mathfrak{v}$ wie $\frac{1}{r^2}$ im Unendlichen verschwindet. Man bezeichnet in Analogie zu dem skalaren Potential $\mathfrak{w}$ als das *Vektorpotential der Vektorverteilung* $\mathfrak{u}_0$.

Daß diese Lösung der Bedingung (5) genügt, ist durch direkte Berechnung von

$$\operatorname{div} \int \frac{\mathfrak{u}_0}{r} d\tau$$

leicht zu zeigen. Da die Rechnung indessen etwas weitläufig ist, so benutzen wir zu der Verifikation von Gleichung (5) einen anderen, bequemeren Weg.

Wir bilden von Gleichung (6) die Divergenz, also

$$\operatorname{div} \nabla^2 \mathfrak{w} = \operatorname{div} \operatorname{grad} \operatorname{div} \mathfrak{w} = \nabla^2 \operatorname{div} \mathfrak{w} = -\operatorname{div} 4\pi \mathfrak{u}_0.$$

Nun folgt aus Gleichung (2), daß

$$\operatorname{div} 4\pi \mathfrak{u}_0 = 0,$$

also

$$\nabla^2 \operatorname{div} \mathfrak{w} = 0.$$

Das ist nichts anderes als die Laplacesche Gleichung für div $\mathfrak{w}$. Da nun $\mathfrak{w}$ wie $\frac{1}{r}$ im Unendlichen verschwinden soll, also div $\mathfrak{w}$ wie $\frac{1}{r^2}$, so muß nach § 32 div $\mathfrak{w} = 0$ sein, was wir beweisen wollten.

Es läßt sich somit der Geschwindigkeitsvektor $\mathfrak{v}$ schreiben:

$$\left\{\begin{aligned} \mathfrak{v} &= \operatorname{rot} \int \frac{\mathfrak{u}_0}{r}\, d\tau \\ &= \operatorname{rot} \int \frac{\operatorname{rot} \mathfrak{v}}{4\pi r}\, d\tau, \end{aligned}\right. \tag{8}$$

hierin bezieht sich die Differentiation unter dem Integralzeichen auf die Änderung von $\mathfrak{v}$ an der Stelle des Elementes $d\tau$ in der Entfernung r von dem Punkt, für welchen $\mathfrak{v}$ bestimmt wird, und dessen Koordinaten die Differentiationsvariablen des Integrals sind.

§ 40. Flächenwirbel

Unterwerfen wir das Vektorpotential $\mathfrak{w}$ einer allgemeineren Bedingung, nämlich der, daß beim Durchschreiten von gewissen Flächen die ersten Ableitungen von $\mathfrak{w}$ in Richtung der Flächennormale Unstetigkeiten besitzen können, so daß

$$((\bar{\mathfrak{n}} \nabla)\, \mathfrak{w})_1 + ((\bar{\mathfrak{n}} \nabla)\, \mathfrak{w})_2 = 4\pi \mathfrak{x}$$

ist, so muß nach § 32 die Lösung der Gleichung (6) des vorigen Paragraphen lauten:

$$\mathfrak{w} = \int \frac{\mathfrak{u}_0}{r}\, d\tau - \int \frac{\mathfrak{x}}{r}\, df.$$

Für $\mathfrak{v}$ ergibt sich daraus folgende Eigenschaft. Wir bilden das Vektorprodukt des Wertes, den der Vektor $\mathfrak{v}$ an einer Stelle des Raumes in unmittelbarer Nähe der Unstetigkeitsfläche annimmt, in die Normale der Unstetigkeitsfläche an dieser Stelle:

$$[\bar{\mathfrak{n}}, \mathfrak{v}] = [\bar{\mathfrak{n}}, \operatorname{rot} \mathfrak{w}] = \operatorname{grad} (\bar{\mathfrak{n}} \mathfrak{w})_{\mathfrak{n}} - (\bar{\mathfrak{n}} \nabla)\, \mathfrak{w}.$$

Daraus folgt:

$$4\pi \mathfrak{x} = (\operatorname{grad} (\bar{\mathfrak{n}} \mathfrak{w})_{\mathfrak{n}})_1 + (\operatorname{grad} (\bar{\mathfrak{n}} \mathfrak{w})_{\mathfrak{n}})_2 - [\bar{\mathfrak{n}} \mathfrak{v}]_1 - [\bar{\mathfrak{n}} \mathfrak{v}]_2.$$

Nun ist

$$\operatorname{grad}(\bar{\mathfrak{n}}\mathfrak{w})_n = \bar{\mathfrak{n}} \operatorname{div} \mathfrak{w},$$

und div $\mathfrak{w}$ auf beiden Seiten der Unstetigkeitsfläche Null, so daß

$$\left(\operatorname{grad}(\bar{\mathfrak{n}}\mathfrak{w})_n\right)_1 + \left(\operatorname{grad}(\bar{\mathfrak{n}}\mathfrak{w})_n\right)_2 = 0$$

ist. Es bleibt also:

$$[\bar{\mathfrak{n}}\mathfrak{v}]_1 + [\bar{\mathfrak{n}}\mathfrak{v}]_2 = -4\pi\mathfrak{x}.$$

Die tangentiale Komponente von $\mathfrak{v}$ *erleidet beim Durchtritt durch die Fläche eine Unstetigkeit.* Die normale Komponente bleibt davon unberührt. Das ergibt sich auch aus der Bedingung, daß div $\mathfrak{v}$ im ganzen Raum Null sein soll; denn die Annahme einer Unstetigkeit der normalen Komponente an einer Fläche würde nach § 35 die Bedeutung haben, daß die Fläche eine Flächenergiebigkeit besitzt.

Zur weiteren Untersuchung der Unstetigkeit umgeben wir die Unstetigkeitsfläche mit einer sich zu beiden Seiten der Unstetigkeitsfläche möglichst eng anschließenden, geschlossenen Fläche und bilden längs einer geschlossenen Linie auf derselben das Integral

$$\oint \mathfrak{v} \cdot d\mathfrak{s}.$$

Der Integrationsweg soll so zu beiden Seiten der Unstetigkeitsfläche verlaufen, daß jedem Linienelement auf der einen Seite ein in entgegengesetzter Richtung zu durchlaufendes, benachbartes auf der anderen entspricht. Wie wir sogleich erkennen werden, gibt das Integral uns die Wirbelstärke durch die von dem Integrationsweg eingeschlossene Fläche, die zu einem um so schmäleren Streifen zusammenschwindet, je enger die Umschließungslinie an die Unstetigkeitsfläche sich anlegt. Den schmalen Streifen zerlegen wir nun in Streifenelemente, deren Umrandung aus den Wegelementen $d\mathfrak{s}$ des Integralweges zu beiden Seiten der Unstetigkeitsfläche, vgl. Fig. 19, und den gegenüber $d\mathfrak{s}$ sehr kleinen Verbindungsstücken $d\mathfrak{n}$ gebildet wird, die senkrecht durch die Unstetigkeitsfläche hindurchführen. (Die Normalkomponente von $\mathfrak{v}$ beim Durchtritt durch die Fläche bleibt ja stetig.) Die Integralelemente längs dieser Verbindungsstücke liefern zum Wert des Gesamtintegrals keinen Beitrag, da sie in benachbarten Streifenelementen in entgegengesetzter Richtung durchlaufen werden. Der Beitrag, den das

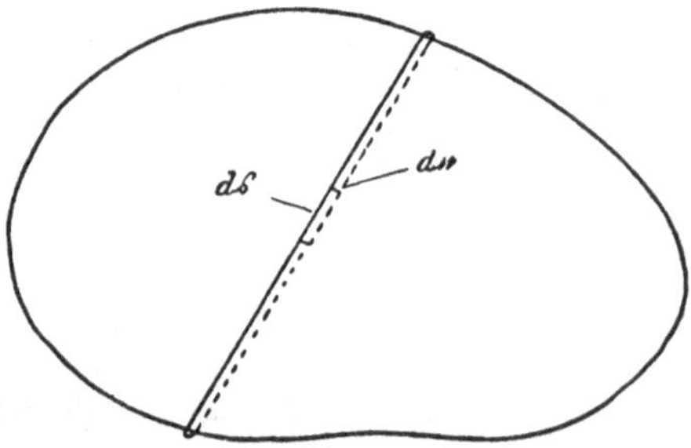

Fig. 19

Integral der Umrandung eines solchen Streifenelementes liefert, ist also nur, vgl. Gleichung (5) in § 26:

$$(\mathfrak{v}_1 - \mathfrak{v}_2)\, d\mathfrak{s} = \operatorname{rot} \mathfrak{v}[d\mathfrak{s}\, d\mathfrak{n}],$$

oder bezogen auf die Längeneinheit von $d\mathfrak{s}$ in:

$$(\mathfrak{v}_1 - \mathfrak{v}_2)\, \overline{d\mathfrak{s}} = \operatorname{rot} \mathfrak{v}[\overline{d\mathfrak{s}}\, d\mathfrak{n}].$$

Auf der linken Seite steht die Differenz der Tangentialkomponenten von $\mathfrak{v}$ in der Richtung $\overline{d\mathfrak{s}}$ zu beiden Seiten der Unstetigkeitsfläche, welche nach unserer obigen Annahme einen endlichen Wert haben soll; also ist auch der auf der rechten Seite stehende Ausdruck von endlichem Wert. Derselbe ist gleich der Wirbelkomponente durch das kleine Flächenelement $[\overline{d\mathfrak{s}}\, d\mathfrak{n}]$ in der Normalenrichtung dieser kleinen Fläche. Es fließt also in der Unstetigkeitsfläche ein Wirbel von sehr großer Stärke, so daß das Produkt aus dem Querschnitt der Fläche in die Wirbelstärke von endlichem Betrage ist, d. h. von der Größenordnung einer Raumwirbelstärke. Man nennt solche in der Fläche verlaufende Wirbel *Flächenwirbel* und schreibt Rot $\mathfrak{v}$ statt rot $\mathfrak{v}$.

Kapitel 3

Einiges aus der Theorie der Elektrizität

§ 41. Elektromagnetische Gleichungen von Maxwell-Lorentz

Die wichtigste Anwendung in der mathematischen Physik hat die Vektorrechnung seit Maxwell bei der Darstellung der elektrischen und magnetischen Erscheinungen gefunden. Die Maxwellsche Beschreibung dieser Erscheinungen verwendet die folgenden Vektoren.

$\mathfrak{E}$ *die elektrische*, $\mathfrak{H}$ die *magnetische Feldstärke*, welche der Größe und Richtung nach die Kraft eines elektrischen, bzw. magnetischen Feldes auf die Elektrizitätsmenge e, bzw. den magnetischen Pol m, an dem betreffenden Punkt bestimmt, nachdem wir die Kraft durch Division mit e bzw. m auf die Einheitsladung reduziert haben (e und m als klein und von unendlich kleiner materieller Ausdehnung vorausgesetzt). Die Einheitsladung ist dadurch festgesetzt, daß die Größe der abstoßenden Kraft zweier in der Entfernung r befindlicher Körper mit den Ladungen e und e', bzw. m und m'

$$\frac{ee'}{4\pi r^2}, \quad \text{und} \quad \frac{mm'}{4\pi r^2}$$

beträgt.

$\mathfrak{D}$ *die elektrische Erregung oder die dielektrische Verschiebung.* Dieser Vektor wird so gewählt, daß der Vektorfluß durch das Flächenelement $d\mathfrak{o}$, also $\mathfrak{D}d\mathfrak{o}$ gleich ist der Elektrizitätsmenge, welche das Element seit der Zeit durchflossen hat, zu welcher die Materie keinen elektrischen und magnetischen Einflüssen ausgesetzt war. In der Elektrostatik ist also

$$\oint \mathfrak{D}d\mathfrak{o} = \Sigma e,$$

die gesamte elektrische Erregung durch eine geschlossene Fläche gleich den gesamten von der Fläche umschlossenen elektrischen wahren Ladungen.

Für isotrope Körper mit der Dielektrizitätskonstante ε besteht zwischen $\mathfrak{D}$ und $\mathfrak{E}$ die Beziehung

$$\mathfrak{D} = \varepsilon\mathfrak{E}.$$

Die Änderung von $\mathfrak{D}$ mit der Zeit an einem bestimmten Punkt des Raumes konstituiert einen elektrischen Strom, den Maxwell *Verschiebungsstrom* nennt. Im Inneren der leitenden Materie besteht außer diesem Verschiebungsstrom ein *Konvektionsstrom* elektrisch geladener Teilchen, dessen Geschwindigkeit durch den Vektor $\mathfrak{v}$ gegeben sein mag und der mit dem „elektrischen Strom" durch den Einheitsquerschnitt zusammenfällt. Der Gesamtstrom durch den Einheitsquerschnitt ist danach, wenn ϱ die Dichte der Elektrizität,

$$\mathfrak{J} = \frac{\partial\mathfrak{D}}{\partial t} + \varrho\mathfrak{v}.$$

Diesen Vektor $\mathfrak{J}$ nimmt die Theorie als stets solenoidal verteilt an, so daß er als Rotation eines anderen Vektors sich schreiben lassen muß.

$\mathfrak{B}$ *die magnetische Induktion oder Kraftflußdichte.* Von diesem Vektor erhalten wir eine Anschauung, wenn wir an die durch das Faradaysche Induktionsgesetz angegebene Erfahrung erinnern. Es wird in einem geschlossenen Stromkreis ein elektrischer Strom induziert, wenn die magnetische Kraftflußdichte, die durch die vom Stromkreis umrandete Fläche hindurchtritt, eine Änderung erfährt. Die Elektrizitätsmenge, die durch den Querschnitt des Stromleiters bei der Änderung der magnetischen Kraftflußdichte hindurchtritt, ist proportional der von dem Leiter umschlossenen Fläche und der Änderung der magnetischen Kraftflußdichte durch die Fläche, die wesentlich von dem Medium, in dem sie stattfindet, abhängig ist. Im einfachsten Fall, dem Vakuum und dem isotropen, nicht ferromagnetischen Medium, ist die Induktion der dort vorhandenen Feldstärke $\mathfrak{H}$ proportional; der konstante Proportionalitätsfaktor ist die Permeabilität μ des Mediums, so daß

$$\mathfrak{B} = \mu \mathfrak{H}.$$

Diese Vektoren $\mathfrak{E}$, $\mathfrak{H}$, $\mathfrak{D}$, $\mathfrak{J}$, $\mathfrak{B}$ stehen miteinander durch die folgenden *Grundgleichungen* in Beziehung:

$$\text{(1)} \qquad \operatorname{rot} \mathfrak{H} = \mathfrak{J} = \left(\frac{\partial \mathfrak{D}}{\partial t} + \varrho \mathfrak{v}\right),$$

$$\text{(2)} \qquad \operatorname{rot} \mathfrak{E} = -\frac{\partial \mathfrak{B}}{\partial t},$$

wenn wir geeignete Einheiten der Vektoren wählen.

Außerdem gilt:

$$\operatorname{div} \mathfrak{B} = 0,$$
$$\operatorname{div} \mathfrak{D} = \varrho,$$

wenn ϱ die Dichte der Elektrizität an der betreffenden Stelle bedeutet. Aus der Allgemeingültigkeit der Gleichung (1) folgt:

$$\operatorname{div} \mathfrak{J} = \frac{\partial}{\partial t} \varrho + \operatorname{div} (\varrho \mathfrak{v}) = 0,$$

welches aussagt, daß die Ladung jedes Massenelementes während der Bewegung unverändert bleiben soll. (Kontinuitätsgleichung der Elektrizität.)

§ 42. Biot-Savartsches Gesetz

Haben wir es mit einem stationären Strom i in einem Draht vom Querschnitt q zu tun, so geht der Gesamtstrom $\mathfrak{J}$ in den Konvektionsstrom $\varrho\mathfrak{v} = \frac{i}{q}\bar{\mathfrak{s}}$ über, wenn $\bar{\mathfrak{s}}$ die Richtung des Stromes (bzw. des Leiters) ist. Die magnetische Wirkung, die von demselben ausgeht, ist gegeben durch:

$$\operatorname{rot}\mathfrak{H} = \mathfrak{J} = \varrho\mathfrak{v} = \frac{i}{q}\bar{\mathfrak{s}}; \qquad \operatorname{div}\mathfrak{H} = 0.$$

In diesem einfachen Fall können wir den Wert von $\mathfrak{H}$ berechnen. In § 39 haben wir die Lösung des Gleichungssystems formal abgeleitet, und um die dortige Gleichung (8) auf den hier vorliegenden Fall anwenden zu können, brauchen wir nur, wie der Vergleich der dortigen Gleichung (2) mit der hier behandelten zeigt,

$$\mathfrak{v} = \mathfrak{H} \text{ und } 4\pi\mathfrak{u}_0 = \frac{i}{q}\bar{\mathfrak{s}}$$

sowie
$$d\tau = q\,ds$$

zu setzen. Es folgt so

$$4\pi\mathfrak{H} = \operatorname{rot}\oint\frac{i}{r}\,d\mathfrak{s}.$$

Die rechte Seite läßt sich umformen in

$$-\oint\left[\frac{\mathfrak{r}}{r^3}\,i\,d\mathfrak{s}\right] = -i\oint\left[\frac{\mathfrak{r}}{r^3}\,d\mathfrak{s}\right].$$

Das ist der Ausdruck des Biot-Savartschen Gesetzes, das aussagt: man kann den Vektor $\mathfrak{H}$ als eine Summe von Elementen $\frac{i}{r^3}[d\mathfrak{s}, \mathfrak{r}]$ auffassen. Jedes Stromelement $i\,d\mathfrak{s}$ ruft in der Entfernung r eine magnetische Kraft hervor, welche proportional dem Sinus des Winkels zwischen Stromelement und Verbindungslinie, umgekehrt proportional dem Quadrat der Entfernung ist und auf der Ebene der Verbindungslinie und des Stromelementes senkrecht steht. Die Vektoren $d\mathfrak{s}$, $\mathfrak{r}$, $\frac{i}{r^3}[d\mathfrak{s}, \mathfrak{r}] = 4\pi d\mathfrak{H}$ folgen aufeinander, wie es die Ampèresche Schwimmerregel verlangt.

III. Teil
Lineare Vektorfunktionen, Matrizen, Dyaden

§ 43. Lineare Vektorfunktionen

Wenn die Komponenten eines Vektors $\mathfrak{a} = a_1\mathfrak{i} + a_2\mathfrak{j} + a_3\mathfrak{k}$ homogene, lineare Funktionen der Komponenten eines anderen $\mathfrak{x} = x_1\mathfrak{i} + x_2\mathfrak{j} + x_3\mathfrak{k}$ sind, so sagt man, daß $\mathfrak{a}$ eine lineare homogene Vektorfunktion von $\mathfrak{x}$ ist. Dann bestehen die drei skalaren Gleichungen:

$$\begin{aligned} a_1 &= a_{11}x_1 + a_{12}x_2 + a_{13}x_3, \\ a_2 &= a_{21}x_1 + a_{22}x_2 + a_{23}x_3, \\ a_3 &= a_{31}x_1 + a_{32}x_2 + a_{33}x_3 \end{aligned} \tag{1}$$

und man schreibt:

$$\mathfrak{a} = f(\mathfrak{x}). \tag{2}$$

Eine solche lineare Vektorfunktion trat uns in dem Differentialquotienten eines Vektors nach einer bestimmten Richtung in § 21 entgegen.

Dort setzten wir

$$W_x = a_x \frac{\partial V_x}{\partial x} + a_y \frac{\partial V_x}{\partial y} + a_z \frac{\partial V_x}{\partial z}$$

und entsprechend W_y und W_z als Komponenten der linearen homogenen Vektorfunktion

$$\mathfrak{W} = d_{\bar{\mathfrak{a}}}\mathfrak{V} = \bar{\mathfrak{a}}\ \mathfrak{Grad}\ \mathfrak{V}$$

von $\bar{\mathfrak{a}} = a_x\mathfrak{i} + a_y\mathfrak{j} + a_z\mathfrak{k}$, die wir in dem speziellen Fall der Abhängigkeit $\mathfrak{W}$ von $\mathfrak{V}$ den Vektorgradienten von $\mathfrak{V}$ in der Richtung $\bar{\mathfrak{a}}$ nannten.

Im Allgemeinen sind die a_{ik} in (1) neun von einander unabhängige Zahlen, die *Koordinaten eines Tensors 2. Stufe*, den die Gesamtheit bildet. *Tensoren 2. Stufe* verbinden formelmäßig zwei Vektoren, deren durch Gleichungssystem (1) gegebene Abhängigkeit voneinander z. B. ein physikalisches Gesetz angibt (vgl. § 62) oder durch irgendwelche Erkenntnisse erwiesen ist. Solche Beziehungen zwischen Vektoren sind natürlich unabhängig von einer Bewegung oder Transformation des Koordinatensystems, und somit auch die Tensoren 2. Stufe unabhängig von dem Koordinatensystem, auf das die Komponenten bezogen sind. Ihr Verhalten den Änderungen des Koordinatensystems gegenüber dient geradezu zur Definition der Tensoren 2. Stufe. In Konsequenz dazu nennt man Vektoren *Tensoren 1. Stufe*, da ihre 3 Komponenten dem einfachen Transformationsgesetz in § 15 genügen, und die Skalare *Tensoren 0. Stufe*, insofern sie unabhängig vom Koordinatensystem ihren Wert behalten (Unterschied von Skalar und Zahl! s. § 2). Eine konsequente Erweiterung dieser Bestimmungen hat in der Tensorrechnung zu Tensoren höherer Stufen geführt.

Bestehen zwischen den neun Koordinaten die Beziehungen:

$$(3) \qquad a_{12} = a_{21}, \quad a_{13} = a_{31}, \quad a_{23} = a_{32},$$

die die neun auf sechs unabhängige Koordinaten reduzieren, dann nennt man die Vektorfunktion bzw. den Tensor symmetrisch. Sind die neun Koordinaten den Gleichungen unterworfen:

$$(3') \qquad a_{11} = a_{22} = a_{33} = 0 \qquad \text{und}$$
$$a_{12} = -a_{21}, \quad a_{13} = -a_{31}, \quad a_{23} = -a_{32},$$

so spricht man von einer antisymmetrischen (oder schiefsymmetrischen, auch antimetrischen) linearen homogenen Vektorfunktion und einem anti- oder schiefsymmetrischen Tensor.

Das für eine lineare Vektorfunktion charakteristische ist, wie aus dem System (1) hervorgeht, daß, wenn

$$\mathfrak{a}_1 = f(\mathfrak{x}_1) \text{ und } \mathfrak{a}_2 = f(\mathfrak{x}_2)$$

ist, die Beziehung gilt:

$$\mathfrak{a}_1 + \mathfrak{a}_2 = f(\mathfrak{x}_1) + f(\mathfrak{x}_2) = f(\mathfrak{x}_1 + \mathfrak{x}_2),$$

und wenn c eine skalare Größe ist,

$$c\mathfrak{a} = f(c\mathfrak{x}).$$

Wir sagen daher:

Eine Funktion eines Vektors ist eine lineare homogene Vektorfunktion, wenn die Funktion der Summe zweier Vektoren gleich der Summe der Funktionen dieser Vektoren ist.

Als Bezeichnung einer linearen Vektorfunktion eines Vektors schreiben wir vor diesen Vektor einen großen deutschen Buchstaben[1]). Das Gleichungssystem (1) lautet dann:

$$\mathfrak{a} = \mathfrak{A}\mathfrak{x}. \tag{4}$$

$\mathfrak{A}$ ist definiert durch die neun Koordinaten a_{ik}. In nicht mißverständlicher Weise kann man schreiben:

$$\begin{aligned}\mathfrak{A} = a_{11}\ a_{12}\ a_{13}\\ a_{21}\ a_{22}\ a_{23}\\ a_{31}\ a_{32}\ a_{33},\end{aligned} \tag{5}$$

und es gilt:

$$\mathfrak{A}\mathfrak{x}_1 + \mathfrak{A}\mathfrak{x}_2 = \mathfrak{A}(\mathfrak{x}_1 + \mathfrak{x}_2). \tag{6}$$

Für den Operator $\mathfrak{A}$ findet man vielfach statt des Namens Tensor 2. Stufe die Bezeichnung Affinor, man sagt dann: Das durch Gleichung (4) definierte Produkt eines Affinors mit einem Vektor ergibt wieder einen Vektor; oder der Affinor $\mathfrak{A}$ führt den Vektor $\mathfrak{x}$ in den Vektor $\mathfrak{a}$ über oder ordnet dem Vektor $\mathfrak{x}$ den Vektor $\mathfrak{a}$ oder die lineare Vektorfunktion $\mathfrak{a} = \mathfrak{A}\mathfrak{x}$ zu.

Die Bezeichnung „Affinor" soll daran erinnern, daß die Gleichung (4) oder das System (1) eine affine Raumtransformation (Raumabbildung) bestimmt, durch die die Koordinaten x_1, x_2, x_3 in die Koordinaten a_1, a_2, a_3 übergeführt werden (vgl. § 15); es ist eine homogene orthogonale Transformation, bei der z. B. parallele Vektoren ihre Parallelität behalten.

[1]) Es sind im I. und II. Teil dieses Bandes einige wenige große deutsche Buchstaben zur Bezeichnung gewisser Vektoren entsprechend der Gepflogenheit in der Physik benutzt worden. Mißverständnisse sind nicht zu befürchten. Die Verwendung oben ist in der Matrizenrechnung gebräuchlich geworden.

Die a_{ik} können wir als die Koordinaten von 3 Vektoren $\mathfrak{a}_1, \mathfrak{a}_2, \mathfrak{a}_3$ auffassen, wenn

$$\mathfrak{a}_1 = a_{11}\mathfrak{i} + a_{12}\mathfrak{j} + a_{13}\mathfrak{k},$$
$$\mathfrak{a}_2 = a_{21}\mathfrak{i} + a_{22}\mathfrak{j} + a_{23}\mathfrak{k},$$
$$\mathfrak{a}_3 = a_{31}\mathfrak{i} + a_{32}\mathfrak{j} + a_{33}\mathfrak{k},$$

so daß Gleichungen (1) übergehen in

$$a_1 = \mathfrak{x}\mathfrak{a}_1, \; a_2 = \mathfrak{x}\mathfrak{a}_2, \; a_3 = \mathfrak{x}\mathfrak{a}_3.$$

Die $\mathfrak{a}_1, \mathfrak{a}_2, \mathfrak{a}_3$ sind die *Koordinatenvektoren* des Affinors $\mathfrak{A}$.

Mit dem Index ′ wollen wir das Symbol der Vektorfunktion, also z. B. $\mathfrak{A}$, versehen, wenn dieselbe durch Vertauschen der Horizontal- und Vertikalreihen, der sogenannten Zeilen und Spalten aus der mit dem indexfreien Symbol entstanden ist. Man nennt sie *transponiert* zu der ursprünglichen. Der zu dem Affinor $\mathfrak{A}$, Gleichung (5), transponierte lautet also:

$$\mathfrak{A}' = \begin{matrix} a_{11} & a_{21} & a_{31} \\ a_{12} & a_{22} & a_{32} \\ a_{13} & a_{23} & a_{33}. \end{matrix} \tag{7}$$

und ist von $\mathfrak{A}$ im Allgemeinen natürlich völlig verschieden. Ist $\mathfrak{A} = \mathfrak{A}'$, so ist $\mathfrak{A}$ offenbar das Symbol einer homogenen symmetrischen, linearen Vektorfunktion, eines symmetrischen Tensors. Ist $\mathfrak{A} = -\mathfrak{A}'$, so ist $\mathfrak{A}$ das Symbol einer antisymmetrischen Vektorfunktion, eines anti- oder schiefsymmetrischen Tensors mit den Gleichungen (3′).

Das Symbol reduziert sich auf einen skalaren Faktor, mit dem der Vektor $\mathfrak{x}$ zu multiplizieren ist, wenn alle Koordinaten einander gleich werden. Insofern kann man die mit dem Symbol $\mathfrak{A}$ ausgeführte Operation als Erweiterung einer Multiplikation eines Vektors mit einer skalaren Größe ansehen.

§ 44. Drehung eines Bezugssystems um den Anfangspunkt

Unter Bezugnahme auf die Gleichungen (6) und (7) des § 15 geben wir dem System (1) in § 43 noch eine andere Deutung. Die Gleichungen liefern die Abhängigkeit der Vektorkomponenten voneinander, wenn ein und derselbe

Vektor in zwei verschiedenen Bezugssystemen dargestellt ist oder z. B. bei festgehaltenem Vektor eine Transformation des Bezugssystems, etwa eine Drehung vorgenommen wird. Im einen ist der Vektor, vgl. Gleichung (6) in § 15, deren Bezeichnungen wir hier verwenden.

$$\mathfrak{V} = a_1\mathfrak{l} + a_2\mathfrak{m} + a_3\mathfrak{n},$$

im anderen

$$\mathfrak{V} = \mathfrak{b}_1\mathfrak{l}' + \mathfrak{b}_2\mathfrak{m}' + \mathfrak{b}_3\mathfrak{n}'.$$

Bestehen zwischen den Bezugssystemen die Transformationsgleichungen

$$\begin{aligned} \mathfrak{l} &= A_{11}\mathfrak{l}' + A_{21}\mathfrak{m}' + A_{31}\mathfrak{n}', \\ \mathfrak{m} &= A_{12}\mathfrak{l}' + A_{22}\mathfrak{m}' + A_{32}\mathfrak{n}', \\ \mathfrak{n} &= A_{13}\mathfrak{l}' + A_{23}\mathfrak{m}' + A_{33}\mathfrak{n}', \end{aligned}$$

so gelten zwischen den Koordinaten a_1, a_2, a_3 bzw. b_1, b_2, b_3 die Beziehungen

$$\begin{aligned} b_1 &= A_{11}a_1 + A_{12}a_2 + A_{13}a_3, \\ b_2 &= A_{21}a_1 + A_{22}a_2 + A_{23}a_3, \\ b_3 &= A_{31}a_1 + A_{32}a_2 + A_{33}a_3, \end{aligned}$$

die in die Gleichungen (1) übergehen, wenn die A_{ik} durch die a_{ik} ersetzt werden, die Koordinaten b_1, b_2, b_3 durch a_1, a_2, a_3 und die a_1, a_2, a_3 durch x_1, x_2, x_3.

Wenn die beiden Bezugssysteme den gleichen Anfangspunkt und gleich große Einheitsvektoren haben, die außerdem aufeinander senkrecht stehen, so bedeutet die Transformation, also

$$\mathfrak{A} = \begin{matrix} A_{11} A_{12} A_{13} \\ A_{21} A_{22} A_{23} \\ A_{31} A_{32} A_{33}, \end{matrix}$$

(oder auch $\mathfrak{A}'$) eine Drehung des einen Bezugssystems in das andere (evt. mit Spiegelung, wenn die beiden Bezugssysteme nicht gleichsinnig gerichtet sind), die wir aus 3 Operationen zusammengesetzt denken können, z. B. aus einer Drehung um die $\mathfrak{l}$-, einer Drehung um die $\mathfrak{m}$-und einer Drehung um die $\mathfrak{n}$-Achse. Jede Drehung ist durch die Größe

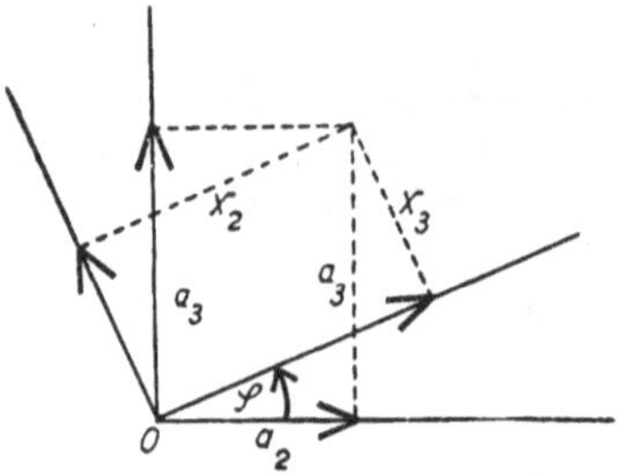

Fig. 20

eines Winkels, als eines Parameters, bestimmt. Die Determinante der linearen Vektorfunktion, also (s. § 49 Nr. 10)

$$\det_{\mathfrak{A}} = \begin{vmatrix} A_{11} A_{12} A_{13} \\ A_{21} A_{22} A_{23} \\ A_{31} A_{32} A_{33} \end{vmatrix}$$

hat in solchem Fall den Wert 1. Als Beispiel schreiben wir, (vgl. Fig. 20) die Transformationsgleichungen für die Drehung mit der Achse 1 um den Winkel φ an:

$$\begin{aligned} a_1 &= x_1, \\ a_2 &= x_2 \cos\varphi - x_3 \sin\varphi, \\ a_3 &= x_2 \sin\varphi + x_3 \cos\varphi. \end{aligned} \qquad \text{d. h.: } \mathfrak{A} = \begin{pmatrix} 1 & 0 & 0 \\ 0 & \cos\varphi & -\sin\varphi \\ 0 & \sin\varphi & \cos\varphi \end{pmatrix}$$

Man kann zeigen, daß jede lineare Vektorfunktion eines auf ein rechtwinkliges Achsensystem bezogenen Vektors, deren Determinante gleich 1 ist und die das Bezugssystem wieder in ein rechtwinkliges Bezugssystem überführt (die Bedingung der Orthogonalität, s. § 57, erfüllt), als eine durch 3 Winkel als Parameter definierte Drehung gedeutet werden kann.

§ 45. Matrizen

In Erweiterung der Darstellung (4) und (5) in § 43 für das System der Gleichungen (1) faßt man das System von n linearen Gleichungen mit den n Unbekannten $x_1 \cdots x_n$:

$$(1) \qquad \begin{cases} a_{11} x_1 + a_{12} x_2 + \cdots + a_{1n} x_n = a_1, \\ a_{21} x_1 + a_{22} x_2 + \cdots + a_{2n} x_n = a_2, \\ \dots\dots\dots\dots\dots\dots\dots \end{cases}$$

zusammen in die Form:

$$(2) \qquad \mathfrak{A}\mathfrak{x} = \mathfrak{a},$$

indem man die $a_1 \cdots a_n$ als die Komponenten eines n-dimensionalen Vektors $\mathfrak{a}$ und die $x_1 \cdots x_n$ als die Komponenten eines n-dimensionalen Vektors $\mathfrak{x}$ ansieht. Der Operator $\mathfrak{A}$ führt den Vektor $\mathfrak{x}$ in den Vektor $\mathfrak{a}$ über; er heißt die Matrix des Systems nicht homogener, linearer Gleichungen und ist durch die Koeffizienten $a_{11} \cdots a_{nn}$ eindeutig bestimmt. Unmißverständlich kann man schreiben:

$$(3) \qquad \mathfrak{A} = \begin{pmatrix} a_{11} a_{12} \cdots a_{1n} \\ a_{21} a_{22} \cdots a_{2n} \\ \cdots\cdots\cdots\cdots \\ a_{n1} a_{n2} \cdots a_{nn} \end{pmatrix} = (a_{ik}).$$

Die Erledigung der Aufgabe, ein Gleichungssystem wie (1) nach den Unbekannten x_i aufzulösen, bedeutet keine schwierige mathematische Entwicklung, wohl aber ein sehr umständliches und zeitraubendes Eliminationsverfahren. Gauß hat dafür ein Rechenschema angegeben, bekannt unter dem Namen *Gaußscher Algorithmus*, das eine Erleichterung der Arbeit mit sich bringt und Zeit spart. Besonders bei großer Zahl n ist dieses Schema von Wert und gewinnt noch an Bedeutung, wenn bei mehrstelligen Zahlen-Koeffizienten für die Rechnung eine Rechenmaschine zur Verfügung steht. In diesen Fällen (großes n, mehrstellige Zahlen, Rechenmaschine) stellt nun die symbolische Schreibweise (2) und (3) eine weitere Vereinfachung dar, da sich für den Operator $\mathfrak{A}$ gewisse einfache Rechenregeln haben ableiten lassen, die den Inhalt der *Matrizenrechnung* (des Matrizenkalküls) bilden. Von ihr macht die Technik bei der Behandlung vieler Probleme jetzt mehr und mehr Gebrauch.

§ 46. Rechenregeln für Matrizen

Die Form (3) in § 45 ist eine *quadratische* Matrix im Gegensatz zu den Matrizen mit mehr oder weniger *Zeilen* als *Spalten*. Z. B.

$$\begin{pmatrix} a_{11} a_{12} \cdots a_{1n} \\ a_{21} a_{22} \cdots a_{2n} \\ \cdots\cdots\cdots\cdots \\ a_{m1} a_{m2} \cdots a_{mn} \end{pmatrix} \text{ mit } m > n, \text{ oder mit } m < n.$$

Im Fall der Anwendung auf ein Gleichungssystem (1) in § 45 bedeutet $m > n$, daß mehr (m) lineare Gleichungen vorhanden sind als Unbekannte n, also, daß wenigstens $m - n$ Gleichungen von den n anderen Gleichungen abhängig sind, sich auf die n anderen Gleichungen zurückführen lassen, oder daß sie mit einigen der n anderen oder allen im Widerspruch stehen. Man sagt, die Matrix hat den Rang r, wenn von den m Gleichungen nur r Gleichungen (r kann kleiner als n sein) voneinander unabhängig sind. Besteht das System aus $m < n$ Gleichungen, so sind offenbar nicht alle Unbekannten bestimmbar.

Sind nur die Diagonalkoeffizienten einer quadratischen Matrix von Null verschieden, so spricht man von einer Diagonalmatrix $\mathfrak{D}$, und wenn die Koeffizienten sämtlich gleich 1 sind, von einer Einheitsmatrix $\mathfrak{E}$; es ist also

$$(1) \quad \mathfrak{D} \equiv (d_i) = \begin{pmatrix} d_1 & 0 & 0 & \cdots \\ 0 & d_2 & 0 & \cdots \\ \cdot & \cdot & \cdot & \cdots \\ \cdot & \cdot & \cdots & d_n \end{pmatrix} \quad \text{und} \quad \mathfrak{E} = \begin{pmatrix} 1 & 0 & 0 & 0 & \cdots \\ 0 & 1 & 0 & 0 & \cdots \\ \cdot & \cdot & \cdot & \cdot & \cdots \\ \cdot & \cdot & \cdot & \cdots & 1 \end{pmatrix}.$$

Wie für die 3-dimensionalen Vektorfunktionen gilt

$$(2) \qquad \mathfrak{A}\mathfrak{x}_1 + \mathfrak{A}\mathfrak{x}_2 = \mathfrak{A}(\mathfrak{x}_1 + \mathfrak{x}_2).$$

Dem transponierten Affinor entspricht die *transponierte Matrix* $\mathfrak{A}'$, die man erhält, wenn *Zeilen* und *Spalten* der Matrix $\mathfrak{A}$ vertauscht werden. Ist $\mathfrak{A}' = \mathfrak{A}$, so heißt die Matrix symmetrisch, ist $\mathfrak{A}' = -\mathfrak{A}$, antimetrisch.

Weiter gilt $\mathfrak{A}_1\mathfrak{x} + \mathfrak{A}_2\mathfrak{x} = (\mathfrak{A}_1 + \mathfrak{A}_2)\mathfrak{x}$ oder

$$(3) \qquad \mathfrak{A}_1 + \mathfrak{A}_2 = \mathfrak{A} = \mathfrak{A}_2 + \mathfrak{A}_1,$$

woraus die Möglichkeit der Zerlegung von $\mathfrak{A}$ in einen symmetrischen und einen antimetrischen Teil folgt:

$$\mathfrak{A} = \tfrac{1}{2}(\mathfrak{A} + \mathfrak{A}') + \tfrac{1}{2}(\mathfrak{A} - \mathfrak{A}').$$

Man kann die einzelnen Zeilen und ebenso die einzelnen Spalten einer Matrix selbst als Matrix ansehen und spricht dann, wenn die Zeile oder Spalte n Vektoren enthält in Verallgemeinerung des 3-dimensionalen Vektors $(\mathfrak{a}_1, \mathfrak{a}_2, \mathfrak{a}_3) = \begin{pmatrix} {}^1\mathfrak{a} \\ {}^2\mathfrak{a} \\ {}^3\mathfrak{a} \end{pmatrix}$ (vgl. Vorbemerkung S. 162) von den n-dimensionalen Vektoren einer Matrix. Man schreibt daher auch symbolisch:

(4) $$\mathfrak{A} = (\mathfrak{a}_1 \mathfrak{a}_2 \mathfrak{a}_3 \cdots \mathfrak{a}_n) = \begin{pmatrix} {}^1\mathfrak{a} \\ {}^2\mathfrak{a} \\ {}^3\mathfrak{a} \\ \vdots \\ {}^m\mathfrak{a} \end{pmatrix},$$

wenn die $\mathfrak{a}_i$ durch die Spaltenkoeffizienten $a_{1i} a_{2i} \cdots a_{mi}$ definiert sind, die ${}^k\mathfrak{a}$ durch die Zeilenkoeffizienten $a_{k1} a_{k2} a_{k3} \cdots a_{kn}$. Konsequenterweise wird z. B.

$$\mathfrak{a}_3 = \begin{pmatrix} a_{13} \\ a_{23} \\ \cdot\ \cdot \\ a_{m3} \end{pmatrix}$$

Spaltenvektor und ${}^5\mathfrak{a} = (a_{51} a_{52} \cdots a_{5n})$ *Zeilenvektor* genannt, und es ist:

$$\mathfrak{A}' \equiv \begin{pmatrix} a_{11} a_{21} a_{31} \cdots \\ a_{12} a_{22} a_{32} \cdots \\ a_{13} \cdots\cdots\cdots \\ \cdots\cdots\cdots\cdots \end{pmatrix} = \begin{pmatrix} \mathfrak{a}_1' \\ \mathfrak{a}_2' \\ \mathfrak{a}_3' \\ \vdots \end{pmatrix} \text{ mit den Zeilenvektoren: } \mathfrak{a}_i' = (a_{1i}\ a_{2i} \cdots).$$

In Übereinstimmung damit soll ein Vektor, dessen Komponenten $x_1, x_2 \cdots$ eine ein*zeilige* Matrix bilden, [also der Vektor $(x_1 x_2 \cdots)$] weiterhin mit $\mathfrak{x}'$ bezeichnet, d. h. mit $'$ versehen werden als dem Kennzeichen einer transponierten Matrix [$\mathfrak{x}' = (x_1 x_2 \cdots)$], im Gegensatz z. B. zu dem als ein*spaltige* Matrix gedachten Vektor $\mathfrak{y} = \begin{pmatrix} y_1 \\ y_2 \\ \vdots \end{pmatrix}$. Diese Festsetzung ermöglicht, wie wir sehen werden, die eindeutige Anwendbarkeit der Multiplikationsregeln auf die Multiplikation von Vektor und Matrix.

Für die Einheitsmatrix bedeutet (4):

(5) $$\mathfrak{E} = (\mathfrak{e}_1 \mathfrak{e}_2 \cdots) = \begin{pmatrix} {}^1\mathfrak{e} \\ {}^2\mathfrak{e} \\ \vdots \end{pmatrix} \text{ mit z. B.}$$

$$\mathfrak{e}_3 = \begin{pmatrix} 0 \\ 0 \\ 1 \\ 0 \\ \vdots \end{pmatrix} \text{ und } {}^5\mathfrak{e} = (000010\cdots).$$

§ 47. Wiederholte Matrizenoperation

Wenn

(1) $$\mathfrak{B}\mathfrak{x} = \mathfrak{y} \text{ und } \mathfrak{C}\mathfrak{y} = \mathfrak{z},$$

so stellt

(2) $$\mathfrak{A}\mathfrak{x} = \mathfrak{C}(\mathfrak{B}\mathfrak{x}) = \mathfrak{C}\mathfrak{B}\mathfrak{x} = \mathfrak{z}$$

ein System von linearen, nicht homogenen Gleichungen zwischen den Komponenten der mehr-dimensionalen Vektoren $\mathfrak{x}$ und $\mathfrak{z}$ dar. Ausführlich geschrieben lautet es:

(3) $$z_i = a_{i1} x_1 + a_{i2} x_2 + \cdots + a_{in} x_n$$

und

(4) $$\mathfrak{C}\mathfrak{B} = \begin{pmatrix} c_{11} c_{12} \cdots \\ c_{21} \cdots\cdots \\ \cdots\cdots \end{pmatrix} \cdot \begin{pmatrix} b_{11} b_{12} \cdots \\ b_{21} \cdots\cdots \\ \cdots\cdots \end{pmatrix} = \mathfrak{A} = \begin{pmatrix} a_{11} a_{12} \cdots \\ a_{21} \cdots\cdots \\ \cdots\cdots \end{pmatrix}.$$

Es ist $\mathfrak{C}\mathfrak{B} = \mathfrak{A}$ wieder eine Matrix, deren Koeffizienten a_{ik} mit den Koeffizienten der Matrizen $\mathfrak{C}$ und $\mathfrak{B}$ durch die Gleichungen zusammenhängen:

(5) $$a_{ik} = c_{i1} b_{1k} + c_{i2} b_{2k} + \cdots = \sum_{\varrho} c_{i\varrho} b_{\varrho k}.$$

Man überzeugt sich davon leicht, wenn man eine kleine Zahl von Systemgleichungen einmal ausführlich hinschreibt. Man bezeichnet die hier vorgenommene wiederholte Operation von Matrizen als eine *Multiplikation*, $\mathfrak{C}\mathfrak{B}$ als Produkt zweier Matrizen. Aus der Entwicklung geht unmittelbar hervor, daß die Faktoren nicht vertauscht werden dürfen, daß $\mathfrak{C}\mathfrak{B} \neq \mathfrak{B}\mathfrak{C}$ sein muß. Gleichung (5) besagt:

Um den Koeffizienten a_{ik} der Matrix $\mathfrak{A} = \mathfrak{C}\,\mathfrak{B}$ in der i-ten Zeile und der k-ten Spalte zu erhalten, muß man die Koeffizienten der i-ten Zeile von $\mathfrak{C}$ der Reihe nach von links anfangend mit je einem Koeffizienten der k-ten Spalte von $\mathfrak{B}$ der Reihe nach von oben anfangend multiplizieren und die Produkte aus den Koeffizienten der i-ten Zeile von $\mathfrak{C}$ und der k-ten Spalte von $\mathfrak{B}$ (also die Produkte aus den Faktoren $c_{i\varrho}$ und $b_{\varrho k}$ für alle ϱ von 1 bis n) addieren.

Wenn z. B. die i-te Zeile und die k-te Spalte der beiden Matrizen aus den in (6) angeschriebenen Zahlen bestehen:

$$(6)\qquad \mathfrak{C} = \begin{pmatrix} \cdots\cdots\cdots\cdots \\ \cdots\cdots\cdots\cdots \\ 6\;\;5\;\;3\;\;2\;\;7\;\;1 \\ \cdots\cdots\cdots\cdots \end{pmatrix} \leftarrow i\text{-te Zeile}, \qquad \mathfrak{B} = \begin{pmatrix} \cdots 2 \cdots \\ \cdots 1 \cdots \\ \cdots 0 \cdots \\ \cdots 7 \cdots \\ \cdots 2 \cdots \\ \cdots 3 \cdots \end{pmatrix}$$

$\uparrow$ k-te Spalte,

so ist

$$a_{ik} = 6 \cdot 2 + 5 \cdot 1 + 3 \cdot 0 + 2 \cdot 7 + 7 \cdot 2 + 1 \cdot 3 = 48.$$

Steht eine Rechenmaschine zur Verfügung, so lassen sich die a_{ik} auch im Falle mehrstelliger Zahlen $c_{i\varrho}$ und $b_{\varrho k}$ mühelos durch „Auflaufenlassen“[1]) finden. Um Fehler bei der Durchführung der Matrizenproduktbildung zu vermeiden, bediene man sich als eines mnemotechnischen Hilfsmittels des vielfach empfohlenen schematischen Bildes Fig. 21 (nach *Zurmühl*, l. c.).

Die Schnittpunkte der Zeilen der Matrix $\mathfrak{C}$ und der Spalten der Matrix $\mathfrak{B}$ nach ihrer Übertragung in die Produkt-

[1]) „Auflaufenlassen" heißt: Es muß das Ergebnis einer mit der Rechenmaschine ausgeführten Multiplikation zweier Faktoren (z. B. $c_{i1} \cdot b_{1k}$) in der Rechenmaschine stehen gelassen werden, so daß sich das Ergebnis der nächsten Multiplikation (also der Faktoren $c_{i2} \cdot b_{2k}$) automatisch addiert.

matrix $\mathfrak{A}$ geben die Lage der durch die Produktsumme gewonnenen Koeffizienten. Man mache es sich zur Regel, zuerst die oberste Zeile von $\mathfrak{C}$ mit allen Spalten von $\mathfrak{B}$ der Reihe nach zu multiplizieren, dann die zweitoberste Zeile usf.

In dem Bild ist angenommen, daß $\mathfrak{C}$ n Spalten und m Zeilen, $\mathfrak{B}$ p Spalten und n Zeilen hat; für $\mathfrak{A}$ ergeben sich daraus p Spalten und m Zeilen. Es ist also hier der allgemeine Fall der *nicht* quadratischen Matrizen zugelassen, auf den die obigen Betrachtungen in gleicher Weise wie auf die quadratischen Matrizen anwendbar sind. Eine eindeutige Multiplikation zweier Matrizen ist aber in Übereinstimmung mit dem Schema der Fig. 21 offenbar nur möglich, wenn die Zeilenzahl des 2. Faktors mit der Spaltenzahl des 1. Faktors übereinstimmt.

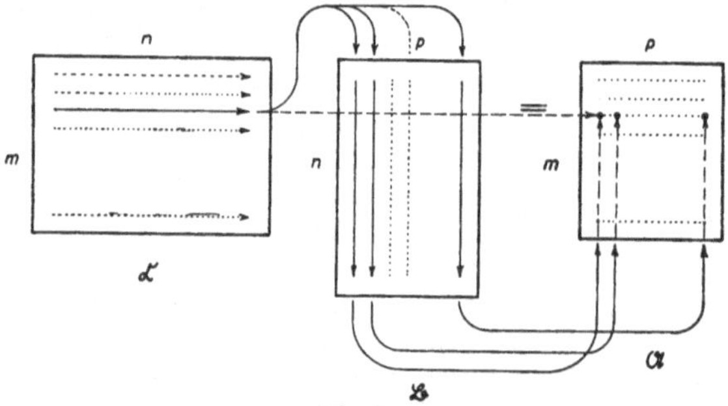

Fig. 21

Das Produkt aus mehr als zwei Faktoren berechnet man, indem man zuerst das Produkt zweier Faktoren bildet, dann mit diesem den benachbarten Faktor multipliziert und so fortfährt. Man muß auf die Reihenfolge achten, aber es ist ohne Bedeutung, mit welchen zwei benachbarten Faktoren man anfängt und welche zwei man etwa zuerst zusammenfaßt, d. h. es gilt das assoziative Gesetz.

(7) $\mathfrak{A}(\mathfrak{B}(\mathfrak{C}\mathfrak{D})) = ((\mathfrak{A}\mathfrak{B})(\mathfrak{C}\mathfrak{D})) = ((\mathfrak{A}\mathfrak{B})\mathfrak{C})\,\mathfrak{D},$

wenn durch die Klammern die vorzunehmenden Operationen angedeutet werden. Das ergibt sich unmittelbar, wenn man den Sinn der mehrfachen Matrizenoperation beachtet, der aus den Gleichungen (1) bis (4) hervorgeht.

§ 48. Einfache Anwendungen

Die konsequente Durchführung der Multiplikationsregel für Matrizen ergibt folgende unmittelbar verständliche Schreibmöglichkeiten und Ergebnisse.

1. Für $\mathfrak{y} = \mathfrak{A}\mathfrak{x}$ können wir schreiben

$$\mathfrak{y} = \begin{pmatrix} y_1 \\ y_2 \\ \vdots \\ y_n \end{pmatrix} = \begin{pmatrix} a_{11} a_{12} \cdots \\ a_{21} a_{22} \cdots \\ \vdots \\ a_{n1} a_{n2} \cdots \end{pmatrix} \cdot \begin{pmatrix} x_1 \\ x_2 \\ \vdots \\ x_n \end{pmatrix} = \begin{pmatrix} a_{11} x_1 + a_{12} x_2 + \cdots \\ a_{21} x_1 + a_{22} x_2 + \cdots \\ \cdots\cdots\cdots\cdots\cdots\cdots \end{pmatrix},$$

woraus folgt

$$y_i = a_{i1} x_1 + a_{i2} x_2 + a_{i3} x_3 + \cdots, \qquad i = 1, 2, \ldots n.$$

2. $$\mathfrak{e}_i{}^k\mathfrak{e} = \begin{pmatrix} 0 \\ 0 \\ \vdots \\ 1 \\ 0 \\ \vdots \end{pmatrix} \begin{matrix} \\ \\ \\ \leftarrow i \\ \\ \\ \end{matrix} \cdot \begin{pmatrix} 0 & 0 & \cdots & 1 & 0 & \cdots \end{pmatrix} = {}^k\mathfrak{e}_i$$
$$\hphantom{xxxxxxxxxxxxxx}\uparrow k$$

ist eine Matrix, deren Koeffizienten bis auf den in der i-ten Zeile und der k-ten Spalte Null sind; dieser eine Koeffizient hat den Wert 1.

3. $${}^k\mathfrak{e}\,\mathfrak{e}_i = \begin{pmatrix} 0 & 0 & \cdots & 1 & 0 & \cdots \end{pmatrix} \cdot \begin{pmatrix} 0 \\ 0 \\ \vdots \\ 1 \\ 0 \\ \vdots \end{pmatrix} \begin{matrix} = 1 \text{ wenn } k = i, \\ = 0 \text{ wenn } k \neq i. \end{matrix}$$

(Man vergleiche § 9).

4. Verallgemeinerung von Nr. 2: Das Produkt aus einer ein-spaltigen und einer ein-zeiligen Matrix ist wieder eine Matrix, deren Anwendung auf einen Vektor diesen in einen Vektor überführt.

$$\mathfrak{a}\mathfrak{b}' = \mathfrak{a} \cdot \mathfrak{b}' = \begin{pmatrix} a_1 \\ a_2 \\ \vdots \end{pmatrix} \cdot (b_1 b_2 \cdots) = \begin{pmatrix} a_1 b_1 & a_1 b_2 \cdots \\ a_2 b_1 & \cdots\cdots \\ \cdots\cdots & \cdots\cdots \end{pmatrix}.$$

Eine solche Kombination zweier Vektoren begegnete uns in § 15, Gl. (4) und wurde dort *Dyade* genannt. Zum Unterschied von dem skalaren und dem vektoriellen Produkt setzten wir dort zwischen die Vektoren das Zeichen „;“. Die Dyade oder das *dyadische Produkt* auf den Vektor $\mathfrak{x}$ angewandt

$$(\mathfrak{a}; \mathfrak{b})\mathfrak{x} = \mathfrak{a}(\mathfrak{b}\mathfrak{x}) = \mathfrak{x}'$$

liefert einen Vektor $\mathfrak{x}'$ von der Richtung $\bar{\mathfrak{a}}$, dagegen ist

$$\mathfrak{x}(\mathfrak{a}; \mathfrak{b}) = (\mathfrak{b}; \mathfrak{a})\mathfrak{x} = (\mathfrak{x}\mathfrak{a})\mathfrak{b}$$

ein solcher von der Richtung $\bar{\mathfrak{b}}$.

Man nennt $(\mathfrak{b}; \mathfrak{a})$ die zu $(\mathfrak{a}; \mathfrak{b})$ *konjugierte* Dyade.

5. Im Gegensatz zur Kombination $\mathfrak{a}\,\mathfrak{b}'$ ist

$$\mathfrak{a}'\mathfrak{b} = (a_1 a_2 a_3 \cdots) \cdot \begin{pmatrix} b_1 \\ b_2 \\ \vdots \end{pmatrix} = a_1 b_1 + a_2 b_2 + a_3 b_3 + \cdots.$$

das skalare Produkt der Vektoren $\mathfrak{a}$ und $\mathfrak{b}$. Im Anschluß daran sei angemerkt

$$(\mathfrak{a}'\mathfrak{b})' = \mathfrak{b}'\mathfrak{a},$$

wobei die Reihenfolge zu beachten ist. — Entsprechend der Bedeutung von $\mathfrak{a}\mathfrak{b} = 0$ zweier 3-dimensionaler Vektoren als der Bedingung der Orthogonalität sagt auch im erweiterten (verallgemeinerten) Fall n-dimensionaler Vektoren die Beziehung

$$\sum a_i b_i = 0 \quad \text{oder} \quad \mathfrak{a}'\mathfrak{b} = 0,$$

daß die beiden Vektoren $\mathfrak{a}$ und $\mathfrak{b}$ aufeinander senkrecht stehen; es ist die *allgemeine Bedingung der Orthogonalität.*

6. Der Betrag eines Vektors ist (vgl. § 3)

$$|\mathfrak{a}| = \sqrt{a_1^2 + a_2^2 + \cdots}$$

und $\mathfrak{a}/|\mathfrak{a}|$ ist der Einheitsvektor in Richtung $\bar{\mathfrak{a}}$. Man bezeichnet die Division des Vektors durch seinen Betrag als *Normierung*, die also erfolgt ist, wenn

$$\sum a_i a_i = 1 \text{ (Normierungsbedingung, vgl. § 57).}$$

($\mathfrak{a}^2$ „*Norm*" des Vektors $\mathfrak{a}$, vgl. § 7).

7. Eine Matrix $\mathfrak{A}$ skalar mit einem Vektor $\mathfrak{x}$ multiplizieren heißt das Produkt $\mathfrak{x}'\mathfrak{A}$ bilden, also $\mathfrak{A}$ von links mit $\mathfrak{x}'$ multiplizieren,

$$(x_1 x_2 \cdots) \cdot \begin{pmatrix} a_{11} a_{12} \cdots \\ a_{21} \cdots\cdots \\ \cdots\cdots\cdots \end{pmatrix}$$

$$= (a_{11}x_1 + a_{21}x_2 + \cdots, \; a_{12}x_1 + a_{22}x_2 + \cdots, \; \cdots),$$

das ist eine ein-zeilige Matrix oder ein Zeilenvektor.

§ 49. Einige bemerkenswerte Folgerungen

Man merke sich die folgenden Formeln, deren Nachweis dem Leser überlassen sei.

1. $(\mathfrak{A}\mathfrak{B})' = \mathfrak{B}'\mathfrak{A}'$.

2. $\mathfrak{A}'\mathfrak{A}$ ist eine symmetrische Matrix; ihre Anwendung ist als *Gaußsche Transformation* bekannt;

$$(\mathfrak{A}'\mathfrak{A})' = (\mathfrak{A}'\mathfrak{A}), \text{ aber im allgemeinen } \mathfrak{A}'\mathfrak{A} \neq \mathfrak{A}\mathfrak{A}'.$$

[$\mathfrak{A}'\mathfrak{A} = \mathfrak{A}\mathfrak{A}'$ sagt aus, daß $\mathfrak{A}$ eine symmetrische Matrix ist (vgl. § 46).]

3. Es seien $\mathfrak{D} = (d_i)$, $\mathfrak{D}_1 = (d_{1i})$, $\mathfrak{D}_2 = (d_{2i})$ Diagonalmatrizen, dann gilt:

$$\mathfrak{D}_1\mathfrak{D}_2 = (d_{1i}d_{2i}) = \begin{pmatrix} d_{11}d_{21} & 0 & 0 & 0 \cdots \\ 0 & d_{12}d_{22} & 0 & 0 \cdots \\ 0 & 0 & d_{13}d_{23} & 0 \cdots \\ \cdots & \cdots & \cdots & \cdots \\ \cdots & \cdots & \cdots & d_{1n}d_{2n} \end{pmatrix},$$

$$\mathfrak{D}\mathfrak{D} \equiv \mathfrak{D}^2 = \begin{pmatrix} d_1 d_1 & 0 & 0 & 0 & \cdots \\ 0 & d_2 d_2 & 0 & 0 & \cdots \\ \cdots & \cdots & \cdots & \cdots & \cdots \end{pmatrix},$$

$$\mathfrak{D} \equiv \mathfrak{D}^{\frac{1}{2}}\mathfrak{D}^{\frac{1}{2}} \equiv \sqrt{\mathfrak{D}}\sqrt{\mathfrak{D}} = \begin{pmatrix} \sqrt{d_1} & 0 & 0 & \cdots \\ 0 & \sqrt{d_2} & 0 & \cdots \\ \cdots & \cdots & \cdots & \cdots \end{pmatrix} \cdot \begin{pmatrix} \sqrt{d_1} & 0 & 0 & \cdots \\ 0 & \sqrt{d_2} & 0 & \cdots \\ \cdots & \cdots & \cdots & \cdots \end{pmatrix},$$

$$\mathfrak{D}^{-1} \equiv \begin{pmatrix} \frac{1}{d_1} & 0 & 0 & 0 & \cdots \\ 0 & \frac{1}{d_2} & 0 & 0 & \cdots \\ \cdots & \cdots & \cdots & \cdots & \cdots \end{pmatrix}, \quad \mathfrak{D}\mathfrak{y} = \mathfrak{D}\begin{pmatrix} y_1 \\ y_2 \\ \vdots \end{pmatrix} = \begin{pmatrix} d_1 y_1 & 0 & 0 & \cdots \\ 0 & d_2 y_2 & 0 & \cdots \\ \cdots & \cdots & \cdots & \cdots \end{pmatrix},$$

$$\mathfrak{D}^{-1}\mathfrak{D} = \mathfrak{E}, \quad \mathfrak{A}\mathfrak{D}\mathfrak{y} = \mathfrak{A}\mathfrak{D}\begin{pmatrix} y_1 \\ y_2 \\ \vdots \end{pmatrix} = \begin{pmatrix} a_{11} d_1 y_1 & a_{12} d_2 y_2 & \cdots \\ a_{21} d_1 y_1 & a_{22} d_2 y_2 & \cdots \\ \vdots & \vdots & \end{pmatrix},$$

$$\mathfrak{D}\mathfrak{A} = \begin{pmatrix} d_1 a_{11} & d_1 a_{12} & \cdots \\ d_2 a_{21} & d_2 a_{22} & \cdots \\ \cdots & \cdots & \cdots \end{pmatrix}, \quad \mathfrak{A}\mathfrak{D} = \begin{pmatrix} a_{11} d_1 & a_{12} d_2 & \cdots \\ a_{21} d_1 & a_{22} d_2 & \cdots \\ \cdots & \cdots & \cdots \end{pmatrix}.$$

4. Umwandlung der Koeffizienten einer Matrix $\mathfrak{A}$ (durch den Druck ist versucht, den Erfolg deutlich hervorzuheben). Mit $c = \frac{1}{a_{21}} - \frac{a_{11}}{a_{21}}$ ist:

$$\begin{pmatrix} 1 & \boldsymbol{c} & 0 & 0 & \cdots \\ 0 & 1 & 0 & 0 & \cdots \\ 0 & 0 & 1 & 0 & \cdots \\ \cdots & \cdots & \cdots & \cdots & \cdots \end{pmatrix} \begin{pmatrix} a_{11} & a_{12} & a_{13} & \cdots \\ a_{21} & a_{22} & a_{23} & \cdots \\ a_{31} & a_{32} & \cdots & \cdots \\ \cdots & \cdots & \cdots & \cdots \end{pmatrix}$$

$$= \begin{pmatrix} a_{11} + \boldsymbol{c}a_{21} & a_{12} + \boldsymbol{c}a_{22} & a_{13} + \boldsymbol{c}a_{23} & \cdots \\ a_{21} & a_{22} & a_{23} & \cdots \\ a_{31} & a_{32} & \cdots & \cdots \\ \cdots & \cdots & \cdots & \cdots \end{pmatrix}$$

$$= \begin{pmatrix} \mathbf{1} & b_{12} & b_{13} \cdots \\ a_{21} & a_{22} & a_{23} \cdots \\ a_{31} & a_{32} & \cdots \\ \cdots & \cdots & \cdots \end{pmatrix},$$

$$\text{wobei: } b_{1i} = a_{1i} + \left(\frac{1}{a_{21}} - \frac{a_{11}}{a_{21}}\right) a_{2i}.$$

5. Mit $c_2 = -\frac{a_{21}}{a_{11}}$, $c_3 = -\frac{a_{31}}{a_{11}}$, $c_i = -\frac{a_{i1}}{a_{11}}$ ist

$$\begin{pmatrix} 1 & 0 & 0 & 0 \cdots \\ c_2 & \mathbf{1} & 0 & 0 \cdots \\ c_3 & 0 & \mathbf{1} & 0 \cdots \\ c_4 & 0 & 0 & \mathbf{1} \cdots \\ \cdots & \cdots & \cdots & \cdots \end{pmatrix} \begin{pmatrix} a_{11} & a_{12} & a_{13} \cdots \\ a_{21} & a_{22} & a_{23} \cdots \\ a_{31} & a_{32} & a_{33} \cdots \\ a_{41} & \cdots & \cdots \\ \cdots & \cdots & \cdots \end{pmatrix} = \begin{pmatrix} a_{11} & a_{12} & a_{13} \cdots \\ \mathbf{0} & b_{22} & b_{23} \cdots \\ \mathbf{0} & b_{32} & b_{33} \cdots \\ \mathbf{0} & \cdots & \cdots \\ \cdots & \cdots & \cdots \end{pmatrix},$$

$$\text{wobei: } b_{2i} = -\frac{a_{21}}{a_{11}} a_{1i} + a_{2i}, \quad b_{3i} = -\frac{a_{31}}{a_{11}} a_{1i} + a_{3i} \quad \text{usw.}$$

6. Mit $c = \frac{1}{a_{12}} - \frac{a_{11}}{a_{12}}$ ist

$$\begin{pmatrix} a_{11} & a_{12} & a_{13} \cdots \\ a_{21} & a_{22} & a_{23} \cdots \\ a_{31} & a_{32} \cdots & \cdots \\ \cdots & \cdots & \cdots \end{pmatrix} \begin{pmatrix} 1 & 0 & 0 \cdots \\ c & 1 & 0 \cdots \\ 0 & 0 & 1 \cdots \\ \cdots & \cdots & \cdots \end{pmatrix} = \begin{pmatrix} \mathbf{1} & a_{12} & a_{13} \cdots \\ b_{21} & a_{22} & a_{23} \cdots \\ b_{31} & a_{32}, & \cdots \\ \cdots & \cdots & \cdots \end{pmatrix},$$

$$\text{wobei: } b_{i1} = a_{i1} + \left(\frac{1}{a_{12}} - \frac{a_{11}}{a_{12}}\right) a_{i2}.$$

7. Mit $c_2 = -\frac{a_{12}}{a_{11}}$, $c_3 = -\frac{a_{13}}{a_{11}}$, $c_i = -\frac{a_{1i}}{a_{11}}$ ist

$$\begin{pmatrix} a_{11} & a_{12} & a_{13} \cdots \\ a_{21} & a_{22} & a_{23} \cdots \\ a_{31} \cdots & \cdots & \cdots \\ \cdots & \cdots & \cdots \end{pmatrix} \begin{pmatrix} 1 & c_2 & c_3 \cdots \\ 0 & 1 & 0 \cdots \\ 0 & 0 & 1 \cdots \\ \cdots & \cdots & \cdots \end{pmatrix} = \begin{pmatrix} a_{11} & \mathbf{0} & \mathbf{0} & \mathbf{0} \cdots \\ a_{21} & b_{22} & b_{23} & \cdots \\ a_{31} & b_{32} & b_{33} & \cdots \\ \cdots & \cdots & \cdots & \cdots \end{pmatrix},$$

$$\text{wobei: } b_{i2} = -\frac{a_{12}}{a_{11}} a_{i1} + a_{i2}, \quad b_{i3} = -\frac{a_{13}}{a_{11}} a_{i1} + a_{i3} \quad \text{usw.}$$

8. Beispiele für die Möglichkeit der Zeilen- bzw. Spaltenverbindung:

$$\begin{pmatrix} 1 & 0 & \alpha \\ \beta & 1 & \gamma \\ 0 & 0 & 1 \end{pmatrix} \begin{pmatrix} a_1 & a_2 & a_3 \\ b_1 & b_2 & b_3 \\ c_1 & c_2 & c_3 \end{pmatrix}$$

$$= \begin{pmatrix} a_1 + \alpha c_1 & a_2 + \alpha c_2 & a_3 + \alpha c_3 \\ \beta a_1 + b_1 + \gamma c_1 & \beta a_2 + b_2 + \gamma c_2 & \beta a_3 + b_3 + \gamma c_3 \\ c_1 & c_2 & c_3 \end{pmatrix},$$

$$\begin{pmatrix} a_1 & a_2 & a_3 \\ b_1 & b_2 & b_3 \\ c_1 & c_2 & c_3 \end{pmatrix} \begin{pmatrix} 1 & 0 & \alpha \\ \beta & 1 & \gamma \\ 0 & 0 & 1 \end{pmatrix} = \begin{pmatrix} a_1 + \beta a_2 & a_2 & \alpha a_1 + \gamma a_2 + a_3 \\ b_1 + \beta b_2 & b_2 & \alpha b_1 + \gamma b_2 + b_3 \\ c_1 + \beta c_2 & c_2 & \alpha c_1 + \gamma c_2 + c_3 \end{pmatrix}.$$

Dem Leser wird empfohlen, um die Bedeutung dieser Multiplikationen zu erkennen, einfache Zahlenbeispiele durchzurechnen, in denen für *eine* der Größen α, β, γ an verschiedenen Stellen der links oder rechts stehenden Matrix eine Zahl gesetzt ist, während die beiden anderen Größen Null sind.

9. Beispiele für die Möglichkeit der Zeilen- bzw. Spaltenvertauschung:

$$\begin{pmatrix} 0 & 0 & 1 & 0 \\ 0 & 1 & 0 & 0 \\ 0 & 0 & 0 & 1 \\ 1 & 0 & 0 & 0 \end{pmatrix} \begin{pmatrix} a_1 & a_2 & a_3 & a_4 \\ b_1 & b_2 & b_3 & b_4 \\ c_1 & c_2 & c_3 & c_4 \\ d_1 & d_2 & d_3 & d_4 \end{pmatrix} = \begin{pmatrix} c_1 & c_2 & c_3 & c_4 \\ b_1 & b_2 & b_3 & b_4 \\ d_1 & d_2 & d_3 & d_4 \\ a_1 & a_2 & a_3 & a_4 \end{pmatrix},$$

$$\begin{pmatrix} a_1 & b_1 & c_1 & d_1 \\ a_2 & b_2 & c_2 & d_2 \\ a_3 & b_3 & c_3 & d_3 \\ a_4 & b_4 & c_4 & d_4 \end{pmatrix} \begin{pmatrix} 0 & 0 & 1 & 0 \\ 0 & 1 & 0 & 0 \\ 0 & 0 & 0 & 1 \\ 1 & 0 & 0 & 0 \end{pmatrix} = \begin{pmatrix} d_1 & b_1 & a_1 & c_1 \\ d_2 & b_2 & a_2 & c_2 \\ d_3 & b_3 & a_3 & c_3 \\ d_4 & b_4 & a_4 & c_4 \end{pmatrix}.$$

10. Als Determinante det $\mathfrak{A}$ einer Matrix $\mathfrak{A}$ bezeichnet man die Determinante, deren Elemente mit den Koeffizienten der Matrix übereinstimmen. Man kann eine Matrix in eine Diagonalmatrix mit gleichem Betrag der Determinante überführen, deren Koeffizienten bis auf den der letzten Zeile gleich 1 sind und deren letzter Koeffizient

dem Betrage nach gleich dem Betrag der Matrixdeterminante ist; zu dem Zweck muß man die Matrix von links und von rechts mit Matrizen multiplizieren, deren Determinanten den Wert ± 1 haben und die geeignete Spalten- oder Zeilenverbindungen und -vertauschungen bewirken. Es ist das in der Regel auf verschiedene Art möglich.

Beispiel. Gegeben ist die Matrix $\mathfrak{A} = \begin{pmatrix} 3 & 5 & 4 \\ -1 & 1 & 0 \\ 1 & 2 & 2 \end{pmatrix}$; der Wert ihrer Determinante ist $+4$. Es ist z. B.

$$\begin{pmatrix} 1 & -2 & 1.5 \\ 0 & 1 & -0.5 \\ 0 & 0 & 1 \end{pmatrix} \begin{pmatrix} 1 & 0 & 0 \\ 0 & 1 & 2 \\ 0 & 1 & 3 \end{pmatrix} \begin{pmatrix} 0 & 0 & 1 \\ 0 & 1 & 1 \\ 1 & 0 & -3 \end{pmatrix} \cdot \mathfrak{A} = \begin{pmatrix} 1 & 0 & 0 \\ 0 & 1 & 0 \\ 0 & 0 & -4 \end{pmatrix}$$

oder

$$\begin{pmatrix} 1 & 0 & 0 \\ 1 & 1 & 0 \\ -4 & -1 & 1 \end{pmatrix} \begin{pmatrix} 0 & 0 & 1 \\ 0 & 1 & 0 \\ 1 & 0 & 0 \end{pmatrix} \cdot \mathfrak{A} \cdot \begin{pmatrix} 1 & 0 & -2 \\ 0 & 1 & 0 \\ 0 & -1 & 1 \end{pmatrix} \begin{pmatrix} 1 & 0 & 0 \\ 0 & 1 & -2 \\ 0 & 0 & 1 \end{pmatrix} = \begin{pmatrix} 1 & 0 & 0 \\ 0 & 1 & 0 \\ 0 & 0 & -4 \end{pmatrix}$$

oder

$$\begin{pmatrix} 1 & 0 & 0 \\ 0 & 1 & -1 \\ 0 & -1 & 2 \end{pmatrix} \begin{pmatrix} 1 & 0 & -2 \\ 1 & 1 & -2 \\ -1 & 0 & 3 \end{pmatrix} \cdot \mathfrak{A} \cdot \begin{pmatrix} 1 & -1 & 0 \\ 0 & 1 & 0 \\ 0 & 0 & 1 \end{pmatrix} \begin{pmatrix} 1 & 0 & 0 \\ 0 & 1 & 2 \\ 0 & 0 & 1 \end{pmatrix} = \begin{pmatrix} 1 & 0 & 0 \\ 0 & 1 & 0 \\ 0 & 0 & 4 \end{pmatrix}.$$

Die Matrizen links oder rechts von $\mathfrak{A}$ lassen sich natürlich zu je einer zusammenziehen, so daß geschrieben werden kann:

$$\mathfrak{B}_1 \mathfrak{A} \mathfrak{B}_2 = \mathfrak{N}, \qquad \det \mathfrak{N} = \pm \det \mathfrak{A}.$$

Man bezeichnet $\mathfrak{N}$ als die Normalform von $\mathfrak{A}$. Aus ihr läßt sich unmittelbar der Rang der Matrix $\mathfrak{A}$ ablesen; er ist gleich der Anzahl der von Null verschiedenen Koeffizienten der Diagonalmatrix $\mathfrak{N}$.

11. Ist in $\mathfrak{C}_1\mathfrak{C}_2 = \mathfrak{E}$ die Matrix $\mathfrak{C}_1$ eine untere *Dreiecksmatrix*, d. i. eine Matrix, deren Koeffizienten oberhalb der Diagonale Null sind, und haben deren Diagonalkoeffizienten sämtlich den Wert 1, so ist auch $\mathfrak{C}_2$ eine untere Dreiecksmatrix mit Diagonalkoeffizienten vom Wert 1. Die $\mathfrak{C}_2$-Koeffizienten unmittelbar unter der Diagonale sind den entsprechend gelegenen in $\mathfrak{C}_1$ gleich, doch von entgegengesetztem Vorzeichen (s. § 57).

§ 50. Die Matrix als Summe von Dyaden

Jede Matrix kann unmißverständlich auch als Summe einer Reihe von Dyaden geschrieben werden, wie folgende Umformung zeigt. Unter Verwendung der orthogonalen, nicht komplanaren Einheitsvektoren $\mathfrak{e}_i$ im n-dimensionalen Raum sei

$$\text{(1)} \qquad \mathfrak{a} = a_1\mathfrak{e}_1 + a_2\mathfrak{e}_2 + a_3\mathfrak{e}_3 + \cdots.$$

Und es sei

$$\text{(2)} \qquad \mathfrak{a} = \mathfrak{A}\mathfrak{x} \text{ mit } \mathfrak{A} = \begin{pmatrix} a_{11} & a_{12} & a_{13} & \cdots \\ a_{21} & a_{22} & a_{23} & \cdots \\ \cdots & \cdots & \cdots & \cdots \end{pmatrix} \text{ und } \mathfrak{x} = \begin{pmatrix} x_1 \\ x_2 \\ \vdots \end{pmatrix},$$

dann ist $\quad a_i\mathfrak{e}_i = (x_1 a_{i1} + x_2 a_{i2} + x_3 a_{i3} + \cdots)\,\mathfrak{e}_i$

und in ausführlicher Schreibweise, wenn wir noch von den Zeilenvektoren ${}^k\mathfrak{e}$ der Einheitsmatrix Gebrauch machen:

$$\begin{aligned} \mathfrak{a} &= (x_1 a_{11} + x_2 a_{12} + x_3 a_{13} + \cdots)\,\mathfrak{e}_1 \\ &\quad + (x_1 a_{21} + x_2 a_{22} + x_3 a_{23} + \cdots)\,\mathfrak{e}_2 \\ &\quad + \cdots \\ &= ({}^1\mathfrak{e}\mathfrak{x})\,(a_{11}\mathfrak{e}_1 + a_{21}\mathfrak{e}_2 + \cdots) \\ &\quad + ({}^2\mathfrak{e}\mathfrak{x})\,(a_{12}\mathfrak{e}_1 + a_{22}\mathfrak{e}_2 + \cdots) \\ &\quad + ({}^3\mathfrak{e}\mathfrak{x})\,(a_{13}\mathfrak{e}_1 + a_{23}\mathfrak{e}_2 + \cdots) + \cdots \end{aligned}$$

oder indem wir den Vektor $\mathfrak{x}$, auf den $\mathfrak{A}$ angewandt werden soll, symbolisch herausnehmen

(3) $\mathfrak{a} = \mathfrak{x}[(a_{11}\mathfrak{e}_1 + \cdots)\,{}^1\mathfrak{e} + (a_{12}\mathfrak{e}_1 + \cdots)\,{}^2\mathfrak{e} + \cdots]$,

wofür wir endlich schreiben können

(4) $$\mathfrak{a} = \mathfrak{A}\mathfrak{x} = (a_{ik})\mathfrak{x} = (a_{ik}\mathfrak{e}_i;\ {}^k\mathfrak{e})\mathfrak{x}\,.$$

Es mag hier noch einmal auf die *Identitätsdyade* in § 15 als ein Beispiel der Gleichung (4) eingegangen werden. Dort war gesetzt

$$\mathfrak{d} = A\mathfrak{a} + B\mathfrak{b} + C\mathfrak{c} = \mathfrak{d}(\mathfrak{a}';\ \mathfrak{a} + \mathfrak{b}';\ \mathfrak{b} + \mathfrak{c}';\ \mathfrak{c}).$$

Wir ersetzen die $\mathfrak{a}, \mathfrak{b}, \mathfrak{c}$ durch die orthogonalen Einheitsvektoren $\mathfrak{e}_1$, $\mathfrak{e}_2$, $\mathfrak{e}_3$ und setzen für A, B, C die Buchstaben d_1, d_2 d_3; so ergibt sich für die Matrix

$$\mathfrak{A} = \begin{pmatrix} d_{11} & d_{12} & d_{13} \\ d_{21} & d_{22} & d_{23} \\ d_{31} & d_{32} & d_{33} \end{pmatrix}$$

und $$\mathfrak{d} = \mathfrak{A}\mathfrak{d}' \text{ mit } \mathfrak{d}' = \begin{pmatrix} x_1 \\ x_2 \\ x_3 \end{pmatrix};$$

dann gilt: $$\begin{aligned} d_1\,\mathfrak{e}_1 &= (x_1 d_{11} + x_2 d_{12} + x_3 d_{13})\,\mathfrak{e}_1\,, \\ d_2\,\mathfrak{e}_2 &= (x_1 d_{21} + x_2 d_{22} + x_3 d_{23})\,\mathfrak{e}_2\,, \\ d_3\,\mathfrak{e}_3 &= (x_1 d_{31} + x_2 d_{31} + x_3 d_{33})\,\mathfrak{e}_3\,, \end{aligned}$$

so daß nach obigen Überlegungen folgt:

$$\mathfrak{d} = (d_{ik})\mathfrak{d}' = (d_{ik}\,\mathfrak{e}_i;{}^k\mathfrak{e})\,\mathfrak{d}'.$$

Wegen der Orthogonalität der Achsen ist

$$\begin{aligned} d_{ik} &= 1 \text{ für } i = k\,, \\ d_{ik} &= 0 \text{ für } i \neq k \end{aligned}$$

und $$\mathfrak{d} = (\mathfrak{e}_i;\ {}^k\mathfrak{e})\,\mathfrak{d}' = (\mathfrak{e}_i;\ {}^k\mathfrak{e})\,\mathfrak{d}.$$

§ 51. Einige Regeln für die Rechnung mit Dyaden

(Ohne besonderen Hinweis bedeuten wie bisher im folgenden kleine deutsche Buchstaben Vektoren.)

1. Zwei Dyaden lassen sich addieren, wenn ihre ersten Teile, die Antezedenten, oder ihre zweiten Teile, die Konsequenten, übereinstimmen, durch Addition der nicht übereinstimmenden Teile. Es ist offenbar:

$$(1)\qquad (\mathfrak{r}_1;\mathfrak{r}^*)\,\mathfrak{x} + (\mathfrak{r}_2;\mathfrak{r}^*)\,\mathfrak{x} = (\mathfrak{r}_1+\mathfrak{r}_2;\mathfrak{r}^*)\,\mathfrak{x}.$$

2. Das „Produkt" zweier eingliedriger Dyaden Φ_1 und Φ_2, d. h die Anwendung einer eingliedrigen Dyade Φ_2 auf eine Dyade Φ_1 ist wieder eine eingliedrige Dyade; sie besteht aus der Antezedenten der Dyade Φ_2 als Antezedente und aus der Konsequenten der Dyade Φ_1 als Konsequente und ist multipliziert mit dem skalaren Produkt der anderen Teile der Dyaden; denn wenn

$$\Phi_1 = (\mathfrak{r}_1\;\;\mathfrak{r}_1^*) \text{ und } \Phi_2 = (\mathfrak{r}_2;\mathfrak{r}_2^*),$$

so ist

$$\Phi_2\Phi_1\cdot\mathfrak{x} = (\mathfrak{r}_2;\mathfrak{r}_2^*)\,(\mathfrak{r}_1;\mathfrak{r}_1^*)\cdot\mathfrak{x} = (\mathfrak{r}_2;\mathfrak{r}_2^*)\,\mathfrak{r}_1\cdot(\mathfrak{r}_1^*\mathfrak{x});$$

$(\mathfrak{r}_1^*\mathfrak{x})$ ist eine skalare Größe; Φ_2 ist also auf den Vektor $\mathfrak{r}_1$ anzuwenden und es wird

$$\Phi_2\Phi_1\cdot\mathfrak{x} = \mathfrak{r}_2\cdot(\mathfrak{r}_2^*\mathfrak{r}_1)\cdot(\mathfrak{r}_1^*\mathfrak{x}),$$

wofür wir auch schreiben können

$$(2)\qquad \Phi_2\Phi_1\cdot\mathfrak{x} = (\mathfrak{r}_2^*\mathfrak{r}_1)\cdot(\mathfrak{r}_2;\mathfrak{r}_1^*)\,\mathfrak{x}.$$

3. Handelt es sich um Vektoren im 3-dimensionalen Raum, so läßt sich eine Summe von beliebig vielen Dyaden stets auf eine Summe von höchstens 3 Dyaden zurückführen. Denn da sich in

$$\Phi = \mathfrak{c};\mathfrak{f} + \mathfrak{d};\mathfrak{g} + \mathfrak{e};\mathfrak{h} + \mathfrak{o};\mathfrak{p}$$

mit den drei nichtkomplanaren Vektoren $\mathfrak{f}, \mathfrak{g}, \mathfrak{h}$ der Vektor $\mathfrak{p}$ durch die 3 Vektoren $\mathfrak{f}, \mathfrak{g}, \mathfrak{h}$ ausdrücken läßt, also gesetzt werden kann:

$$\mathfrak{p} = p_1\mathfrak{f} + p_2\mathfrak{g} + p_3\mathfrak{h},$$

so ist nach Nr. 1:

$$(3)\qquad \begin{aligned}\Phi &= (\mathfrak{c}+\mathfrak{o}p_1);\mathfrak{f} + (\mathfrak{d}+\mathfrak{o}p_2);\mathfrak{g} + (\mathfrak{e}+\mathfrak{o}p_3);\mathfrak{h}\\ &= \mathfrak{c}_0;\mathfrak{f} + \mathfrak{d}_0;\mathfrak{g} + \mathfrak{e}_0;\mathfrak{h},\end{aligned}$$

wenn wir für die Klammerausdrücke die Vektoren $\mathfrak{c}_0, \mathfrak{d}_0, \mathfrak{e}_0$ setzen. Eine solche aus 3 Summanden bestehende *vollständige* Dyade läßt sich auf die Summe von 2 einzelnen Dyaden zurückführen, wenn entweder die Antezedenten oder die Konsequenten komplanare Vektoren sind, — auf eine einzige Dyade, wenn die Antezedenten oder die Konsequenten kollinear sind, bei beliebig vorgegebener Wahl der nicht komplanaren anderen Dyadenteile.

4. Unschwer zu überlegen ist — der Beweis sei dem Leser überlassen —, daß eine jede vollständige Dyade sich durch zwei Gruppen

von je drei zueinander senkrechten Vektoren darstellen läßt. Es ist das die Darstellung in der *Normalform*:

(4) $$\Phi = (a\mathfrak{i}^*;\mathfrak{i} + b\mathfrak{j}^*;\mathfrak{j} + c\mathfrak{k}^*;\mathfrak{k})$$

mit den beiden Gruppen zueinander senkrechter Vektoren $\mathfrak{i}^*, \mathfrak{j}^*, \mathfrak{k}^*$ und $\mathfrak{i}, \mathfrak{j}, \mathfrak{k}$.

Drückt man die $\mathfrak{i}^*, \mathfrak{j}^*, \mathfrak{k}^*$ in den $\mathfrak{i}, \mathfrak{j}, \mathfrak{k}$ aus, so nimmt Φ die sogenannte *Neunerform* der vollständigen Dyade an, in der man die „;" in der Regel fortläßt, da ein Mißverständnis nicht zu befürchten ist ($\mathfrak{i}\mathfrak{i}$, $\mathfrak{i}\mathfrak{j}$ usw. galten nach § 7 als skalare Produkte):

(5) $$\begin{aligned}\Phi = (&a_{11}\mathfrak{i}\mathfrak{i} + a_{12}\mathfrak{i}\mathfrak{j} + a_{13}\mathfrak{i}\mathfrak{k}\\ &+ a_{21}\mathfrak{j}\mathfrak{i} + a_{22}\mathfrak{j}\mathfrak{j} + a_{23}\mathfrak{j}\mathfrak{k}\\ &+ a_{31}\mathfrak{k}\mathfrak{i} + a_{32}\mathfrak{k}\mathfrak{j} + a_{33}\mathfrak{k}\mathfrak{k}).\end{aligned}$$

5. Die Normalform können wir nach Nr. 2 in 2 vollständige Dyaden zerlegen (beachte § 12):

(6) $$\Phi = (a\mathfrak{i}^*;\mathfrak{i}^* + b\mathfrak{j}^*;\mathfrak{j}^* + c\mathfrak{k}^*;\mathfrak{k}^*)(\mathfrak{i}^*;\mathfrak{i} + \mathfrak{j}^*;\mathfrak{j} + \mathfrak{k}^*;\mathfrak{k}).$$

Von ihnen bedeutet die zweite eine Drehung des Systems $\mathfrak{i}, \mathfrak{j}, \mathfrak{k}$ in das $\mathfrak{i}^*, \mathfrak{j}^*, \mathfrak{k}^*$ und die erste eine Streckung in den Richtungen $\mathfrak{i}^*, \mathfrak{j}^*, \mathfrak{k}^*$ um das a, b, c-fache des Vektors, auf den Φ angewandt wird. Die durch Φ definierte Vektor-Transformation ist also gleichbedeutend mit einer Drehung und gleichzeitiger Streckung. Φ ist ein „*Drehstrecker*" und wenn $a = b = c = 1$, ein „*Versor*".

Ist endlich $a = b = c = 1$ und $\mathfrak{i}^* = \mathfrak{i}, \mathfrak{j}^* = \mathfrak{j}, \mathfrak{k}^* = \mathfrak{k}$, so spricht man von einer Einheits- oder *Identitätsdyade* (vgl. § 15)

(7) $$J = (\mathfrak{i};\mathfrak{i} + \mathfrak{j};\mathfrak{j} + \mathfrak{k};\mathfrak{k}).$$

§ 52. Die rotorische Dyade

In der Darstellung der linearen Vektorfunktion

(1) $$\begin{aligned}\mathfrak{a} = \Phi\mathfrak{x} &= (\mathfrak{c};\mathfrak{f} + \mathfrak{d};\mathfrak{g} + \mathfrak{e};\mathfrak{h})\,\mathfrak{x}\\ &= \mathfrak{c}(\mathfrak{x}\mathfrak{f}) + \mathfrak{d}(\mathfrak{x}\mathfrak{g}) + \mathfrak{e}(\mathfrak{x}\mathfrak{h})\end{aligned}$$

tritt der Vektor $\mathfrak{x}$ als Faktor in skalaren Produkten auf. Man kann die lineare Vektorfunktion auch durch eine Summe von dreifachen Vektorprodukten darstellen, in die der Vektor $\mathfrak{x}$, das Argument der linearen Funktion, als Faktor eintritt, abgesehen von einem additiv hinzukommenden Glied, welches aus dem mit einer Skalaren multiplizierten Argument gebildet ist. Aus Gleichung 2 in § 12 folgt:

(2) $$\mathfrak{a} = [\mathfrak{f}[\mathfrak{c}\mathfrak{x}]] + [\mathfrak{g}[\mathfrak{d}\mathfrak{x}]] + [\mathfrak{h}[\mathfrak{e}\mathfrak{x}]] + \mathfrak{x}(\mathfrak{f}\mathfrak{c} + \mathfrak{g}\mathfrak{d} + \mathfrak{h}\mathfrak{e}),$$

wobei keine anderen Voraussetzungen über die Richtungen $\mathfrak{f}, \mathfrak{g}, \mathfrak{h}$ gemacht sind, als daß sie nicht komplanar sind. Symbolisch schreibt man:

(3) $$\mathfrak{a} = [\mathfrak{f}\mathfrak{c} + \mathfrak{g}\mathfrak{d} + \mathfrak{h}\mathfrak{e}] \times \mathfrak{x} + D\mathfrak{x}.$$

Man bezeichnet auch diese durch eckige Klammern und $\times$ oder $^\times$ angemerkte Operation als Dyade, und zwar zum Unterschied der früher abgeleiteten Form, der *skalaren* oder *linearen* Dyade, als *rotorische* oder *planare* Dyade.

Auch für rotorische Dyaden gilt der Satz, daß die Summe beliebig vieler Dyaden sich zu einer Summe von höchstens drei Dyaden zusammenfassen läßt. Der Beweis sei dem Leser überlassen.

§ 53. Auflösung linearer inhomogener Gleichungen mit *n* Unbekannten

(*Gaußscher Algorithmus*)

Um das System von n Gleichungen

$$\mathfrak{A}\mathfrak{x} = \mathfrak{a}, \qquad \mathfrak{A} = (a_{ik}), \tag{1}$$

nach den Unbekannten $x_1 \cdots x_n$ aufzulösen, ein System, dessen Determinante, wie wir annehmen wollen, nicht verschwindet[1]), könnten wir das Eliminationsverfahren von Gauß, den *Gaußschen Algorithmus*, anwenden. Wir würden aus den n Gleichungen zunächst die Unbekannte x_1 eliminieren und auf diese Weise $(n-1)$ Gleichungen mit den Unbekannten $x_2 \cdots x_n$ erhalten; aus diesen würden wir x_2 eliminieren und $(n-2)$ Gleichungen mit den Unbekannten $x_3 \cdots x_n$ bekommen. So könnten wir fortfahren, bis wir auf die Beziehung für x_n von der Form kämen

$$b_{nn} x_n = b_n, \tag{2}$$

aus der x_n zu entnehmen wäre. Den Wert von $x_n = b_n / b_{nn}$ würden wir dann in die vorhergefundene Gleichung von der Form einsetzen:

$$b_{n-1,\, n-1}\, x_{n-1} + b_{n-1,\, n}\, x_n = b_{n-1} \tag{3}$$

und daraus x_{n-1} berechnen. So fortfahrend könnten wir sämtliche x_i finden mittels einer Gleichung von der Form

$$x_i = (-b_i + b_{i,n} x_n + b_{i,n-1} x_{n-1} + \cdots + b_{i,\,i+1} x_{i+1}) : (-b_{ii}). \tag{4}$$

[1]) Nur dann hat man es bekanntlich mit n voneinander unabhängigen Gleichungen zur Auflösung nach n Unbekannten zu tun.

Ohne auf Einzelheiten des Eliminationsverfahrens eingehen zu müssen, sehen wir, daß ein System von Gleichungen aus diesem Verfahren zu gewinnen ist, das mit Benützung von Matrizen geschrieben werden kann:

$$\mathfrak{B}\mathfrak{x} = \mathfrak{b}, \tag{5}$$

und dem System (1) äquivalent ist. Da die Zahl der Unbekannten von Gleichung zu Gleichung dieses Systems um 1 abnimmt, so ist $\mathfrak{B}$ eine Matrix, deren unter den Diagonalgliedern stehende Koeffizienten Null sind, eine *Dreiecksmatrix* (s. § 49). Die Aufgabe, das System (1) aufzulösen, ist also auf die andere zurückgeführt, die Matrix (5) aufzustellen, d. h. ihre Koeffizienten b durch die a auszudrücken.

Wäre uns die Matrix $\mathfrak{C} = (c_{ik})$ *bekannt*, die auf $\mathfrak{B}$ angewandt $\mathfrak{A}$ ergäbe, so könnten wir prinzipiell die b_{ik} aus den Gleichungen (5) in § 47 berechnen und die b_i auf der rechten Seite der Gleichung (5) aus den n Gleichungen:

$$\mathfrak{C}\mathfrak{b} = \mathfrak{a} \text{ oder } \sum_{k=1}^{n} c_{ik} b_k = a_i \text{ mit } i = 1, 2, \ldots n; \tag{6}$$

denn es ist nach Gleichung (5) wegen $\mathfrak{C}\mathfrak{B} = \mathfrak{A}$

$$\mathfrak{C}\mathfrak{b} = \mathfrak{C}\mathfrak{B}\mathfrak{x} = \mathfrak{A}\mathfrak{x} = \mathfrak{a}. \tag{6'}$$

Das ist nun wie wir sehen werden, infolge der besonderen Beschaffenheit der Matrix $\mathfrak{C}$ ohne Schwierigkeit und ohne erheblichen Zeitaufwand durchführbar.

Zur Aufsuchung von $\mathfrak{C}$ stehen uns die n^2 Gleichungen (5) in § 47 zur Verfügung, von denen $\frac{n(n+1)}{2}$ aber zur Berechnung der b_{ik} erforderlich sind. (Da $\mathfrak{B}$ eine Dreiecksmatrix, sind $\frac{n(n-1)}{2}$ Koeffizienten von $\mathfrak{B}$ bekannt, $= 0$.) Von den n^2 Koeffizienten der Matrix $\mathfrak{C}$ können also nur

$\frac{n(n-1)}{2}$ bestimmt werden, $\frac{n(n+1)}{2}$ sind willkürlich zu wählen. Welche Koeffizienten das zweckmäßiger Weise sind und welche Werte wir ihnen geben sollen, zeigt sich sogleich, wenn wir einmal anfangen, die Gleichungen (5) in § 47 für die a_{ik} wirklich hinzuschreiben, indem wir mit a_{11} beginnen und zeilenweise fortfahren. Es ergibt sich so, wenn wir beachten, daß die ersten Gleichungen der Systeme (1) und (5) zusammenfallen:

aus: $a_{11} = c_{11} b_{11}$ mit $c_{11} = 1$ die Beziehung: $b_{11} = a_{11}$,
$a_{12} = c_{11} b_{12} + c_{12} b_{22}$ mit $c_{12} = 0$ $b_{12} = a_{12}$,
$a_{13} = c_{11} b_{13} + c_{13} b_{33}$ mit $c_{13} = 0$ $b_{13} = a_{13}$,
. . . .
$a_{21} = c_{21}\ b_{11}$ $c_{21} = a_{21}/a_{11}$,
$a_{22} = c_{21} b_{12} + c_{22} b_{22}$ mit $c_{22} = 1$
$b_{22} = a_{22} - a_{12} a_{21}/a_{11}$,
$a_{23} = c_{21} b_{13} + b_{23} + c_{23} b_{33}$ mit $c_{23} = 0$
$b_{23} = a_{23} - a_{13} a_{21}/a_{11}$
usw.

Man erkennt, daß mit $c_{ii} = 1$ und $c_{ik} = 0$, wenn $k > i$, der Reihe nach sich die b_{ik} und die übrigen c_{ik} berechnen lassen. Diese Wahl von $\frac{n(n+1)}{2}$ Koeffizienten ergibt für $\mathfrak{C}$ eine Dreiecksmatrix, deren Diagonalglieder gleich 1 und deren über diesen Gliedern stehende Koeffizienten sämtlich gleich Null sind. Dadurch vereinfachen sich aber sowohl die Bestimmungsgleichungen für die restlichen c_{ik} und die b_{ik}, wie auch die Bestimmungsgleichungen (6) für die b_i. Die Werte der letzteren kann man, von b_1 anfangend, der Reihe nach durch die einfache Addition von Produkten mit 2 Faktoren aus

(7) $$b_i = a_i - c_{i1} b_1 - c_{i2} b_2 - c_{i3} b_3 - \cdots - c_{i,i-1} b_{i-1}$$

gewinnen.

Die Willkür in der Wahl einiger Koeffizienten von $\mathfrak{C}$, die hier zur Berechnung der gesuchten Koeffizienten von $\mathfrak{B}$ führt, mag bedenklich erscheinen, wenn sie sich auch als besonders einfach empfiehlt. Darum wollen wir zeigen, daß ihre innere Begründung aus dem oben angedeuteten Eliminationsprozeß hervorgeht. Wir betrachten ihn ein wenig näher.

§ 54. Der Eliminationsprozeß selbst

Wir gehen aus von der 1. Gleichung des Systems (5) in § 53, die mit der 1. des Systems (1.) übereinstimmt:

$$(1) \qquad b_{11}x_1 + b_{12}x_2 + \cdots + b_{1n}x_n = b_1$$

und multiplizieren sie, um ein übersichtliches Schema zu erhalten, der Reihe nach mit $c_{11}, c_{21}, c_{31}, \ldots$, so daß Gleichungen entstehen, die wir mit $1', 2', 3' \cdots$ bezeichnen wollen. Wir ziehen sie der Reihe nach ab von den Gleichungen $1, 2, 3 \cdots$ des Systems (1) in § 53, bilden also

$$(2) \qquad (1) - (1'),\ (2) - (2'),\ (3) - (3') \text{ usf.}$$

Wenn aus diesen Differenzgleichungen x_1 verschwinden soll, so muß gesetzt werden:

$$(3) \quad \begin{cases} a_{11} - c_{11}b_{11} = 0, & \text{d. h. } c_{11} = 1, \text{ daraus } a_{1i} = b_{1i}, \\ a_{21} - c_{21}b_{11} = 0, & c_{21} = a_{21}/a_{11}, \\ a_{31} - c_{31}b_{11} = 0, & c_{31} = a_{31}/a_{11}, \\ a_{i1} - c_{i1}b_{11} = 0, & c_{i1} = a_{i1}/a_{11}, \end{cases}$$

und die Gleichungen ohne x_1 lauten:

$$(4) \begin{cases} (a_{22} - c_{21}b_{12})x_2 + (a_{23} - c_{21}b_{13})x_3 + \cdots = (a_2 - c_{21}b_1), \\ (a_{32} - c_{31}b_{12})x_2 + (a_{33} - c_{31}b_{13})x_3 + \cdots = (a_3 - c_{31}b_1) \\ \qquad\qquad \text{usf.} \end{cases}$$

Um das Schema fortzusetzen, schreiben wir die 1. dieser Gleichungen, die wir als die 2. des Systems (5) in § 53 ansehen können:

$$(5) \qquad b_{22}x_2 + b_{23}x_3 + \cdots = b_2$$

und multiplizieren sie der Reihe nach mit c_{22} (= 1), mit c_{32}, mit $c_{42} \cdots$, so daß Gleichungen entstehen, die wir schematisch folgerichtig mit *2''*, *3''*, *4''* ⋯ bezeichnen. Wir ziehen sie der Reihe nach ab von den Gleichungen (*2*) – (*2'*), (*3*) – (*3'*), ... bilden also

$$(6) \qquad (2) - (2') - (2''),\ (3) - (3') - (3'') \text{ usf.}$$

Soll aus diesen x_2 verschwinden, so muß sein:

$$(7) \qquad \begin{cases} a_{22} - c_{21} b_{12} - c_{22} b_{22} = 0, \\ a_{32} - c_{31} b_{12} - c_{32} b_{22} = 0, \\ a_{42} - c_{42} b_{12} - c_{42} b_{22} = 0 \text{ usf.} \end{cases}$$

(*2*) – (*2'*) – (*2''*) liefert außerdem: $a_{2i} - c_{21} b_{1i} - c_{22} b_{2i} = 0$. Man sieht, wie sich das Schema fortsetzt und daß die Größen $c_{ii} = 1$ sind und c_{ik} mit $k > i$ nicht vorkommen, also Null zu setzen sind. Zur Bestimmung der b_{ik} und der restlichen $c_{ik} (i > k)$ ergeben sich aber nun gerade die Gleichungen (5) in § 47, die wir in der nach den b_{ik} und c_{ik} aufgelösten Form schreiben:

$$(8) \qquad \begin{cases} b_{ik} = a_{ik} - c_{i1} b_{1k} - c_{i2} b_{2k} - \cdots - c_{i,\,i-1} b_{i-1,\,k} \\ \qquad \text{für } i \leqq k, \\ c_{ik} = (a_{ik} - c_{i1} b_{1k} - c_{i2} b_{2k} - \cdots - c_{i,\,k-1} b_{k-1,\,k}) : b_{kk} \\ \qquad \text{für } i > k. \end{cases}$$

Man würde statt dessen zwei Reihen von Additionen vorzunehmen haben, was für das Arbeiten mit einer Rechenmaschine angenehmer wäre, wenn man an Stelle der Matrix $\mathfrak{C} = (c_{ik})$ die negative Matrix $-\mathfrak{C} = (-c_{ik}) = (\overset{*}{c}_{ik})$ in Gleichung (1) bzw. (4) des § 47 einführen würde und darin statt der $-c_{ik}$ die Größen $\overset{*}{c}_{ik}$ schriebe. Dieses Vorgehen ist in dem speziellen Fall der Anwendung der Gleichung (4) auf die Aufgabe, ein Gleichungssystem (1) aufzulösen, üblich geworden, und es lautet dann die Beziehung für die Matrizen:

$$(9) \qquad -\mathfrak{C} \cdot \mathfrak{B} = \mathfrak{A} = (\overset{*}{c}_{ik})\,(b_{ik})$$

mit der Maßgabe (die Σ beziehen sich auf ϱ):

$$\text{(10)}\qquad \begin{cases} b_{ik} = a_{ik} + \sum \overset{*}{c}_{i\varrho}\, b_{\varrho k} & \text{für } i \leqq k, \\ \overset{*}{c}_{ik} = (a_{ik} + \sum \overset{*}{c}_{i\varrho}\, b_{\varrho k}) : (-b_{kk}) & \text{für } i > k \end{cases}$$

und

$$\text{(11)}\qquad b_i = a_i + \sum_{1}^{i-1} \overset{*}{c}_{i\varrho}\, b_\varrho .$$

Vgl. hierzu das Zahlenbeispiel in § 58.

Die Vorschriften (10) zur Berechnung der $b_{ik} (i \leqq k)$ und der $\overset{*}{c}_{ik}$ $(i > k)$ werden sofort durchsichtig, wenn man sie einmal auf den Anfang eines Systems von n linearen Gleichungen anwendet. Wir schreiben daher die Vorschriften (10) für die ersten 5 Zeilen der Matrix eines solchen Systems mit Vorwegnahme der Beziehungen:

$$\begin{cases} b_{11} = a_{11},\ b_{12} = a_{12},\ b_{13} = a_{13}, \cdots,\ b_{1i} = a_{1i}, \\ \overset{*}{c}_{11} = \overset{*}{c}_{22} = \overset{*}{c}_{33} = \cdots = -1, \\ \overset{*}{c}_{21} = -\dfrac{a_{21}}{a_{11}},\ \overset{*}{c}_{31} = -\dfrac{a_{31}}{a_{11}}, \cdots,\ \overset{*}{c}_{i1} = -\dfrac{a_{i1}}{a_{11}} \end{cases}$$

in der Reihenfolge, wie sie zur Berechnung der b und c^* dienen, hier an:

$$\begin{aligned}
b_{22} &= a_{22} + \overset{*}{c}_{21}\, b_{12}, \\
b_{23} &= a_{23} + \overset{*}{c}_{21}\, b_{13}, \\
b_{24} &= a_{24} + \overset{*}{c}_{21}\, b_{14}, \\
b_{2i} &= a_{2i} + \overset{*}{c}_{21}\, b_{1i}, \\
\overset{*}{c}_{32} &= (a_{32} + \overset{*}{c}_{31}\, b_{12}) : (-b_{22}), \\
b_{33} &= a_{33} + \overset{*}{c}_{31}\, b_{13} + \overset{*}{c}_{32}\, b_{23}, \\
b_{34} &= a_{34} + \overset{*}{c}_{31}\, b_{14} + \overset{*}{c}_{32}\, b_{24}, \\
b_{3i} &= a_{3i} + \overset{*}{c}_{31}\, b_{1i} + \overset{*}{c}_{32}\, b_{2i}, \\
\overset{*}{c}_{42} &= (a_{42} + \overset{*}{c}_{41}\, b_{12}) : (-b_{22}), \\
\overset{*}{c}_{43} &= (a_{43} + \overset{*}{c}_{41}\, b_{13} + \overset{*}{c}_{42}\, b_{23}) : (-b_{33}), \\
b_{44} &= a_{44} + \overset{*}{c}_{41}\, b_{14} + \overset{*}{c}_{42}\, b_{24} + \overset{*}{e}_{43}\, b_{34}, \\
b_{4i} &= a_{4i} + \overset{*}{c}_{41}\, b_{1i} + \overset{*}{c}_{42}\, b_{2i} + \overset{*}{c}_{43}\, b_{3i}.
\end{aligned}$$

Ist die Matrix des Systems linearer Gleichungen symmetrisch, gilt also

$$\mathfrak{A} = \begin{pmatrix} a_{11} & a_{12} & a_{13} \cdots \\ a_{12} & a_{22} & a_{23} \cdots \\ a_{13} \cdots & \cdots & \cdots \\ \cdots & \cdots & \cdots \end{pmatrix},$$

so bestehen zwischen den b_{ik} und c_{ik}^* der Dreiecksmatrizen, in die $\mathfrak{A}$ zwecks Auflösung des Systems zu zerlegen ist, die Beziehungen

$$(12) \quad c_{ik} = \frac{b_{ki}}{b_{kk}} \text{ oder } c_{ki} = \frac{b_{ik}}{b_{ii}}, \quad \left(\text{z. B. } c_{i3} = \frac{b_{3i}}{b_{33}}, \ i > 3\right)$$

wie durch Ausmultiplizieren von

$$\mathfrak{A} = \begin{pmatrix} 1 & 0 & 0 \cdots \\ c_{21} & 1 & 0 \cdots \\ c_{31} & c_{32} & 1 \cdots \\ \cdots & \cdots & \cdots \end{pmatrix} \cdot \begin{pmatrix} b_{11} & b_{12} & b_{13} \cdots \\ 0 & b_{22} & b_{23} \cdots \\ 0 & 0 & b_{33} \cdots \\ \cdots & \cdots & \cdots \end{pmatrix}$$

und Gleichsetzen der entstehenden Koeffizienten mit den entsprechenden von $\mathfrak{A}$ sich leicht ergibt. Das bedeutet eine große Vereinfachung, denn mit den b_{ik} sind sämtliche c_{ik} bekannt.

§ 55. Gaußsche Schreibweise der Eliminationsgleichungen

Das angegebene Eliminationsverfahren findet seit Gauß besonders in der Ausgleichsrechnung nach der Methode der kleinsten Quadrate Verwendung. Für den Fall von 3 Unbekannten x_1, x_2, x_3 sei es hier in der üblich gewordenen Gaußschen Bezeichnungsweise noch einmal mitgeteilt[1]).

Aus Gründen, die in § 59 ersichtlich werden, wollen wir für die Koeffizienten a_{ik} von $\mathfrak{A}$ andere Bezeichnungen ein-

[1]) Um den Übergang von der in der Matrizen-Rechnung gebräuchlichen Schreibweise der Eliminationsgleichungen zu der besonders in der älteren Literatur über Ausgleichsrechnung verwendeten zu erleichtern, wurde dieser § eingeschoben und auch in § 59 von der Gaußschen Schreibweise Gebrauch gemacht.

führen, wobei wir zugleich beachten, daß $\mathfrak{A}$ symmetrisch ist. Es wird gesetzt:

$$(1)\quad \begin{cases} a_{11} = [aa], & a_{22} = [bb], & a_1 = [al], \\ a_{12} = a_{21} = [ab], & a_{23} = a_{32} = [bc], & a_2 = [bl], \\ a_{13} = a_{31} = [ac], & a_{33} = [cc], & a_3 = [cl], \end{cases}$$

und $\mathfrak{A}\mathfrak{x} = \mathfrak{a}$ ist ausführlich

$$(2)\quad \begin{cases} [aa]\,x_1 + [ab]\,x_2 + [ac]\,x_3 = [al], \\ [ab]\,x_1 + [bb]\,x_2 + [bc]\,x_3 = [bl], \\ [ac]\,x_1 + [bc]\,x_2 + [cc]\,x_3 = [cl]. \end{cases}$$

Wir multiplizieren (wie oben) die 1. dieser Gleichungen mit $\frac{[ab]}{[aa]}$, bzw. mit $\frac{[ac]}{[aa]}$ und ziehen die so gewonnene Gleichung von der 2., bzw. der 3. Gleichung ab. Dadurch erhalten wir ein System von Gleichungen (oben mit $n-1$ Unbekannten) mit 2 Unbekannten, nämlich

$$(3)\quad \begin{cases} \left([bb] - \frac{[ab]}{[aa]}[ab]\right) x_2 + \left([bc] - \frac{[ab]}{[aa]}[ac]\right) x_3 - \\ \qquad - \left([bl] - \frac{[ab]}{[aa]}[al]\right) = 0, \\ \left([bc] - \frac{[ac]}{[aa]}[ab]\right) x_2 + \left([cc] - \frac{[ac]}{[aa]}[ac]\right) x_3 - \\ \qquad - \left([cl] - \frac{[ac]}{[aa]}[al]\right) = 0. \end{cases}$$

Für die $(\cdots)$ führte Gauß Abkürzungen ein, so daß die Gleichungen lauten

$$(4)\quad \begin{cases} [bb1]\,x_2 + [bc1]\,x_3 - [bl1] = 0, \\ [bc1]\,x_2 + [cc1]\,x_3 - [cl1] = 0. \end{cases}$$

Die Zahl 1 in $[\cdots]$ deutet an, daß es sich um die 1. Reduktionsstufe handelt. Zur Elimination von x_2 multipliziert man (wie in § 54) die 1. der beiden Gleichungen mit $\frac{[bc1]}{[bb1]}$ und subtrahiert von der 2. Das gibt

$$\left([cc1] - \frac{[bc1]}{[bb1]}[bc1]\right) x_3 - \left([cl1] - \frac{[bc1]}{[bb1]}[bl1]\right) = 0,$$

oder mit Gaußscher Abkürzung

(5) $$[cc2]\, x_3 - [cl2] = 0,$$

woraus sich x_3, damit aus (4) x_2 und damit aus (2) x_1 berechnet.

Analog verfährt man im Fall von mehr als 3 Unbekannten unter Benutzung entsprechender weiterer, die Schreibarbeit erleichternder Abkürzungen von Gauß in systematischer Fortführung der hier mitgeteilten.

§ 56. Die Kehrmatrix

Wenn die Determinante des Systems

(1) $$\mathfrak{y} = \mathfrak{A}\mathfrak{x}$$

von n Gleichungen mit den n Unbekannten $x_1 \cdots x_n$ nicht verschwindet, so kann man sie auflösen und die x_i als Funktionen der $y_1 \cdots y_n$ darstellen durch die Formulierung

(2) $$\mathfrak{x} = \mathfrak{A}^{-1}\mathfrak{y},$$

worin $\mathfrak{A}^{-1}$ (auch $\overline{\mathfrak{A}}$ geschrieben) die Kehrmatrix der Matrix $\mathfrak{A}$ ist, die also in diesem Fall als quadratisch vorausgesetzt sein muß. Ausführlich geschrieben mag sein:

(3) $$\begin{cases} x_1 = \alpha_{11} y_1 + \alpha_{12} y_2 + \alpha_{13} y_3 + \cdots, \\ x_2 = \alpha_{21} y_1 + \alpha_{22} y_2 + \alpha_{23} y_3 + \cdots, \\ \cdots\cdots\cdots\cdots\cdots\cdots\cdots\cdots \end{cases}$$

$$\text{mit } \begin{pmatrix} \alpha_{11} & \alpha_{12} & \alpha_{13} & \cdots \\ \alpha_{21} & \alpha_{22} & \alpha_{23} & \cdots \\ \cdots & \cdots & \cdots & \cdots \end{pmatrix} = \mathfrak{A}^{-1}.$$

Um die Koeffizienten von $\mathfrak{A}^{-1}$ zu finden, verfahren wir folgendermaßen: Wir setzen im System (1) die $y_1 \cdots y_n$ gleich Null, bis auf eine Größe, z. B. y_k, der wir den Wert 1 geben; dann haben wir ein System vor uns

(4) $$\mathfrak{A}\mathfrak{x}_k = \mathfrak{e}_k,$$

das nach den $x_1 \cdots x_n$ aufzulösen, in § 54 gezeigt wurde. Die Lösungen $x_1 \cdots x_n$ für diesen speziellen Fall der y-Werte mögen mit dem 2. Index k versehen werden. Die Gleichungen (3) nehmen dann die einfache Form an:

$$x_{1k} = \alpha_{1k}, \quad x_{2k} = \alpha_{2k}, \ldots, \tag{5}$$

so daß in diesen Lösungen des speziellen Falles die $\alpha_{1k}, \alpha_{2k} \cdots$ der Kehrmatrix gefunden wären.

Nach den Regeln für lineare, inhomogene Gleichungen kann man das Lösungssystem einer Superposition von Systemen linearer Gleichungen durch Superposition der Lösungen der einzelnen Systeme bekommen. Das bedeutet im vorliegenden Fall: Man erhält die Lösungen von (1), wenn man die Lösungen der Systeme (4) mit $k = 1, 2 \cdots n$ nach Multiplikation mit y_k addiert. Es ist also für die Superposition

$$\mathfrak{A}(\mathfrak{x}_1 y_1 + \mathfrak{x}_2 y_2 + \cdots) = \mathfrak{e}_1 y_1 + \mathfrak{e}_2 y_2 + \cdots \tag{6}$$

oder für

$$\mathfrak{A}\mathfrak{x} = \mathfrak{y} \tag{1}$$

in

$$\mathfrak{x}_1 y_1 + \mathfrak{x}_2 y_2 + \cdots = \begin{pmatrix} x_{11} & x_{12} & x_{13} & \cdots \\ x_{21} & x_{22} & x_{23} & \cdots \\ \cdots & \cdots & \cdots & \cdots \end{pmatrix} \mathfrak{y} \tag{7}$$

$$= \begin{pmatrix} \alpha_{11} & \alpha_{12} & \alpha_{13} & \cdots \\ \alpha_{21} & \alpha_{22} & \alpha_{23} & \cdots \\ \cdots & \cdots & \cdots & \cdots \end{pmatrix} \mathfrak{y} = \mathfrak{A}^{-1}\mathfrak{y}$$

die gesuchte Lösung gefunden. Da wir aus § 54 den Weg der Auflösung eines Systems linearer inhomogener Gleichungen kennen, so ist im Vorstehenden ein Weg angegeben, auch eine Kehrmatrix zu berechnen.

Freilich ist dieser Weg umständlich, und es gibt eine elegantere Methode, die Kehrmatrix zu finden.

Da die Kehrmatrix von $\mathfrak{A}^{-1} = (\alpha_{ik})$ die ursprüngliche Matrix sein muß, d. h.

$$\mathfrak{A}\mathfrak{A}^{-1}\mathfrak{y} = \mathfrak{A}\mathfrak{x} = \mathfrak{y}$$

ist, so ist

$$\mathfrak{A}\mathfrak{A}^{-1} = \mathfrak{E} \tag{8}$$

die Einheitsmatrix, die einen Vektor $\mathfrak{y}$ in sich selbst überführt. Aus Gleichung (8) könnten wir nach § 47 die Koeffizienten von $\mathfrak{A}^{-1}$ berechnen. Das bedeutet freilich wieder ein umfangreiches Eliminationsgeschäft an einem System von n^2 Gleichungen. Nun kann man aber die Arbeit erheblich abkürzen und sich erleichtern, wenn man sich die folgende Überlegung zunutze macht: Die Kehrmatrix $\mathfrak{C}^{-1} = (\gamma_{ik})$ einer unteren Dreiecksmatrix $\mathfrak{C} = (c_{ik})$ mit den Diagonalkoeffizienten 1 ist wieder eine untere Dreiecksmatrix mit den Diagonalkoeffizienten 1 (s. § 49). Von den γ_{ik} sind also $\frac{n(n+1)}{2}$ Koeffizienten bekannt; ferner sind die $(n-1)$ unmittelbar unter den Diagonalkoeffizienten stehenden γ_{ik} ebenfalls bekannt, nämlich (s. § 49) gleich den negativ genommenen $(n-1)$ unmittelbar unter den Diagonalkoeffizienten stehenden c_{ik}. Durch den Ausfall sämtlicher über der Diagonale stehenden Koeffizienten (sie sind alle gleich 0) sind außerdem die restlichen Bestimmungsgleichungen wesentlich vereinfacht. Es sei nun

$$\mathfrak{A} = \mathfrak{C}\mathfrak{B}.$$

Dann ist auch $\mathfrak{A}\mathfrak{A}^{-1} = \mathfrak{C}\mathfrak{B}\mathfrak{A}^{-1} = \mathfrak{E}$ und wegen $\mathfrak{C}\mathfrak{C}^{-1} = \mathfrak{E}$

$$\mathfrak{B}\mathfrak{A}^{-1} = \mathfrak{C}^{-1}.$$

Man braucht also nur $\mathfrak{C}^{-1}$ zu $\mathfrak{C}$ aufzusuchen, um sogleich für die Koeffizienten von $\mathfrak{A}^{-1}$ die Bestimmungsgleichungen hinschreiben zu können. Für die Koeffizienten der n-ten Zeile lauten sie:

$$b_{nn}\alpha_{n1} = \gamma_{n1},\; b_{nn}\alpha_{n2} = \gamma_{n2}, \ldots,\; b_{nn}\alpha_{nn} = \gamma_{nn} = 1,$$

und mit den nun bekannten α_{ni} findet man aus der $(n-1)$-ten Zeile die $\alpha_{n-1,\,i}$. So fährt man von unten anfangend von Zeile zu Zeile fort. Als letzter Koeffizient ergibt sich α_{11} aus

$$b_{11}\alpha_{11} + b_{12}\alpha_{21} + \cdots + b_{1n}\alpha_{n1} = \gamma_{11} = 1.$$

(Vgl. Zahlenbeispiel in § 58.)

Schematische Übersicht der Berechnung von $\mathfrak{A}^{-1}(\alpha_{ik})$ aus $\mathfrak{A}(\alpha_{ik})$:

zu 1: Berechnung der b_{ik} und der $\overset{\bullet}{c}_{ik}$ s. § 47, Diagonalkoeffizienten von $\mathfrak{C}^*$ sind $=-1$,

zu 2: Für $\mathfrak{C}^{-1}(\gamma_{ik})$ gilt: Diagonalkoeffizienten von $\mathfrak{C}^{-1}$, wie von $\mathfrak{C}$ sind $=+1$; bekannt sind
$\gamma_{21} = \overset{\bullet}{c}_{21},\ \gamma_{32} = \overset{\bullet}{c}_{32}, \ldots, \gamma_{i,\,i-1} = \overset{\bullet}{c}_{i,\,i-1}$,

zu 3: Berechnung der α_{ik} von $\mathfrak{A}^{-1}$ beginnt mit der letzten Zeile; es ist

$$\begin{array}{ll} b_{nn}\,\alpha_{n1} = \gamma_{n1}, & b_{n-1,\,n-1}\,\alpha_{n-1,\,1} + b_{n-1,\,n}\,\alpha_{n1} = \gamma_{n-1,\,1}, \\ b_{nn}\,\alpha_{n2} = \gamma_{n2}, & b_{n-1,\,n-1}\,\alpha_{n-1,\,2} + b_{n-1,\,n}\,\alpha_{n2} = \gamma_{n-1,\,2}, \\ b_{nn}\,\alpha_{ni} = \gamma_{ni}, & b_{n-1,\,n-1}\,\alpha_{n-1,\,i} + b_{n-1,\,n}\,\alpha_{ni} = \gamma_{n-1,\,i}, \end{array}$$

bis

$$b_{11}\,\alpha_{11} + b_{12}\,\alpha_{21} + b_{13}\,\alpha_{31} + \cdots b_{1n}\,\alpha_{n1} = \gamma_{11} = 1,$$

wobei γ_{ik} für $i = k$ den Wert 1,
für $i < k$ den Wert 0 hat.

§ 57. Die Kehrmatrix in besonderen Fällen

1. Wir können jetzt die Umkehr des Satzes in (10) des § 49 aussprechen: Jede Matrix ist darstellbar durch ihre Normalform $\mathfrak{N}$, von rechts und von links mit Matrizen multipliziert, deren Determinanten den Wert 1 haben und die

die geeigneten Spalten- oder Zeilenverbindungen oder -vertauschungen bewirken. Durch Multiplikation der dortigen Gleichung $\mathfrak{B}_1\mathfrak{A}\mathfrak{B}_2 = \mathfrak{N}$ von links mit $\mathfrak{B}_1^{-1}$ und von rechts $\mathfrak{B}_2^{-1}$ erhalten wir

$$\mathfrak{B}_1^{-1}\mathfrak{B}_1\mathfrak{A}\mathfrak{B}_2\mathfrak{B}_2^{-1} = \mathfrak{A} = \mathfrak{B}_1^{-1}\mathfrak{N}\mathfrak{B}_2^{-1}.$$

2. Man merke sich: $(\mathfrak{A}')^{-1} = (\mathfrak{A}^{-1})'$,
ferner: $(\mathfrak{A}\mathfrak{B})^{-1} = \mathfrak{B}^{-1}\mathfrak{A}^{-1}$ (Reihenfolge!!)

3. Die Kehrmatrix einer symmetrischen Matrix ist wieder symmetrisch, denn, wenn $\mathfrak{A}' = \mathfrak{A}$, so ist auch $(\mathfrak{A}')^{-1} = \mathfrak{A}^{-1}$ oder $(\mathfrak{A}^{-1})' = \mathfrak{A}^{-1}$. Da in dem Fall die $\alpha_{ik} = \alpha_{ki}$ sind, reichen zur Berechnung der Koeffizienten α_{ik} diejenigen der vorstehenden Gleichungen aus, deren rechte Seiten (die γ_{ik}) den Wert 0 oder 1 haben. Man braucht also die γ_{ik}, d. h. die Matrix $\mathfrak{C}^{-1}$ selbst gar nicht zu kennen und kann in der obigen Übersicht von Aufgabe (1) gleich zu Aufgabe (3) übergehen, schreibt aber α_{ki} für die α_{ik} unter der Diagonale in $\mathfrak{A}^{-1}$. Von unten anfangend multipliziert man nun zur Aufstellung der Bestimmungsgleichungen von α_{ki} die $\mathfrak{B}$-Zeilen mit den $\mathfrak{A}^{-1}$-Spalten, deren $k \gtreqless i$ ist. Für $k = i$ ist das Summenprodukt (Zeile $\times$ Spalte) gleich 1, für $k > i$ ist es gleich 0.

4. Ist $\mathfrak{A}' = \mathfrak{A}^{-1}$, so ist auch $\mathfrak{A}'\mathfrak{A} = \mathfrak{E}$, und man nennt die Matrix $\mathfrak{A}$ (ebenso $\mathfrak{A}'$ und $\mathfrak{A}^{-1}$) orthogonal; ihre Spaltenvektoren (und ebenso die Zeilenvektoren) erfüllen dann die Bedingung der Orthogonalität: $\mathfrak{a}_i\mathfrak{a}_k = 0$ für $i \neq k$. Das folgt unmittelbar aus $\mathfrak{A}'\mathfrak{A} = \mathfrak{E}$. Eine solche Matrix führt ein System von zueinander rechtwinkligen Einheitsvektoren $\mathfrak{e}_1, \mathfrak{e}_2 \cdots \mathfrak{e}_n$ in ein solches über, das auch aus zueinander senkrechten Einheitsvektoren besteht. Um das einzusehen, braucht man nur in $\mathfrak{y} = \mathfrak{A}\mathfrak{x}$ für $\mathfrak{x}$ der Reihe nach $\mathfrak{e}_1, \mathfrak{e}_2 \cdots$ einzusetzen; dann ergeben sich für $\mathfrak{y}$ die Spaltenvektoren $\mathfrak{a}_i$, für die ja gelten soll $\mathfrak{a}_i\mathfrak{a}_k = 0$. Da sich aus $\mathfrak{A}'\mathfrak{A} = \mathfrak{E}$ außer-

dem $\mathfrak{a}_i \mathfrak{a}_i = 1$ für jedes i ergibt, so ist die Matrix auch normiert (s. § 48). – Im Fall einer orthogonalen Matrix ist

$$\text{mit } \mathfrak{y} = \mathfrak{A}\mathfrak{x} \text{ auch } \mathfrak{x} = \mathfrak{A}'\mathfrak{y} = \mathfrak{A}^{-1}\mathfrak{y}.$$

5. In manchen Fällen besonders einfacher Form einer Matrix läßt sich die Kehrmatrix sehr schnell direkt aus den Gleichungen gewinnen, die aus $\mathfrak{A}\mathfrak{A}^{-1} = \mathfrak{E}$ unmittelbar folgen. Ist z. B.

$$\mathfrak{A} = \begin{pmatrix} a & b & c \\ b & d & b \\ c & b & e \end{pmatrix} \text{ und } \mathfrak{A}\mathfrak{A}^{-1} = \begin{pmatrix} a & b & c \\ b & d & b \\ c & b & e \end{pmatrix} \begin{pmatrix} \alpha & \beta_1 & \gamma \\ \beta_1 & \delta & \beta_2 \\ \gamma & \beta_2 & \varepsilon \end{pmatrix} = \mathfrak{E},$$

so findet man leicht ohne den umständlichen, oben angegebenen Weg:

$$\begin{aligned} \Gamma\alpha &= ed - b^2, & \Gamma\gamma &= -(cd - b^2), \\ \Gamma\beta_1 &= (c - e)b, & \Gamma\delta &= ae - c^2, \\ \Gamma\beta_2 &= (c - a)b, & \Gamma\varepsilon &= ad - b^2, \end{aligned}$$
$$\text{mit } \Gamma = (ea - c^2)d + (2c - a - e)b^2,$$

woraus weiter folgt, wenn $e = a$,

$$\beta_1 = \beta_2, \quad \varepsilon = \alpha, \quad \Gamma = (a^2 - c^2)d + 2(c - a)b^2$$

(Vgl. Beispiel § 63.)

§ 58. Zahlenbeispiel zu § 54 und § 56

1. Aufzulösen ist das System $\mathfrak{A}\mathfrak{x} = \mathfrak{a}$, und zwar

$$\begin{aligned} 2x_1 + 3x_2 - x_3 + 2x_4 &= -1, \\ 5x_1 + 2x_3 - 3x_4 &= 7, \\ x_2 + 4x_3 - 3x_4 &= 9, \\ 3x_1 + 2x_2 - 2x_3 + x_4 &= -5, \end{aligned}$$

$$\text{mit } \mathfrak{A} = (a_{ik}) = \begin{vmatrix} 2 & 3 & -1 & 2 \\ 5 & 0 & 2 & -3 \\ 0 & 1 & 4 & -3 \\ 3 & 2 & -2 & 1 \end{vmatrix} \text{ und } \mathfrak{a} = \begin{vmatrix} -1 \\ 7 \\ 9 \\ -5 \end{vmatrix}$$

Dazu finden wir mit den Gleichungen (10) und (11) des § 54

$$\begin{aligned}
b_{11} &= a_{11} = 2, \quad b_{12} = a_{12} = 3, \quad b_{13} = a_{13} = -1,\\
&\qquad b_{14} = a_{14} = 2; \quad \overset{*}{c}_{21} = -a_{21}/b_{11} = -2.5;\\
b_{24} &= (a_{24} + \overset{*}{c}_{21}\, b_{14}) = -8,\\
\overset{*}{c}_{32} &= (a_{32} + \overset{*}{c}_{31}\, b_{12}) : (-b_{22}) = 0.133,\\
b_{44} &= (a_{44} + \overset{*}{c}_{41}\, b_{14} + \overset{*}{c}_{42}\, b_{24} + \overset{*}{c}_{43}\, b_{34}) = -1.101,
\end{aligned}$$

$$\begin{aligned}
b_1 &= a_1 &&= -\ 1,\\
b_2 &= a_2 + \overset{*}{c}_{21}\, b_1 &&= +\ 9.5,\\
b_3 &= a_3 + \overset{*}{c}_{31}\, b_1 + \overset{*}{c}_{32}\, b_2 &&= +\ 10.267,\\
b_4 &= a_4 + \overset{*}{c}_{41}\, b_1 + \overset{*}{c}_{42}\, b_2 + \overset{*}{c}_{43} b_{43} &&= -\ 2.203,\\
x_4 &= b_4/b_{44} &&= 2,\\
x_3 &= (-b_3 + b_{34} x_4) : (-b_{33}) &&= 4,\\
x_2 &= (-b_2 + b_{24} x_4 + b_{23} x_3) : (-b_{22}) &&= -1,\\
x_1 &= (-b_1 + b_{14} x_4 + b_{13} x_3 + b_{12} x_2) : (-b_{11}) &&= 1.
\end{aligned}$$

Wir schreiben entsprechend dem Schema (1) in § 56 übersichtlich[1])

$\mathfrak{A} =$ 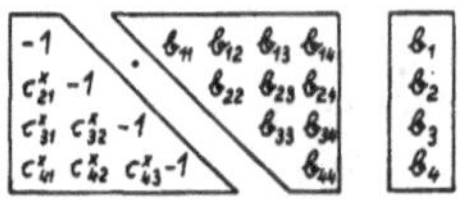

$=$ 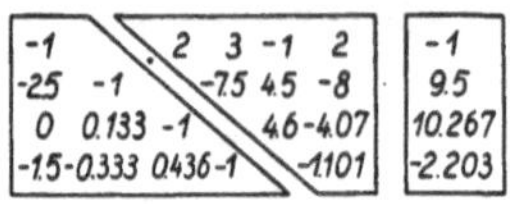

2. Zur Berechnung der Kehrmatrix $\mathfrak{A}^{-1} = (\alpha_{ik})$ in $\mathfrak{A}^{-1}\mathfrak{a} = \mathfrak{x}$ sucht man nun zu $\mathfrak{C} = (c_{ik})$ die Kehrmatrix $\mathfrak{C}^{-1}$ nach dem Schema

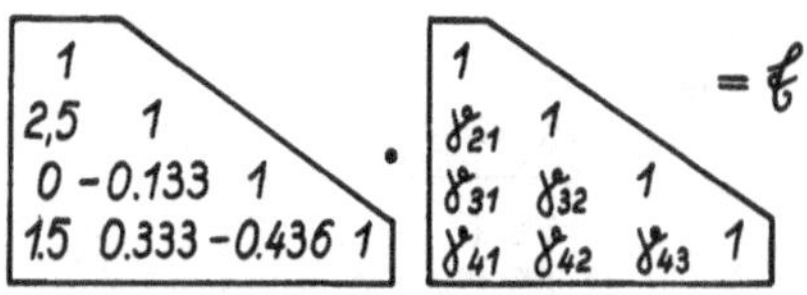

[1]) Zurmühl hat die Dreiecksmatrizen noch näher zusammengeschoben, so daß mit Weglassen der Diagonalwerte (— 1) von $\mathfrak{C}^*$ die c^*- und b-Werte ein Rechteck ausfüllen.

Das ergibt

$$\gamma_{21} = -2.5, \qquad \gamma_{41} = -0.8116,$$
$$\gamma_{31} = -0.333, \qquad \gamma_{42} = -0.2754,$$
$$\gamma_{32} = 0.1333, \qquad \gamma_{43} = 0.436,$$

von denen $\gamma_{21}, \gamma_{32}, \gamma_{43}$ als die negativen Werte der c_{21}, c_{32}, c_{43} von vornherein bekannt sind. Aus dem Schema $\mathfrak{B}\mathfrak{A}^{-1} = \mathfrak{C}^{-1}$ oder

$$\begin{array}{cccc} 2 & 3 & -1 & 2 \\ & -7.5 & 4.5 & -8 \\ & & 4.6 & -4.07 \\ & & & -1.101 \end{array} \cdot \begin{array}{cccc} \alpha_{11} & \alpha_{12} & \alpha_{13} & \alpha_{14} \\ \alpha_{21} & \alpha_{22} & \alpha_{23} & \alpha_{24} \\ \alpha_{31} & \alpha_{32} & \alpha_{33} & \alpha_{34} \\ \alpha_{41} & \alpha_{42} & \alpha_{43} & \alpha_{44} \end{array} = \begin{array}{cccc} 1 & & & \\ -2.5 & 1 & & \\ -0.333 & 0.1333 & 1 & \\ -0.812 & -0.275 & 0.436 & 1 \end{array}$$

findet man dann von unten anfangend beispielsweise durch die Gleichungen

$$-1.1\alpha_{41} = -0.812, \qquad -1.1\alpha_{42} = -0.275 \text{ usw.}$$
$$4.6\alpha_{31} - 4.07\alpha_{41} = -0.333,$$
$$4.6\alpha_{32} - 4.07\alpha_{42} = 0.1333 \qquad \text{usw.}$$
$$-7.5\alpha_{21} + 4.5\alpha_{31} - 8\alpha_{41} = -2.5 \text{ usw.}$$
$$2\alpha_{11} + 3\alpha_{21} - \alpha_{31} + 2\alpha_{41} = 1 \qquad \text{usw.}$$

als Koeffizienten der Kehrmatrix $\mathfrak{A}^{-1}$

$$\alpha_{41} = 0.738, \alpha_{31} = 0.580, \alpha_{21} = -0.1066, \alpha_{11} = 0.212,$$
$$\alpha_{42} = 0.250, \alpha_{32} = 0.250, \alpha_{22} = -0.250, \alpha_{12} = 0.250,$$
$$\alpha_{43} = -0.396, \alpha_{33} = -0.132, \alpha_{23} = 0.343, \alpha_{13} = -0.1845,$$
$$\alpha_{44} = -0.910, \alpha_{34} = -0.803, \alpha_{24} = 0.489, \alpha_{14} = -0.225.$$

Zur Probe bilden wir z. B.

$$a_1\alpha_{11} + a_2\alpha_{12} + a_3\alpha_{13} + a_4\alpha_{14} = x_1 = 1,$$

wie die Auflösung des Systems (1) ergab.

§ 59. Die Matrizen in der Methode der kleinsten Quadrate

Die spezifische Wärme A des Wassers hängt von der Temperatur t ab. Für das Intervall von 0° bis 50° C gilt die Beziehung

(1) $$A = A_0 + A_1 t + A_2 t^2,$$

worin A_0, A_1, A_2 Konstanten sind, die aus einer großen Zahl von Beobachtungen der spezifischen Wärme bei verschiedenen Temperaturen mit Hilfe *der Methode der kleinsten Quadrate* bestimmt werden sollen. Die Beobachtungen sind in Tabelle 1 S. 147 wiedergegeben.

Bei der Methode der kleinsten Quadrate wird gefordert, daß die Quadratsumme der Abweichungen, d. h. Σv_i^2, ein Minimum ist, wenn (n die Anzahl der Beobachtungen)

(2) $$v_i = (A_0 + A_1 t_{\text{beob.}} + A_2 t^2{}_{\text{beob.}} - A_{\text{beob}})_i, \quad i = 1, 2, \ldots n,$$

die n Differenzen der beobachteten Resultate $A_{\text{beob.}}$ und der Resultate angeben, die aus den beobachteten Einflußgrößen $t_{\text{beob.}}$ errechnet werden könnten, falls die Konstanten $A_0 A_1 A_2$ schon bekannt wären.

Man bezeichnet v als Verbesserung und die Gleichungen (2) als Fehlergleichungen (Gauß). Ausführlicher schreiben wir sie für den Fall, daß es sich um mehr als 3 unbekannte Konstante A_0, A_1, A_2 in Gleichung (1) handelt, für die wir die Bezeichnungen $x_1, x_2, x_3 \cdots x_n$ einführen:

(2') $$\begin{cases} v_1 = a_1 x_1 + b_1 x_2 + c_1 x_3 + \cdots - l_1, \\ v_2 = a_2 x_1 + b_2 x_2 + c_2 x_3 + \cdots - l_2, \\ \cdots\cdots\cdots\cdots\cdots\cdots\cdots\cdots \\ v_n = a_n x_1 + b_n x_2 + c_n x_3 + \cdots - l_n. \end{cases}$$

Statt der beobachteten Werte $t_{\text{beob.}}, t^2{}_{\text{beob.}}, A_{\text{beob.}}$ verwenden wir die Buchstaben $a_i, b_i, \ldots l_i$; die Indizes i beziehen sich auf die nacheinander ausgeführten Beobachtungen[1]).

---

[1]) Die beobachteten Resultate werden nach Gauß in der Ausgleichsrechnung immer mit l bezeichnet; auch das im Text weiterhin benutzte Vorzeichen $(-l)$ hat sich eingebürgert.

Vgl. u. a. W. Jordan, O. Eggert, Handbuch der Vermessungskunde, Stuttgart, Metzlersche Verlagsbuchhdlg. z. B. 9. Aufl. 1948.

In Matrizenform lauten die Fehlergleichungen des allgemeinen Falles:

$$(2'') \qquad \mathfrak{v} = \mathfrak{A}\mathfrak{x} - \mathfrak{l} \qquad \text{mit}$$

$$\mathfrak{v} = \begin{pmatrix} v_1 \\ v_2 \\ \vdots \end{pmatrix}, \quad \mathfrak{A} = \begin{pmatrix} a_1 & b_1 & c_1 \cdots \\ a_2 & b_2 & c_2 \cdots \\ \cdots & \cdots & \cdots \end{pmatrix}, \quad \mathfrak{x} = \begin{pmatrix} x_1 \\ x_2 \\ \vdots \end{pmatrix}, \quad \mathfrak{l} = \begin{pmatrix} l_1 \\ l_2 \\ \vdots \end{pmatrix},$$

Die Forderung der Methode der kleinsten Quadrate, daß $\Sigma v_i^2 = \text{Min.}$, oder in der Gaußschen Schreibweise, daß $[vv] = \text{Min.}$ ist, verlangt:

$$\frac{\partial [vv]}{\partial x_i} = 0, \quad i = 1, 2, \ldots n$$

d. h.
$$\begin{aligned}\left[v \frac{\partial v}{\partial x_1}\right] &= 0 = \Sigma v_i a_i = [va] \\ &= a_1 a_1 x_1 + a_2 a_2 x_1 + a_3 a_3 x_1 + \cdots \\ &+ a_1 b_1 x_2 + a_2 b_2 x_2 + a_3 b_3 x_2 + \cdots \\ &+ \cdots \\ &- a_1 l_1 - a_2 l_2 - a_3 l_3 - \cdots, \\ \left[v \frac{\partial v}{\partial x_2}\right] &= 0 = \Sigma v_i b_i = [vb] \\ &= a_1 b_1 x_1 + a_2 b_2 x_1 + a_3 b_3 x_1 + \cdots \\ &+ b_1 b_1 x_2 + b_2 b_2 x_2 + b_3 b_3 x_2 - \cdots \\ &+ \cdots \\ &- b_1 l_1 - b_2 l_2 - b_3 l_3 - \cdots \end{aligned}$$

usw., und man erhält in

$$(3) \qquad \begin{cases} [aa]\, x_1 + [ab]\, x_2 + \cdots - [al] = 0, \\ [ab]\, x_1 + [bb]\, x_2 + \cdots - [bl] = 0, \\ \cdots\cdots\cdots\cdots\cdots\cdots \end{cases}$$

ein Gleichungssystem mit soviel inhomogenen linearen Gleichungen, als unbekannte Koeffizienten $x_1, x_2 \cdots$ zu berechnen sind. Man nennt diese Gleichungen nach Gauß *Normalgleichungen*. In Matrizenform lauten sie

$$(3') \qquad \begin{pmatrix} [aa] & [ab] & [ac] & \cdots \\ [ab] & [bb] & [bc] & \cdots \\ \cdots & \cdots & \cdots & \cdots \end{pmatrix} \cdot \begin{pmatrix} x_1 \\ x_2 \\ \vdots \end{pmatrix} - \begin{pmatrix} a_1 & a_2 & \cdots \\ b_1 & b_2 & \cdots \\ \cdots & \cdots & \cdots \end{pmatrix} \cdot \begin{pmatrix} l_1 \\ l_2 \\ \vdots \end{pmatrix} = 0$$

oder

$$(3'') \qquad \mathfrak{G}\mathfrak{x} - \mathfrak{A}'\mathfrak{l} = 0 \qquad (\mathfrak{A}' \text{ die transponierte von } \mathfrak{A})$$

oder da $\mathfrak{G}$, eine symmetrische Matrix, nichts anderes ist als $\mathfrak{A}'\mathfrak{A}$, auch

$$(3''') \qquad \mathfrak{A}'\mathfrak{A}\mathfrak{x} - \mathfrak{A}'\mathfrak{l} = 0.$$

Zur Auflösung der Gleichungen (3) nach den x_i sind zunächst die $[aa], [ab] \cdots$ mittels einer Rechenmaschine auszurechnen und dann das Matrizenverfahren § 54 anzuwenden mit der Vereinfachung für symmetrische Matrix.

Zur Bestimmung des *mittleren Fehlers* m_l des Resultats l_i

$$(4) \qquad m_l = \sqrt{\frac{[vv]}{n - n_0}},$$

worin n die Zahl der Beobachtungsgleichungen (1) und n_0 die Zahl der unbekannten Konstanten x_i (in dem angeführten Beispiel A_0, A_1, A_2) bedeuten, braucht man $[vv] = \mathfrak{v}'\mathfrak{v} = (\mathfrak{A}\mathfrak{x} - \mathfrak{l})'(\mathfrak{A}\mathfrak{x} - \mathfrak{l})$. Eine leicht erkennbare Umformung führt auf

$$\mathfrak{v}'\mathfrak{v} = \mathfrak{l}'\mathfrak{l} - (\mathfrak{A}'\mathfrak{l})'\mathfrak{x},$$

also auf

$$(5) \qquad [vv] = [ll] - ([al]\,x_1 + [bl]\,x_2 + \cdots).$$

Um hieraus noch den mittleren Fehler m_i der unbekannten Konstante x_i ableiten zu können, müssen wir zunächst wissen, wie die einzelnen x von den einzelnen l abhängen, d. h. wir müssen die Auflösung des Gleichungssystems (3'') in der Form kennen

$$(6) \qquad \begin{cases} x_1 = \alpha_1 l_1 + \alpha_2 l_2 + \alpha_3 l_3 + \cdots, \\ x_2 = \beta_1 l_1 + \beta_2 l_2 + \beta_3 l_3 + \cdots, \\ \cdots\cdots\cdots\cdots\cdots\cdots\cdots\cdots \end{cases}$$

Dann können wir uns das Fehlerfortpflanzungsgesetz von Gauß zunutze machen, das aussagt: Der mittlere Fehler einer Funktion F der Argumente $l_1, l_2 \cdots$, die mit einem mittleren Fehler $\varepsilon_1, \varepsilon_2, \ldots$ behaftet sind, ist

$$m_F = \sqrt{\varepsilon_1^2 \left(\frac{\partial F}{\partial l_1}\right)^2 + \varepsilon_2^2 \left(\frac{\partial F}{\partial l_2}\right)^2 + \cdots}.$$

Auf den vorliegenden Fall angewandt mit $\varepsilon_1 = \varepsilon_2 = \cdots = m_l$ würde das heißen

$$(7) \quad \begin{cases} m_{x_1} = \sqrt{\alpha_1^2 + \alpha_2^2 + \cdots}\, m_l = \sqrt{[\alpha\alpha]}\, m_l, \\ m_{x_2} = \sqrt{\beta_1^2 + \beta_2^2 + \cdots}\, m_l = \sqrt{[\beta\beta]}\, m_l, \\ \cdots\cdots\cdots\cdots\cdots\cdots \end{cases}$$

indem für F der Reihe nach $x_1, x_2 \cdots$ gesetzt und die x_i partiell nach den l_i differenziert werden.

Es ist für die Bestimmung der m_i eine große Erleichterung, daß nicht die $\alpha, \beta, \ldots$, sondern nur die Quadratsummen $[\alpha\alpha]$, $[\beta\beta]$, ... gebraucht werden. Denn die Auflösung von Gleichungen (3″) in der Weise, wie es für die Berechnung der Werte von x selbst geschehen müßte, liefert uns ja nicht unmittelbar die $\alpha, \beta, \ldots$. Die Quadratsummen $[\alpha\alpha]$, $[\beta\beta] \cdots$ aber finden wir leicht folgendermaßen.

Aus Gleichungen (3″) oder

$$\mathfrak{G}\mathfrak{x} - \mathfrak{A}'\mathfrak{l} = 0$$

folgt

$$\mathfrak{x} = \mathfrak{G}^{-1}\mathfrak{A}'\mathfrak{l}$$

und $\mathfrak{G}^{-1}\mathfrak{A}'$ ist, wie der Vergleich mit System (6) ergibt, die (nicht quadratische) Matrix (die Anzahl der x ist kleiner als die Anzahl der l)

$$\mathfrak{G}^{-1}\mathfrak{A}' = \begin{pmatrix} \alpha_1 & \alpha_2 & \alpha_3 & \cdots \\ \beta_1 & \beta_2 & \beta_3 & \cdots \\ \cdots & \cdots & \cdots & \cdots \end{pmatrix}.$$

Daraus folgt

$$(\mathfrak{G}^{-1}\mathfrak{A}')(\mathfrak{G}^{-1}\mathfrak{A}')' = \begin{pmatrix} [\alpha\alpha] & [\alpha\beta] & \cdots \\ [\alpha\beta] & [\beta\beta] & \cdots \\ \cdots & \cdots & \cdots \end{pmatrix}.$$

Die linke Seite formen wir um, sie ist

$$\mathfrak{G}^{-1}\mathfrak{A}'\mathfrak{A}(\mathfrak{G}^{-1})' = \mathfrak{G}^{-1}\mathfrak{G}\mathfrak{G}'^{-1} = \mathfrak{G}'^{-1} = \mathfrak{G}^{-1} = (\mathfrak{A}'\mathfrak{A})^{-1}.$$

Denn $\mathfrak{G}^{-1}$ ist wie $\mathfrak{G}$ (s. o.) symmetrisch und daher $\mathfrak{G}'^{-1} = \mathfrak{G}^{-1}$ Um die $[\alpha\alpha]$, ... zu erhalten, müssen wir nur $\mathfrak{G}^{-1}$, die Kehrmatrix von $(\mathfrak{A}'\mathfrak{A})$ ausrechnen, von der wir aber auch nur die Koeffizienten der Diagonale $[\alpha\alpha]$, $[\beta\beta]$, ... gebrauchen. Das Problem, die m_i zu bestimmen, ist also verhältnismäßig einfach zu erledigen.

Die Benutzung der Matrizenschreibweise hat den Gang dieser Entwicklung sehr vereinfacht und durchsichtig gemacht.

§ 60. Durchrechnung zweier Beispiele

1. Wir lassen nun die Ausrechnung der in § 59 gestellten Aufgabe in großen Zügen folgen. Für die 1. Beobachtung, die in Tabelle 1 aufgeführt ist, lautet die Fehlergleichung

$$\begin{aligned} v_1 &= A_0 + A_1 5.73 + A_2 32.83 - 4.1978 \text{ oder} \\ &= (A_0 - 4.2000) + A_1\, 5.73 + A_2 32.83 + 0.0022, \\ \text{bzw. } v_1 &= x_1 + 5.73 x_2 + 32.83 x_3 + 0.0022. \end{aligned}$$

Als Matrizengleichung der Normalgleichungen finden wir

$$\mathfrak{G}\mathfrak{x} = \begin{pmatrix} 16 & [b] & [c] \\ [b] & [bb] & [bc] \\ [c] & [bc] & [cc] \end{pmatrix} \mathfrak{x} = \begin{pmatrix} [l] \\ [bl] \\ [cl] \end{pmatrix},$$

da

$$[aa] = 16, \quad [ab] = [b], \quad [ac] = [c], \quad [al] = [l].$$

Tabelle 1

$t/^0\mathrm{C}$	$A_{\mathrm{beob.}}\Big/\frac{\mathrm{Watt}\cdot\mathrm{s}}{\mathrm{g}\cdot\mathrm{Grad}}$	$t/^0\mathrm{C}$	$A_{\mathrm{beob.}}\Big/\frac{\mathrm{Watt}\cdot\mathrm{s}}{\mathrm{g}\cdot\mathrm{Grad}}$
5.73	4.1978	21.37	4.1787
8.42	1923	23.73	1771
11.10	1877	26.25	1760
12.63	1852	30.11	1770
14.46	1837	33.81	1774
16.86	1823	36.36	1788
18.61	1805	44.70	1777
19.90	1808	48.31	1804

Die Zahlen der Tabelle ergeben:

$$\begin{array}{lll} [b] = 372.35, & [aa] = 16, & [cc] = 14763784, \\ [c] = 11034.68, & [bb] = 11034.68, & [bl] = -7479.77\cdot 10^{-3}, \\ [l] = -0.2866, & [bc] = 383604, & [cl] = -231468\cdot 10^{-3}, \\ & [ll] = 568713\cdot 10^{-8}. & \end{array}$$

Wenn wir rechts und links der Vereinfachung halber durch 16 dividieren, folgt

$$\begin{pmatrix} 1 & a_{12} & a_{13} \\ a_{12} & a_{22} & a_{23} \\ a_{13} & a_{23} & a_{33} \end{pmatrix} \mathfrak{x} = \begin{pmatrix} a_1 \\ a_2 \\ a_3 \end{pmatrix}$$

mit

$$a_{12} = \frac{[b]}{16} = \frac{372.35}{16} = 23.272,$$

$$a_{13} = a_{22} = \frac{[c]}{16} = \frac{[bb]}{16} = \frac{11034.68}{16} = 689.67, \qquad \text{entsprechend}$$

$$a_{23} = 23975 = \frac{[bc]}{16}, \qquad a_{33} = 922736.5 = \frac{[cc]}{16},$$

$$a_1 = -17.913\cdot 10^{-3} = -0.017913 = \frac{[l]}{16},$$

$$a_2 = -467.49 \cdot 10^{-3} = -\ \ 0.46749 = \frac{[bl]}{16},$$

$$a_3 = -14466.7 \cdot 10^{-3} = -14.4667 = \frac{[cl]}{16}.$$

Die Koeffizienten der beiden Dreiecksmatrizen $\mathfrak{B}$ und $\mathfrak{C}$ in § 53 sind

$$\begin{array}{lll} b_{11} = 1, & b_{12} = a_{12}, & b_{13} = a_{13}, \\ \overset{*}{c}_{21} = -a_{12}, & \overset{*}{c}_{31} = -a_{13}, & \\ b_{22} = 148.08, & b_1 = a_1 = -17.913 \cdot 10^{-3}, & \\ b_{23} = 7925, & b_2 = -50.626 \cdot 10^{-3}, & \\ c_{32} = -53.518, & b_3 = 596.39 \cdot 10^{-3} & \\ b_{33} = 22959{,}3, & \text{und} & \end{array}$$

$$x_3 = 0.02598 \cdot 10^{-3},\ x_2 = -1.7321 \cdot 10^{-3},\ x_1 = 4.48 \cdot 10^{-3}.$$

Daraus folgt, unter Fortlassen der Einheitenangaben, die aus der Tabelle hervorgehen

$$A_0 = 4.20448,\ A_1 = -0.001732,\ A_2 = 0.0000260.$$

Aus Gleichung (5) des § 59 ergibt sich

$$[vv] = 0.289 \cdot 10^{-4} \text{ und } m_l = \sqrt{\frac{[vv]}{13}} = 0.0015.$$

(Zu dem gleichen Resultat gelangt man — eine gute Probe der Rechnung —, wenn man die einzelnen v zu den 16 Beobachtungen mit den erhaltenen x-Werten berechnet und die Quadratsumme bildet.) Die Diagonalkoeffizienten der Kehrmatrix $\mathfrak{G}^{-1}$ ergeben sich zu

$$[\alpha\alpha] = 1.14, \quad [\beta\beta] = 0.00825, \quad [\gamma\gamma] = 0.0000027,$$

so daß man für die mittleren Fehler von x_1, x_2, x_3 findet

$$m_{x1} = 0.0016,\ m_{x2} = 0.00014,\ m_{x3} = 0.0000025.$$

In Tabellenwerken wird für die spezifische Wärme des Wassers angegeben:

$$A = \left(4.20477 - 0.001768t + 2.6447 \cdot 10^{-5} t^2\right) \frac{\text{Watt} \cdot \text{s}}{\text{g} \cdot \text{Grad}}.$$

Die Rechnung wird im vorliegenden Fall dadurch besonders einfach, daß in der Matrix links der 1. Koeffizient gleich 1 ist (die dazu notwendig gewordene Division aller Koeffizienten durch 16 läßt sich im Kopf ausführen, das Resultat also gleich hinschreiben) — in der Praxis oft leicht erreichbar — und dadurch, daß hier $[bb] = [c]$ ist.

2. Selbst in den einfachsten Fällen, bei Bestimmungen von nur 2 Unbekannten, empfiehlt es sich, sobald es sich um vielstellige Zahlen handelt, von den Formeln Gebrauch zu machen, die durch die Matrizenrechnung gewonnen wurden. Das sei an einem weiteren Beispiel gezeigt.

Für die Energieverteilung der Hefnerlampenstrahlung im sichtbaren Teil des Spektrums wurde für die Abhängigkeit von der Wellenlänge λ gefunden:

$$E\,d\lambda = c_1 \lambda^{-6.2}\, e^{-\frac{14380}{c_2 \lambda}}\, d\lambda,$$

wenn $E\,d\lambda$ die Energie, die im Wellenlängenbereich λ bis $\lambda + d\lambda$ je Sekunde durch eine im Abstand 1 m in horizontaler Richtung befindliche Fläche von 1 cm² hindurchgestrahlt wird. Auf die Zahlengrößen -6.2 und 14380 führten Überlegungen, die sich auf das *Planck*sche und das *Kirchhoff*sche Strahlungsgesetz stützen. Für den sichtbaren Teil des Spektrums ergaben sich die in Tabelle 2 mitgeteilten Beobachtungen, λ in 0.001 mm und E in cal/$10^7 \cdot$ s $\cdot$ cm². Aus ihnen sollen mit Hilfe der Methode der kleinsten Quadrate die Konstanten c_1 und c_2 berechnet werden. Durch Logarithmieren erhalten wir eine lineare Gleichung in $\log c_1$ und $\frac{1}{c_2}$, nämlich

$$\log E = \log c_1 - 6.2 \log \lambda - \frac{0.4343}{c_2} \cdot \frac{14380}{\lambda},$$

oder indem wir $\log c_1 = x_1$ und $\frac{1000}{c_2} = x_2$ setzen,

$$x_1 - m x_2 + n = 0,$$

mit $m = 14.38 \cdot \frac{04343}{\lambda}$ und $-n = \log E + 6.2 \log \lambda$, deren Werte in der Tabelle 2 mit angegeben sind.

Tabelle 2

$\lambda/0.001$ mm	$E/(\mathrm{cal}/10^7 \cdot \mathrm{s} \cdot \mathrm{cm}^2)$	m	n
0.75	19.2	8.327	6.491
0.65	8.1	9.608	7.252
0.56	2.62	11.152	8.143
0.54	1.88	11.565	8.385
0.52	1.32	12.010	8.640
0.50	0.88	12.490	8.922
0.48	0.55	13.011	9.236
0.46	0.32	13.576	9.586
0.44	0.198	14.194	9.914

Die beiden Normalgleichungen für x_1 und x_2 lauten

$$\begin{aligned} 9x_1 - [m]x_2 + [n] &= 0, \\ [m]x_1 - [mm]x_2 + [mn] &= 0. \end{aligned}$$

Darin ist

$$\begin{aligned} [m] &= 105.933, & [mm] &= 1275.06, \\ [n] &= 76.569, & [mn] &= 917.72. \end{aligned}$$

und für die Koeffizienten der $\mathfrak{B}$-Dreiecksmatrix folgt:

$$b_{11} = 9,\ b_{12} = 105.933,\ b_1 = 76.569,$$

$$b_{22} = [mm] - \frac{1}{9}[m][m] = 28.19,$$

$$b_2 = [mn] - \frac{1}{9}[m][n] = 16.48$$

und weiter

$$x_2 = \frac{b_2}{b_{22}} = \frac{1}{1.7105}, \qquad x_1 = -1.627 = \log c_1,$$

$$c_2 = 1710.5 \qquad c_1 = 0.0236.$$

($c_2 = 1710.5$ hat die Bedeutung der absoluten Temperatur der Hefnerlampe.)

§ 61. Die Matrix in der Gleichung 2. Grades

Der Matrizenkalkül ist sowohl mathematisch rein formal als auch in den technischen Anwendungen weiter ausgebaut worden. Es gibt Polynommatrizen, Matrizenpotenzen, Matrizenfunktionen und andere Erweiterungen und Verallgemeinerungen, vgl. das mitgeteilte Schrifttum. Darauf kann hier nicht eingegangen werden. Nur eine naheliegende Verwendungsart der Matrizen sei noch angegeben: die Möglichkeit, mit ihr quadratische Formen darzustellen, zumal sie uns auf die Anwendung der Matrizenrechnung in den „Eigenwert"-Aufgaben führt, von der in der Technik viel Gebrauch gemacht wird.

Wenn man den Vektor $\mathfrak{A}\mathfrak{x}$ skalar mit $\mathfrak{x}'$ multipliziert, also bildet

(1) $$\mathfrak{x}'\mathfrak{A}\mathfrak{x} \equiv \mathfrak{x}'(a_{ik})\,\mathfrak{x},$$

so bekommt man eine skalare Größe, die ausführlich geschrieben die Form hat:

(1') $$\begin{aligned} Q = a_{11}x_1^2 &+ (a_{12}+a_{21})\,x_1x_2 + \cdots + (a_{1n}+a_{n1})\,x_1x_n \\ &+ a_{22}x_2^2 + (a_{23}+a_{32})\,x_2x_3 + \cdots \\ &\quad \cdots\cdots\cdots\cdots \\ &= \sum a_{ik}x_ix_k. \end{aligned}$$

Zerlegen wir, falls $\mathfrak{A}$ nicht eine symmetrische Matrix ist, $\mathfrak{A}$ in ihren symmetrischen und ihren antimetrischen Teil, vgl. § 46, so fällt offensichtlich der antimetrische Teil heraus, so daß wir ihn in $\mathfrak{A}$ von vornherein fortlassen können.

(2) $$Q = \mathfrak{x}'\mathfrak{A}\mathfrak{x} = \text{const} = C$$

ist eine Gleichung zweiten Grades in den Komponenten des Vektors $\mathfrak{x}$.

§ 62. Anwendung bei Deformationsbehandlung

Zu dem Ausdruck (1′) in § 61 gelangt man z. B. bei der Behandlung der Deformation im elastischen Medium. Es seien die Verrückungen des Punktes P mit den Koordinaten x, y, z im 3-dimensionalen Raum durch u, v, w gegeben, die des Nachbarpunktes P' mit $x + dx$, $y + dy$, $z + dz$ durch $u + du$, $v + dv$, $w + dw$. Dann sind also die relativen Verrückungen benachbarter Punkte

$$(1) \qquad du = \frac{\partial u}{\partial x}dx + \frac{\partial u}{\partial y}dy + \frac{\partial u}{\partial z}dz, \qquad \text{entspr. } dv, dw,$$

Komponenten der Gesamtverrückung

$$(2) \qquad \begin{aligned} d\mathfrak{s} &= du\,\mathfrak{i} + dv\,\mathfrak{j} + dw\,\mathfrak{k} \\ &= \mathfrak{A} \cdot d\mathfrak{r}, \end{aligned}$$

wenn $d\mathfrak{r} = dx\,\mathfrak{i} + dy\,\mathfrak{j} + dz\,\mathfrak{k}$ und

$$\mathfrak{A} = \begin{pmatrix} \frac{\partial u}{\partial x} & \frac{\partial v}{\partial x} & \frac{\partial w}{\partial x} \\ \frac{\partial u}{\partial y} & \frac{\partial v}{\partial y} & \frac{\partial w}{\partial y} \\ \frac{\partial u}{\partial z} & \frac{\partial v}{\partial z} & \frac{\partial w}{\partial z} \end{pmatrix}.$$

Die Richtung und Größe von $d\mathfrak{s}$ in Abhängigkeit von $d\mathfrak{r}$ findet man durch skalare Multiplikation des $d\mathfrak{s}$ mit $d\mathfrak{r}$, d. h. aus der Projektion von $d\mathfrak{s}$ auf $d\mathfrak{r}$, aus

$$(3) \qquad d\mathfrak{r}' \cdot d\mathfrak{s} = d\mathfrak{r}'\mathfrak{A}\,d\mathfrak{r} = d\mathfrak{r}'\mathfrak{A}_s\,d\mathfrak{r}$$

($d\mathfrak{r}'$, weil in Verbindung mit $\mathfrak{A}\,d\mathfrak{r}$ der Vektor $\mathfrak{r}'$ ein Zeilenvektor ist). Für $\mathfrak{A}$ schreiben wir $\mathfrak{A}_s$, da wir nur den symmetrischen Teil in der weiteren Rechnung mitnehmen brauchen. Nach § 46 ist

$$\mathfrak{A}_s = \begin{pmatrix} \frac{\partial u}{\partial x} & \frac{1}{2}\left(\frac{\partial v}{\partial x} + \frac{\partial u}{\partial y}\right) & \frac{1}{2}\left(\frac{\partial w}{\partial x} + \frac{\partial u}{\partial z}\right) \\ \frac{1}{2}\left(\frac{\partial u}{\partial y} + \frac{\partial v}{\partial x}\right) & \frac{\partial v}{\partial y} & \frac{1}{2}\left(\frac{\partial w}{\partial y} + \frac{\partial v}{\partial z}\right) \\ \frac{1}{2}\left(\frac{\partial u}{\partial z} + \frac{\partial w}{\partial x}\right) & \frac{1}{2}\left(\frac{\partial v}{\partial z} + \frac{\partial w}{\partial y}\right) & \frac{\partial w}{\partial z} \end{pmatrix}$$

oder in abkürzender Schreibweise

$$\mathfrak{A}_s = \begin{pmatrix} \alpha_{11} & \alpha_{12} & \alpha_{13} \\ \alpha_{12} & \alpha_{22} & \alpha_{23} \\ \alpha_{13} & \alpha_{23} & \alpha_{33} \end{pmatrix}.$$

Damit wird aus dem Ausdruck (3)

$$Q = \alpha_{11} dx^2 + \alpha_{22} dy^2 + \alpha_{33} dz^2 + 2\alpha_{12} dx\,dy + 2\alpha_{23} dy\,dz + \\ + 2\alpha_{13} dx\,dz$$

oder, wenn wir den Koordinatenanfangspunkt in den Punkt P legen und statt der dx, dy, dz der Einfachheit und Übersichtlichkeit halber x, y, z selbst einsetzen,

$$Q = \alpha_{11} x^2 + \alpha_{22} y^2 + \alpha_{33} z^2 + 2\alpha_{12} xy + 2\alpha_{23} yz + 2\alpha_{13} xz.$$

Der Gradient dieser Größe ist nach § 19 der Vektor, dessen Richtung zusammenfällt mit der Richtung der größten Änderung von Q im Punkt x, y, z und dessen Betrag diese größte Änderung ist. Das ist aber die Normale auf die Fläche $Q =$ const im Punkt x, y, z, d. h. die Gesamtverrückung in diesem Punkt nach Richtung und Größe, die wir jetzt auch mit $\mathfrak{s}_s$ statt mit $d\mathfrak{s}$ bezeichnen wollen. Es ist, wie der Vergleich der Formeln zeigt

$$\mathfrak{s}_s = \tfrac{1}{2} \operatorname{grad} Q.$$

Eine Kugel vom Radius 1 geht in das Ellipsoid $Q = 1$ über, so daß $\mathfrak{A}_s$ das *Tensorellipsoid* definiert.

Die Zerlegung der Matrix in einen symmetrischen und einen antimetrischen Teil hat hier die Bedeutung der Trennung von Streckung und Drehung, die zusammen mit einer möglichen Translation der Umgebung des Punktes P als Ganzes bei einem Verzerrungsvorgang die Verschiebung des Nachbarpunktes ausmachen. Für die Verschiebung, die dem antimetrischen Teil entspricht, folgt

$$\mathfrak{s}_A = \tfrac{1}{2}(\mathfrak{A} - \mathfrak{A}')\,\mathfrak{r}$$

$$= \frac{1}{2}\begin{pmatrix} 0 & \frac{\partial v}{\partial x} - \frac{\partial u}{\partial y} & \frac{\partial w}{\partial x} - \frac{\partial u}{\partial z} \\ -\frac{\partial v}{\partial x} + \frac{\partial u}{\partial y} & 0 & \frac{\partial w}{\partial y} - \frac{\partial v}{\partial z} \\ -\frac{\partial w}{\partial x} + \frac{\partial u}{\partial z} & -\frac{\partial w}{\partial y} + \frac{\partial v}{\partial z} & 0 \end{pmatrix} \cdot \begin{pmatrix} x \\ y \\ z \end{pmatrix}$$

$$= \frac{1}{2}\begin{pmatrix} 0 & a_{12} & a_{13} \\ -a_{12} & 0 & a_{23} \\ -a_{13} & -a_{23} & 0 \end{pmatrix} \cdot \begin{pmatrix} x \\ y \\ z \end{pmatrix}$$

$$= \tfrac{1}{2}\left\{(a_{12}y + a_{13}z)\,\mathfrak{i} - (a_{12}x - a_{23}z)\,\mathfrak{j} - (a_{13}x + a_{23}y)\,\mathfrak{k}\right\},$$

ein Vektor, durch den eine Drehung $\tfrac{1}{2}[\mathfrak{r}, \operatorname{rot}\mathfrak{s}]$ um eine zu $\mathfrak{r}$ und zu $\operatorname{rot}\mathfrak{s}$ senkrechte Achse dargestellt wird; denn es ist mit

$$\mathfrak{s} = u\,\mathfrak{i} + v\,\mathfrak{j} + w\,\mathfrak{k}$$

und

$$\operatorname{rot}\mathfrak{s} = \begin{vmatrix} \mathfrak{i} & \mathfrak{j} & \mathfrak{k} \\ \frac{\partial}{\partial x} & \frac{\partial}{\partial y} & \frac{\partial}{\partial z} \\ u & v & w \end{vmatrix} = a_{23}\,\mathfrak{i} - a_{13}\,\mathfrak{j} + a_{12}\,\mathfrak{k}, \qquad (\S\ 25)$$

$$[\mathfrak{r}\operatorname{rot}\mathfrak{s}] = \begin{vmatrix} \mathfrak{i} & \mathfrak{j} & \mathfrak{k} \\ x & y & z \\ a_{23} & -a_{13} & a_{12} \end{vmatrix} = (a_{12}y + a_{13}z)\,\mathfrak{i} - (a_{12}x - a_{23}z)\,\mathfrak{j} - (a_{13}x + a_{23}y)\,\mathfrak{k}.$$

(vgl. hierzu Aufgabe 40 S. 196).

§ 63. Die Matrix in einer Eigenwertaufgabe

Auch im n-dimensionalen Raum ist die Normale zur Fläche $Q = \mathfrak{x}'\mathfrak{A}\mathfrak{x} = \text{const}$ (Gleichung 2 in § 61) im Punkt $x_1, x_2 \ldots x_n$ gegeben durch den Gradient von Q; sie ist

$$\text{(1)} \qquad \mathfrak{n} = \frac{1}{2} \operatorname{grad} Q = \frac{1}{2} \left(\frac{\partial Q}{\partial x_1} \mathfrak{e}_1 + \frac{\partial Q}{\partial x_2} \mathfrak{e}_2 + \cdots + \frac{\partial Q}{\partial x_n} \mathfrak{e}_n \right)$$

mit den Einheitsvektoren $\mathfrak{e}_1, \mathfrak{e}_2 \cdots \mathfrak{e}_n$.

Die Hauptachsen der Mittelpunktfläche sind dadurch charakterisiert, daß für sie im Punkt $x_1, x_2 \ldots$ die Richtungen von $\mathfrak{n}$ und des Vektors $\mathfrak{x}$, vom Koordinatenanfang (Mittelpunkt der Fläche) zum Punkt $x_1, x_2 \cdots$ übereinstimmen. Wir werden sie finden, wenn wir das Gleichungssystem nach $\mathfrak{x}$ auflösen

$$\mathfrak{n} = \lambda \mathfrak{x}, \qquad (\lambda \text{ ein Proportionalitätsfaktor})$$

oder ausführlicher (unter Bezugnahme auf Gleichung (1') in § 61)

$$\begin{aligned} a_{11}x_1 + a_{12}x_2 + \cdots + a_{1n}x_n &= \lambda x_1, \\ a_{21}x_1 + a_{22}x_2 + \cdots + a_{2n}x_n &= \lambda x_2, \\ \cdots\cdots\cdots\cdots\cdots\cdots & \\ a_{n1}x_1 + a_{n2}x_2 + \cdots + a_{nn}x_n &= \lambda x_n \end{aligned}$$

oder mit Verwendung von Matrizen

$$\text{(2)} \qquad \mathfrak{A}\mathfrak{x} = \lambda \mathfrak{x} \quad \text{oder} \quad (\mathfrak{A} - \lambda \mathfrak{E})\, \mathfrak{x} = 0.$$

Ein Lösungssystem $x_1, x_2 \cdots$ dieses Systems von n homogenen linearen Gleichungen, in dem nicht alle $x_1, x_2 \cdots$ gleich Null sind (das wäre die unbrauchbare „triviale" Lösung), gibt es nur, wenn die Determinante des Gleichungssystems Null ist. Die Determinante

$$\text{(3)} \qquad \begin{vmatrix} a_{11} - \lambda & a_{12} & a_{13} \cdots \\ a_{21} & a_{22} - \lambda & a_{23} \cdots \\ \cdots\cdots & \cdots\cdots & \cdots\cdots \end{vmatrix} = 0$$

ist eine Gleichung zur Bestimmung von λ-Werten, der sogenannten *Eigenwerte* des vorliegenden Problems, für die es $x_1, x_2 \cdots x_n$-Werte gibt (in unserem Fall die Hauptachsenrichtungen). Für λ können sich natürlich reelle oder komplexe und dabei mehrfache Wurzeln der Gleichung ergeben. Man nennt die Gleichung (3) die *charakteristische Gleichung* des *Eigenwertproblems.* Die $x_1, x_2 \cdots x_n$, die für einen λ-Wert gefunden werden, stellen einen *Eigenvektor* (eine „Eigenlösung") dar. Es gibt also mindestens so viele Eigenvektoren, als verschiedene λ gefunden sind.

Da es sich hier nur um einen Hinweis auf die Anwendbarkeit der Matrizenrechnung in der Bearbeitung von Eigenwertaufgaben handeln kann, soll auf die Gesetzmäßigkeiten, die sich für die Auflösung der λ-Determinante und die Auffindung der Eigenvektoren in vielen geistvollen Versuchen ergeben haben, nicht eingegangen werden. Schon bei dem Aufbau der λ-Gleichung selbst, der 1. Teilaufgabe zur Erledigung eines Eigenwertproblems, treten (besonders natürlich in den Fällen mit großem n) oft erhebliche Schwierigkeiten auf, die meist nur in Näherungsverfahren praktisch überwunden werden können.

An einem im wesentlichen dem Buch von Collatz (l. c.), S. 269, entnommenen Beispiel sei wenigstens auf die 3 wichtigen Arten aufmerksam gemacht, in denen die Matrizen in den Gleichungen der Eigenwertprobleme auftreten, und die zu der Unterscheidung von speziellen und von allgemeinen Eigenwertaufgaben und von den Aufgaben der Zwischenstufe geführt haben. Man versteht darunter solche, die wie die obige auf die Form

$$\mathfrak{A}\mathfrak{x} = \lambda\mathfrak{x} \tag{4}$$

führen oder auf die allgemeinere, in der der Parameter λ durch eine Matrix erweitert werden muß, also

$$\mathfrak{A}\mathfrak{x} = \lambda\mathfrak{B}\mathfrak{x} \tag{5}$$

oder auf eine solche – es ist die Zwischenstufe – in der 𝔅 sich auf eine Diagonalmatrix reduzieren läßt.

Ein Eisenträger von etwas über 200 cm Länge und rechteckigem Querschnitt, Breite $b = 1$ cm, Höhe $h = 3$ cm (Flächenträgheitsmoment $J = \frac{bh^3}{12} = \frac{9}{4}\,\mathrm{cm}^4$) mit dem Elastizitätskoeffizient $E = 2.1 \times 10^6\,\mathrm{kg/cm^2}$ liegt auf 2 Stützen in 200 cm Entfernung und sei in drei gleich weit (50 cm) voneinander entfernt gelegenenQuerschnitten mit je $m \left(= \frac{20}{g}\,\mathrm{kg}\right)$

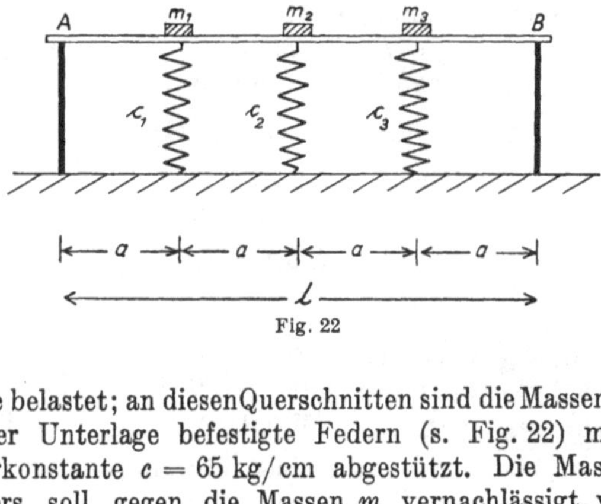

Fig. 22

Masse belastet; an diesenQuerschnitten sind die Massen durch an der Unterlage befestigte Federn (s. Fig. 22) mit der Federkonstante $c = 65$ kg/cm abgestützt. Die Masse des Trägers soll gegen die Massen m vernachlässigt werden können. Es ist gefragt nach den auftretenden Biegeschwingungen der Massen, die in gleicher Frequenz und gleicher Phase längs des Stabes stattfinden.

Die Ausschwingung y_i in der Entfernung x_i von der einen Stütze A ist bestimmt durch die Kräfte, die von den Massen und Federn auf den Punkt P_i in der Entfernung x_i ausgeübt werden. Die Kraft, die im Punkt P_k in der Entfernung x_k von der Stütze durch die Bewegung der Masse m auftritt, ist nach dem Newtonschen Gesetz $-m_k \ddot{y}_k \left(= -m_k \frac{d^2 y_k}{dt^2}\right)$; sie ruft in P_i eine Ausschwingung $y_i = -m_k \ddot{y}_k \alpha_{ik}$ hervor, worin der Koeffizient α_{ik} in dem hier angenommenen Fall (s. Hütte I, Biegefestigkeit u. -schwingungen von Trägern mit unveränderlichem Querschnitt) durch den Ausdruck gegeben ist:

$$\alpha_{ik} = \frac{x_i^2 (l - x_i)^2}{6EJl} \left(2 \frac{x_k}{x_i} + \frac{x_k}{(l - x_i)} - \frac{x_k^3}{x_i^2 (l - x_i)}\right). \tag{6}$$

$$i \text{ und } k = 1, 2, 3, \text{ aber } i \geqq k.$$

Die Kräfte an den Punkten infolge der Federn sind $-c_k y_k$ (worin $c_1 = c_2 = c_3 = c$ sei); auf den Punkt P_i wirken sie mit $-c_k y_k \alpha_{ik}$, so daß für die Ausschwingung gilt

$$y_i = -\sum m_k \ddot{y}_k \alpha_{ik} - \sum c_k y_k \alpha_{ik}, \tag{7}$$

mit $i = 1, 2, 3$, wobei die Summen über die k zu nehmen sind. In Matrizenschreibweise heißt das

$$\mathfrak{y} = -\mathfrak{A}\mathfrak{M}\ddot{\mathfrak{y}} - \mathfrak{A}\mathfrak{C}\mathfrak{y} \tag{7'}$$

mit

$$\mathfrak{A} = \begin{pmatrix} \alpha_{11} & \alpha_{12} & \alpha_{13} \\ \alpha_{12} & \alpha_{22} & \alpha_{23} \\ \alpha_{13} & \alpha_{23} & \alpha_{33} \end{pmatrix}, \quad \mathfrak{M} = \begin{pmatrix} m_1 & 0 & 0 \\ 0 & m_2 & 0 \\ 0 & 0 & m_3 \end{pmatrix}, \quad \mathfrak{C} = \begin{pmatrix} c_1 & 0 & 0 \\ 0 & c_2 & 0 \\ 0 & 0 & c_3 \end{pmatrix},$$

wenn wir zunächst den allgemeineren Fall betrachten, in dem m_1, m_2, m_3 und die Federkonstanten c_1, c_2, c_3 verschieden groß sind. Da wir uns nur um die Eigenschwingungen gleicher Frequenz und gleicher Phase kümmern sollen, können wir zur Lösung der Gleichung (7) den Ansatz machen

$$y_i = y_{0i} \cos \omega t, \qquad \text{d. h. } \ddot{y}_i = -\omega^2 y_i, \tag{8}$$

y_{0i} eine Konstante, ω die Frequenz der Biege-Schwingung. Damit wird

$$\mathfrak{y} = \mathfrak{A}\mathfrak{M}\omega^2\mathfrak{y} - \mathfrak{A}\mathfrak{C}\mathfrak{y} = (\mathfrak{A}\mathfrak{M}\omega^2 - \mathfrak{A}\mathfrak{C})\,\mathfrak{y} \tag{9}$$

oder

$$\omega^2 \mathfrak{A}\mathfrak{M}\mathfrak{y} = (\mathfrak{E} + \mathfrak{A}\mathfrak{C})\,\mathfrak{y}.$$

Um das Problem zu lösen, d. h. $\mathfrak{y}$ zu finden, müssen zunächst die ω aufgesucht werden, für die das System von Gleichungen überhaupt eine Lösung hat, d. h. für die die Determinante des Systems

$$(\mathfrak{E} + \mathfrak{A}\mathfrak{C})\,\mathfrak{y} - \omega^2 \mathfrak{A}\mathfrak{M}\mathfrak{y} = 0 \tag{10}$$

verschwindet. In dieser Form haben wir eine allgemeine Eigenwertaufgabe vor uns, die aber in die Form der Zwischenstufe durch Multiplikation mit $\mathfrak{A}^{-1}$ übergeführt werden kann, da $\mathfrak{M}$ eine Diagonalmatrix ist. Beachten wir nun, daß $m_1 = m_2 = m_3 = m$ angenommen werden soll, so geht die Gleichung in die einer speziellen Eigenwertaufgabe über, in

$$\omega^2 \mathfrak{M}\mathfrak{y} = (\mathfrak{A}^{-1} + \mathfrak{C})\,\mathfrak{y},$$

bzw.

$$\omega^2 m\mathfrak{y} = (\mathfrak{A}^{-1} + \mathfrak{C})\,\mathfrak{y}. \tag{11}$$

Für die Koeffizienten α_{ik} finden wir aus Gleichung (6)

$$\alpha_{11} = \frac{a^3}{30\,EJ}\frac{45}{2}, \qquad \alpha_{22} = \frac{a^3}{30\,EJ}\frac{80}{2},$$

$$\alpha_{12} = \frac{a^3}{30\,EJ}\frac{55}{2}, \qquad \alpha_{23} = \frac{a^3}{30\,EJ}\frac{55}{2},$$

$$\alpha_{13} = \frac{a^3}{30\,EJ}\frac{35}{2}, \qquad \alpha_{33} = \frac{a^3}{30\,EJ}\frac{45}{2},$$

worin $a = 50$ cm ist, so daß

$$\mathfrak{A} = \frac{a^3}{30\,EJ}\frac{5}{2}\begin{pmatrix} 9 & 11 & 7 \\ 11 & 16 & 11 \\ 7 & 11 & 9 \end{pmatrix}. \tag{12}$$

Aus § 57 Nr. 5 ist bekannt, wie in dem Fall einer so gebauten Matrix die Kehrmatrix leicht anzugeben ist; es ergibt sich

$$\mathfrak{A}^{-1} = \frac{12\,EJ}{28a^3}\begin{pmatrix} 23 & -22 & 9 \\ -22 & 32 & -22 \\ 9 & -22 & 23 \end{pmatrix} = P\mathfrak{B}$$

mit $P = \frac{12\,EJ}{28a^3} = 16{,}2$ kg/cm. Wir beachten nun, daß auch $c_1 = c_2 = c_3 = c = 65$ kg/cm sein soll, also $= 4P$, und erhalten

$$\mathfrak{A}^{-1} + \mathfrak{C} = P(\mathfrak{B} + 4\mathfrak{C}) = 9P \cdot \mathfrak{B}_0,$$

mit

$$(\mathfrak{B} + 4\mathfrak{C}) = 9\mathfrak{B}_0 = \begin{pmatrix} 27 & -22 & 9 \\ -22 & 36 & -22 \\ 9 & -22 & 27 \end{pmatrix} = 9\begin{pmatrix} 3 & -\varepsilon & 1 \\ -\varepsilon & 4 & -\varepsilon \\ 1 & -\varepsilon & 3 \end{pmatrix},$$

wenn

$$\left(\varepsilon = \frac{2 \cdot 11}{9}\right).$$

Setzen wir $\frac{\omega^2 m}{9P} = \lambda_0$, so folgt

$$\mathfrak{B}_0 \mathfrak{y} = \lambda_0 \mathfrak{y}.$$

Die zugehörige Determinantengleichung lautet:

$$\begin{vmatrix} 3 - \lambda_0 & -\varepsilon & 1 \\ -\varepsilon & 4 - \lambda_0 & -\varepsilon \\ 1 & -\varepsilon & 3 - \lambda_0 \end{vmatrix} = 0$$

oder

$$\lambda_0^3 - 10\lambda_0^2 + (32 - 2\varepsilon^2)\lambda_0 - 32 + 4\varepsilon^2 = 0$$

mit den 3 Wurzeln

$$\lambda_{01} = 4 + \varepsilon\sqrt{2}, \quad \lambda_{02} = 2.000, \quad \lambda_{03} = 4 - \varepsilon\sqrt{2},$$

also $\lambda_{01} = 7.457$, $\lambda_{02} = 2.000$, $\lambda_{03} = 0.543$.

Daraus folgt

$$\omega_1 = 62.396\,\mathrm{s}^{-1}, \quad \omega_2 = 119.636\,\mathrm{s}^{-1}, \quad \omega_3 = 230.951\,\mathrm{s}^{-1},$$

und für die Vektoren der Ausbiegungen finden wir durch Einsetzen der λ_0-Werte in $(\mathfrak{B}_0 - \lambda_0)\,\mathfrak{y} = 0$, von einem Zahlenfaktor abgesehen:

$$\mathfrak{y}_1 = \begin{pmatrix} 1 \\ -\sqrt{2} \\ 1 \end{pmatrix}, \quad \mathfrak{y}_2 = \begin{pmatrix} 1 \\ 0 \\ -1 \end{pmatrix}, \quad \mathfrak{y}_3 = \begin{pmatrix} 1 \\ \sqrt{2} \\ 1 \end{pmatrix}.$$

Hätten wir schon in Gleichung (9) von der Bestimmung Gebrauch gemacht, daß $m_1 = m_2 = m_3 = m$ und $c_1 = c_2 = c_3 = c$ sein soll, so hätte sie geschrieben werden können

$$((\omega^2 m - c)\,\mathfrak{A} - \mathfrak{E})\,\mathfrak{y} = 0,$$

d. h. in der Form einer speziellen Eigenwertaufgabe:

$$(\mathfrak{A} - \lambda\mathfrak{E})\,\mathfrak{y} = 0 \text{ mit } \lambda = \frac{a^3}{12\,EJ}\,\frac{1}{\omega^2 m - c}.$$

Dann hätte man nicht die Kehrmatrix $\mathfrak{A}^{-1}$ auszurechnen brauchen. Aus der Matrix (s. Gleichung (12))

$$\begin{pmatrix} 9 & 11 & 7 \\ 11 & 16 & 11 \\ 7 & 11 & 9 \end{pmatrix}$$

ergibt sich die Determinantengleichung

$$\lambda^3 - 34\lambda^2 + 78\lambda - 28 = 0$$

und

$$\lambda_1 = 16 - 11\sqrt{2}, \quad \lambda_2 = 2.000, \quad \lambda_3 = 16 + 11\sqrt{2},$$

ein Resultat, das wieder die 3 Frequenzen ergibt

$$\omega_1' = 230.951\,\mathrm{s}^{-1}, \quad \omega_2' = 119.636\,\mathrm{s}^{-1}, \quad \omega_3' = 62.396\,\mathrm{s}^{-1}$$

und die oben angegebenen Werte für $\mathfrak{y}_1, \mathfrak{y}_2, \mathfrak{y}_3$. Zwischen λ und λ_0 besteht die Beziehung

$$9\lambda_0 = \frac{28}{\lambda} + 4.$$

Anhang

Aufgaben zur Vektorrechnung und Anleitung zu ihren Lösungen

Vorbemerkung: Im folgenden werden häufig in Anlehnung an die Schreibweise in der Matrizenrechnung die Komponenten der Vektoren in Klammer hinter- oder übereinander gesetzt, letzteres besonders in Rücksicht auf Übersichtlichkeit für die Rechnung, also z. B.

$$\mathfrak{a} = (a_1, a_2, a_3) \text{ für } \mathfrak{a} = a_1\mathfrak{i} + a_2\mathfrak{j} + a_3\mathfrak{k}$$

oder

$$\mathfrak{b} = \begin{pmatrix} b_1 \\ b_2 \\ b_3 \end{pmatrix} \text{ für } \mathfrak{b} = b_1\mathfrak{i} + b_2\mathfrak{j} + b_3\mathfrak{k}.$$

1 Welche Bedingung müssen die Vektoren $\mathfrak{a}$ und $\mathfrak{b}$ erfüllen, damit $\mathfrak{c} = \mathfrak{a} + \mathfrak{b}$ und $\mathfrak{d} = \mathfrak{a} - \mathfrak{b}$ aufeinander senkrecht stehen?

Nach § 7 ist, wenn $\mathfrak{c}$ und $\mathfrak{d}$ senkrecht aufeinander stehen

$$\mathfrak{c}\mathfrak{d} = (\mathfrak{a} + \mathfrak{b})(\mathfrak{a} - \mathfrak{b}) = 0; \text{ d. h. } a^2 = b^2 \text{ oder}$$
$$|\mathfrak{a}| = |\mathfrak{b}|.$$

2 Welcher Bedingung müssen die Skalare m und n genügen, damit die Endpunkte der 3 von einem Punkt ausgehenden Vektoren $\mathfrak{a}_1, \mathfrak{a}_2$ und $\mathfrak{a}_3 = m\mathfrak{a}_1 + n\mathfrak{a}_2$ auf einer Geraden liegen?

Nach § 5 besteht für 3 solche Vektoren die Beziehung

$$x(\mathfrak{a}_2 - \mathfrak{a}_3) = \mathfrak{a}_1 - \mathfrak{a}_3,$$

das bedeutet mit obigem Ausdruck für $\mathfrak{a}_3$

$$x(\mathfrak{a}_2(1 - n) - m\mathfrak{a}_1) = \mathfrak{a}_1(1 - m) - n\mathfrak{a}_2.$$

Die Faktoren von $\mathfrak{a}_1$ und $\mathfrak{a}_2$ müssen beiderseits gleich sein, daraus folgt

$$x(1-n) = -n \text{ und } -xm = 1-m$$

oder

$$m + n = 1.$$

3 Welche zusätzliche Bedingung müssen m und n in Aufgabe 2 erfüllen, damit der Endpunkt von $\mathfrak{a}_3$ auf der Strecke zwischen den Endpunkten von $\mathfrak{a}_1$ und $\mathfrak{a}_2$ liegt?

Aus Fig. 23 ersieht man, daß in dem Fall $0 < m < 1$ und $0 < n < 1$ ist. Sobald ein Faktor (m oder n) größer als 1 wird, muß der andere negativ sein und der Endpunkt von $\mathfrak{a}_3$ fällt nicht mehr zwischen die Endpunkte von $\mathfrak{a}_1$ und $\mathfrak{a}_2$.

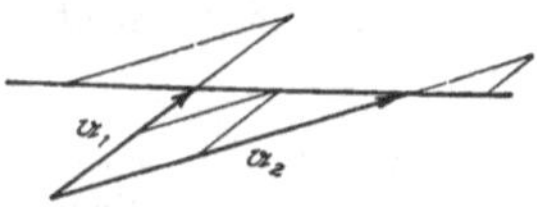

Fig. 23

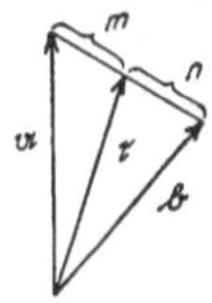

Fig. 24

4 Es wird der Vektor $\mathfrak{c}$, vgl. Fig. 24, gesucht, der die Strecke zwischen den Endpunkten von $\mathfrak{a}$ und $\mathfrak{b}$ im Verhältnis $m:n$ teilt.

Der Endpunkt von $\mathfrak{c}$ liegt auf der Geraden

$$\mathfrak{g} = \mathfrak{a} + \lambda(\mathfrak{b} - \mathfrak{a}) \qquad (\lambda \text{ eine Variable}),$$

und für ihn gilt $m:(m+n) = \lambda:1$, also ist

$$\mathfrak{c} = \frac{n}{m+n}\mathfrak{a} + \frac{m}{m+n}\mathfrak{b}.$$

5 Es ist zu beweisen, daß sich die Verbindungslinien der Mitten gegenüberliegender Kanten eines Tetraeders in *einem* Punkte schneiden, vgl. Fig. 25.

Es ist $A_1 A_2 = O A_2 - O A_1 = \frac{1}{2}(\mathfrak{b} + \mathfrak{c}) - \frac{1}{2}\mathfrak{a} = \frac{1}{2}(-\mathfrak{a} + \mathfrak{b} + \mathfrak{c})$ und die Gleichung der Geraden durch die Punkte A_1 und A_2 lautet:

$$\mathfrak{g}_1 = \frac{\mathfrak{a}}{2} + \frac{\lambda}{2}(-\mathfrak{a} + \mathfrak{b} + \mathfrak{c}) = \frac{1-\lambda}{2}\mathfrak{a} + \frac{\lambda}{2}\mathfrak{b} + \frac{\lambda}{2}\mathfrak{c}.$$

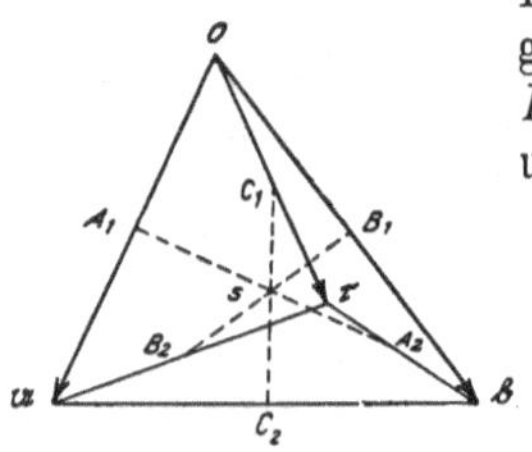

Fig. 25

Entsprechend lauten die Gleichungen für $\mathfrak{g}_2$ mit den Punkten B_1 und B_2 und für $\mathfrak{g}_3$ mit den Punkten C_1 und C_2

$$\mathfrak{g}_2 = \frac{\mu}{2}\mathfrak{a} + \frac{1-\mu}{2}\mathfrak{b} + \frac{\mu}{2}\mathfrak{c},$$

$$\mathfrak{g}_3 = \frac{\nu}{2}\mathfrak{a} + \frac{\nu}{2}\mathfrak{b} + \frac{1-\nu}{2}\mathfrak{c}$$

mit den Proportionalitätsfaktoren λ, μ, ν.

Zu beweisen ist nun, daß die Schnittpunkte der 3 Geradenpaare $\mathfrak{g}_1, \mathfrak{g}_2$ und $\mathfrak{g}_2, \mathfrak{g}_3$ und $\mathfrak{g}_3, \mathfrak{g}_1$ zusammenfallen.

Für den Schnittpunkt von $\mathfrak{g}_1, \mathfrak{g}_2$ gilt $\mathfrak{g}_1 = \mathfrak{g}_2$, d. h.

$$\frac{1-\lambda}{2}\mathfrak{a} + \frac{\lambda}{2}\mathfrak{b} + \frac{\lambda}{2}\mathfrak{c} = \frac{\mu}{2}\mathfrak{a} + \frac{1-\mu}{2}\mathfrak{b} + \frac{\mu}{2}\mathfrak{c}$$

oder

$$\frac{1-\lambda}{2} = \frac{\mu}{2}, \quad \frac{\lambda}{2} = \frac{1-\mu}{2}, \quad \frac{\lambda}{2} = \frac{\mu}{2}.$$

Für den Schnittpunkt ist also

$$\lambda = \mu = \tfrac{1}{2}.$$

Entsprechend findet man für den Schnittpunkt der Geraden $\mathfrak{g}_2, \mathfrak{g}_3$

$$\mu = \nu = \tfrac{1}{2}.$$

Damit ist aber die Bedingung für den Schnittpunkt der Geraden $\mathfrak{g}_1, \mathfrak{g}_3$ von selbst erfüllt, nämlich $\lambda = \nu = \frac{1}{2}$, also fallen die 3 Schnittpunkte zusammen.

Für die Lage des Schnittpunktes ergibt sich

$$\mathfrak{s} = \tfrac{1}{4}(\mathfrak{a} + \mathfrak{b} + \mathfrak{c}).$$

Wegen $\lambda = \mu = \nu = \frac{1}{2}$ halbiert der Schnittpunkt die Verbindungslinien.

6 Es ist zu beweisen, daß sich die 3 Seitenhalbierenden eines Dreiecks in einem Punkte schneiden, vgl. Fig. 26.

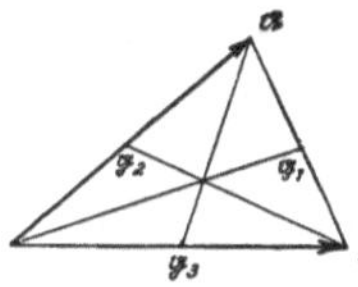

Fig. 26

Die Gleichungen für die 3 Seitenhalbierenden lauten:

$$\mathfrak{g}_1 = x_1 \frac{\mathfrak{a} + \mathfrak{b}}{2},$$

$$\mathfrak{g}_2 = \frac{\mathfrak{a}}{2} - x_2\left(\frac{\mathfrak{a}}{2} - \mathfrak{b}\right),$$

$$\mathfrak{g}_3 = \frac{\mathfrak{b}}{2} + x_3\left(\mathfrak{a} - \frac{\mathfrak{b}}{2}\right).$$

Ihre Schnittpunkte ergeben sich wie in Aufgabe 5, indem in den Gleichungen $\mathfrak{g}_1 = \mathfrak{g}_2$ und $\mathfrak{g}_2 = \mathfrak{g}_3$ und $\mathfrak{g}_3 = \mathfrak{g}_1$ die Faktoren der Vektoren $\mathfrak{a}$ und $\mathfrak{b}$ beiderseits gleich gesetzt werden. Das führt im 1. und 3. Fall zu

$$x_1 = \tfrac{2}{3},\ x_2 = \tfrac{1}{3} \text{ und } x_1 = \tfrac{2}{3},\ x_3 = \tfrac{1}{3};$$

daraus ist zu ersehen, daß die Schnittpunkte zusammenfallen, nämlich in $\frac{2}{3}$ der Seitenhalbierenden, von den Ecken des Dreiecks gerechnet.

7 Welche Winkel schließt der Vektor $\mathfrak{a} = 2\mathfrak{i} - \mathfrak{j} + 3\mathfrak{k}$ mit den Achsen des rechtwinkligen Koordinatensystems $\mathfrak{i}, \mathfrak{j}, \mathfrak{k}$ ein?

Die Winkel findet man durch Bildung der skalaren Produkte $(\mathfrak{a}\mathfrak{i})$, $(\mathfrak{a}\mathfrak{j})$, $(\mathfrak{a}\mathfrak{k})$. Es ist

$$\mathfrak{a}\mathfrak{i} = |\mathfrak{a}| \cos(\mathfrak{a}\mathfrak{i}) = 2$$

$$\cos(\mathfrak{a}\mathfrak{i}) = \frac{2}{\sqrt{14}} = 0.5345$$

$$\sphericalangle\, \mathfrak{a}\mathfrak{i} = 57^0 41',$$

$$\mathfrak{a}\mathfrak{j} = \sqrt{14} \cos(\mathfrak{a}\mathfrak{j}) = -1$$

$$\cos(\mathfrak{a}\mathfrak{j}) = -0.2673$$

$$\sphericalangle\, \mathfrak{a}\mathfrak{j} = 105^0 30',$$

$$\mathfrak{a}\mathfrak{k} = \sqrt{14} \cos(\mathfrak{a}\mathfrak{k}) = 3$$

$$\cos(\mathfrak{a}\mathfrak{k}) = 0.8018$$

$$\sphericalangle\, \mathfrak{a}\mathfrak{k} = 36^0 42'.$$

8 Welchen Winkel bildet der Vektor $\mathfrak{a} = 2\mathfrak{i} - \mathfrak{j} + 3\mathfrak{k}$ mit der $\mathfrak{i}, \mathfrak{j}$-Ebene? Vgl. Fig. 27.

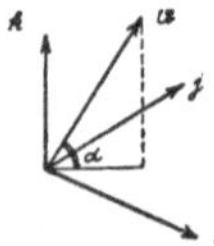

Fig. 27

Der Einheitsvektor $\mathfrak{k}$ steht auf der Ebene $\mathfrak{i}, \mathfrak{j}$ senkrecht. Durch Bildung des skalaren Produktes $\mathfrak{a}\mathfrak{k}$ erhält man

$$\mathfrak{a}\mathfrak{k} = \sqrt{14} \cos\left(\frac{\pi}{2} - \alpha\right) = \sqrt{14} \sin\alpha = 3$$

$$\sin\alpha = 0.8018 \text{ und } \alpha = 53^0 18'.$$

9 Wie groß sind die Komponenten des Einheitsvektors $\bar{\mathfrak{a}}$ von $\mathfrak{a} = 2\mathfrak{i} - \mathfrak{j} + 3\mathfrak{k}$?

$$\bar{\mathfrak{a}} = \frac{\mathfrak{a}}{a} = \frac{\sqrt{14}}{7}\mathfrak{i} - \frac{\sqrt{14}}{14}\mathfrak{j} + \frac{3\sqrt{14}}{14}\mathfrak{k}$$

$$= 0.5345\mathfrak{i} - 0.2673\mathfrak{j} + 0.8018\mathfrak{k}.$$

10 Welchen Winkel bildet der Vektor $\mathfrak{a} = 2\mathfrak{i} - \mathfrak{j} + 3\mathfrak{k}$ mit der durch die Endpunkte der 3 Vektoren $\mathfrak{b} = \mathfrak{i} + \mathfrak{j}$, $\mathfrak{c} = \mathfrak{i} - 2\mathfrak{j} - \mathfrak{k}$ und $\mathfrak{d} = -\mathfrak{j} + 2\mathfrak{k}$ gehenden Ebene?

Die Gleichung einer Ebene ist gegeben durch

(1) $$\mathfrak{N}\mathfrak{r} = ax + by + cz = d,$$

wenn $\mathfrak{r} = (x, y, z) = x\mathfrak{i} + y\mathfrak{j} + z\mathfrak{k}$ der Ortsvektor ist und $\mathfrak{N} = (a, b, c)$ der Normalenvektor, der auf der Ebene senkrecht steht. Nach § 5 lautet die Gleichung einer Ebene

$$(2) \qquad \mathfrak{a}_1 = x\mathfrak{a}_2 + y\mathfrak{a}_3 + \mathfrak{a}_4,$$

wobei $\mathfrak{a}_2$ und $\mathfrak{a}_3$ Vektoren sind, die parallel zur Ebene laufen, und der Endpunkt von $\mathfrak{a}_4$ auf der Ebene liegt. Im vorliegenden Fall können wir setzen

$$\begin{aligned} \mathfrak{a}_2 &= \mathfrak{b} - \mathfrak{c} = (0, 3, 1), \\ \mathfrak{a}_3 &= \mathfrak{b} - \mathfrak{d} = (1, 2, -2), \\ \mathfrak{a}_4 &= \mathfrak{b} \qquad = (1, 1, 0), \end{aligned}$$

und die Gleichung (2) der Ebene lautet:

$$\begin{aligned} \mathfrak{a}_1 &= x(0, 3, 1) + y(1, 2, -2) + (1, 1, 0) \\ &= (y + 1,\ 3x + 2y + 1,\ x - 2y). \end{aligned}$$

Die Ebene ist also durch den Vektor $\mathfrak{a}_1$ mit den Koordinaten

$$\begin{aligned} u &= y + 1, \\ v &= 3x + 2y + 1, \\ w &= x - 2y \end{aligned}$$

bestimmt und nimmt durch Elimination von x und y die Form an:

$$8u - v + 3w = 7.$$

Der auf dieser Ebene senkrecht stehende Normalenvektor $\mathfrak{N}$ ist nach Gleichung (1)

$$\mathfrak{N} = (8, -1, 3).$$

Den gesuchten Winkel finden wir wieder durch Bildung des skalaren Produktes $\mathfrak{a}\mathfrak{N}$, aus dem sich ergibt:

$$\sin\alpha = \cos\left(\frac{\pi}{2} - \alpha\right) = \frac{\mathfrak{N}\,\mathfrak{a}}{|\mathfrak{N}|\,|\mathfrak{a}|} = \frac{26}{\sqrt{74}\,\sqrt{14}} = 0.808,$$

$$\alpha = 53^0 53'.$$

11 Wie lautet die Gleichung der Schnittgeraden $\mathfrak{g} = \mathfrak{a}_1 + \lambda \mathfrak{a}_2$ der beiden Ebenen $2x + y + 3z = 1$ und $x + y - z = 2$?

Wir beachten, daß jede Gerade durch 2 Punkte bestimmt ist. Liegen diese beiden Punkte in *beiden* Ebenen, so ist die Gerade die Schnittgerade. Die Schnittgerade durchsticht die xy-Ebene für $z = 0$, und dieser Durchstoßpunkt liegt in beiden Ebenen, wenn die Koordinaten den Gleichungen genügen

$$2x + y = 1 \text{ und } x + y = 2,$$

also $x = -1$ und $y = 3$ ist. Dieser Punkt, P_1, ist der Endpunkt des Vektors $\mathfrak{P}_1 = (-1, 3, 0)$. — Für die Koordinaten des Durchstoßpunktes der Schnittgeraden durch die yz-Ebene ($x = 0$) finden wir aus

$$y + 3z = 1 \text{ und } y - z = 2$$

die Werte $y = \frac{7}{4}$ und $z = -\frac{1}{4}$, so daß sich als ein 2. Punkt, P_2, der Schnittgeraden der Endpunkt des Vektors $\mathfrak{P}_2 = \left(0, \frac{7}{4}, -\frac{1}{4}\right)$ ergibt.

Die Gleichung der Schnittgeraden ist also

$$\mathfrak{g} = \mathfrak{P}_1 + \lambda(\mathfrak{P}_1 - \mathfrak{P}_2) = (-1, 3, 0) + \lambda\left(-1, \frac{5}{4}, \frac{1}{4}\right).$$

12 Unter welchem Winkel schneiden sich die beiden Ebenen der Aufgabe 11?

Die Normalen schneiden sich unter demselben Winkel, wie die Ebenen. Die Normalen sind

$$\mathfrak{N}_1 = (2, 1, 3) \text{ und } \mathfrak{N}_2 = (1, 1, -1).$$

Den cos des gesuchten Winkels α erhält man aus dem skalaren Produkt

$$\mathfrak{N}_1 \mathfrak{N}_2 = \sqrt{14}\sqrt{3} \cos \alpha = 2 + 1 - 3 = 0.$$

Das skalare Produkt ist Null, das heißt: Die Ebenen stehen aufeinander senkrecht.

13 Wie lauten die Gleichungen der Ebenen, die die Winkel zwischen den Ebenen (E_1) $2x + y + 3z = 1$ und (E_2) $x + y - z = 2$ (Aufgabe 11) halbieren? Vgl. Fig. 28.

Die Normalenvektoren $\mathfrak{N}_3$ und $\mathfrak{N}_4$ der winkelhalbierenden Ebenen müssen die Winkel zwischen den Normalenvektoren $\mathfrak{N}_1$ und $\mathfrak{N}_2$ der gegebenen Ebenen halbieren und durch einen Punkt der Schnittgeraden gehen.

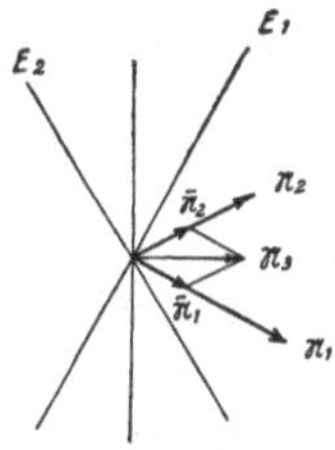

Fig. 28

Nach Aufgabe 12 sind

$$\mathfrak{N}_1 = (2, 1, 3) \text{ und } \mathfrak{N}_2 = (1, 1, -1).$$

Die Summe der beiden Einheitsvektoren $\overline{\mathfrak{N}}_1 + \overline{\mathfrak{N}}_2$ ist ein Vektor, der die Richtung von $\mathfrak{N}_3$ hat, die Differenz $\overline{\mathfrak{N}}_1 - \overline{\mathfrak{N}}_2$ fällt in die Richtung von $\mathfrak{N}_4$. Nun ist

$$(1) \qquad \overline{\mathfrak{N}}_1 + \overline{\mathfrak{N}}_2 = \left(\frac{2}{\sqrt{14}}, \frac{1}{\sqrt{14}}, \frac{3}{\sqrt{14}}\right) + \left(\frac{1}{\sqrt{3}}, \frac{1}{\sqrt{3}}, -\frac{1}{\sqrt{3}}\right),$$

daher bis auf einen Zahlenfaktor, der uns nicht interessiert,

$$(2) \qquad \mathfrak{N}_3 = (2\sqrt{3} + \sqrt{14}, \sqrt{3} + \sqrt{14}, 3\sqrt{3} - \sqrt{14}).$$

Die Gleichung der dazu senkrechten Ebene lautet:

$$(3) \qquad (2\sqrt{3} + \sqrt{14})\,x + (\sqrt{3} + \sqrt{14})\,y + (3\sqrt{3} - \sqrt{14})\,z = \text{const.} = c.$$

Die Konstante c ist so zu wählen, daß die Ebene durch einen Punkt der Schnittgeraden geht. Als solchen nehmen wir den Endpunkt von $\mathfrak{P}_1$ (Aufgabe 11) mit den Koordinaten $-1, 3, 0$. Setzen wir diese in Gleichung (3) ein, so kommt für c der Wert:

$$c = \sqrt{3} + 2\sqrt{14}$$

und damit die Gleichung der einen winkelhalbierenden Ebene:

$$(2\sqrt{3}+\sqrt{14})\,x + (\sqrt{3}+\sqrt{14})\,y + (3\sqrt{3}-\sqrt{14})\,z = \\ = \sqrt{3}+2\sqrt{14}\,.$$

Für die 2. winkelhalbierende Ebene finden wir, wenn wir die Rechnung mit $\overline{\mathfrak{N}}_1 - \overline{\mathfrak{N}}_2$, bzw. $\mathfrak{N}_4$ durchführen, die Gleichung:

$$(2\sqrt{3}-\sqrt{14})\,x + (\sqrt{3}-\sqrt{14})\,y + (3\sqrt{3}+\sqrt{14})\,z = \\ = \sqrt{3}-2\sqrt{14}\,.$$

14 Man bestimme den Vektor $\mathfrak{c}$, der auf den Vektoren $\mathfrak{a} = (1, 2, 3)$ und $\mathfrak{b} = (1, 1, -2)$ senkrecht steht und die Länge (den Betrag) 2 hat.

Es ist $c \cdot \mathfrak{c} = [\mathfrak{a}\mathfrak{b}] = (-7, 5, -1)$, daher

$$|c\mathfrak{c}| = \sqrt{75}. \quad (c \text{ ein Zahlenfaktor}).$$

Da $|\mathfrak{c}| = 2$ sein soll, ergibt sich für c der Wert $\sqrt{75} : 2$ und

$$\mathfrak{c} = \pm\left(\frac{-14}{\sqrt{75}}, \frac{10}{\sqrt{75}}, \frac{-2}{\sqrt{75}}\right).$$

15 Der Vektor $\mathfrak{c}$ stehe auf der durch die Endpunkte der 3 Vektoren $\mathfrak{a}_1 = (1, 0, 2)$, $\mathfrak{a}_2 = (0, 1, 1)$, $\mathfrak{a}_3 = (-1, -1, -2)$ gegebenen Ebene senkrecht und habe den Betrag 4. Wie lauten seine Komponenten?

Die Ebene durch die Endpunkte der 3 Vektoren $\mathfrak{a}_1$, $\mathfrak{a}_2$, $\mathfrak{a}_3$ ist bestimmt durch die beiden Vektoren

$$\mathfrak{d}_1 = (\mathfrak{a}_1 - \mathfrak{a}_2) = (1, -1, 1),$$
$$\mathfrak{d}_2 = (\mathfrak{a}_1 - \mathfrak{a}_3) = (2, 1, 4).$$

Für $\mathfrak{c}$ gilt dann (c ein Zahlenfaktor)

$$c\mathfrak{c} = [\mathfrak{d}_1\mathfrak{d}_2] = (-5, -2, 3),$$
$$|c\mathfrak{c}| = \sqrt{38}\,.$$

Damit $|\mathfrak{c}| = 4$ wird, muß $c = \sqrt{38} : 4$ gesetzt werden und es ist

$$\mathfrak{c} = \left(\frac{-20}{\sqrt{38}}, \frac{-8}{\sqrt{38}}, \frac{12}{\sqrt{38}}\right).$$

Die Aufgabe zeigt, wie man die Gleichung einer Ebene aus der Kenntnis zweier in ihr liegender Vektoren $\mathfrak{v}_1, \mathfrak{v}_2$ aufstellen kann. Die Komponenten c_1, c_2, c_3 des Vektorproduktes $[\mathfrak{v}_1 \mathfrak{v}_2]$ sind die Komponenten der Normale der Ebene, weshalb die Gleichung lautet:

$$c_1 x + c_2 y + c_3 z = \lambda.$$

λ bestimmt man aus der Forderung, daß ein Punkt der Vektoren in der Ebene liegen soll. In obigem Beispiel ist ein solcher Punkt der Endpunkt einer der 3 Vektoren. Die Gleichung der Ebene lautet:

$$-5x - 2y + 3z = 1.$$

16 Es seien gegeben die 4 Vektoren $\mathfrak{a}_1 = (0, 1, 1)$, $\mathfrak{a}_2 = (1, 0, 0)$, $\mathfrak{b}_1 = (2, 2, -1)$, $\mathfrak{b}_2 = (-1, 2, 0)$ im rechtwinkligen Koordinatensystem. Durch ihre Endpunkte verlaufen die Geraden $\mathfrak{g}_1$ und $\mathfrak{g}_2$. Gesucht ist der Vektor $\mathfrak{d}$, der die Geraden verbindet und den kürzesten Abstand der beiden Geraden darstellt. Wie groß ist dieser kürzeste Abstand? Welche Punkte verbindet $\mathfrak{d}$? Vgl. Fig. 29.

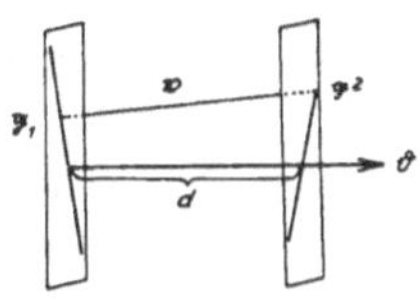

Fig. 29

Da $\mathfrak{d}$ auf den Richtungen $(\mathfrak{a}_2 - \mathfrak{a}_1)$ und $(\mathfrak{b}_2 - \mathfrak{b}_1)$ von $\mathfrak{g}_1$ und $\mathfrak{g}_2$ als kürzester Abstand der beiden Geraden senkrecht steht, ist

$$\begin{aligned}\mathfrak{d} &= c[\mathfrak{a}_2 - \mathfrak{a}_1, \mathfrak{b}_2 - \mathfrak{b}_1] \quad (c \text{ ein Zahlenfaktor})\\ &= c[(1, -1, -1), (-3, 0, 1)] = c(-1, 2, -3).\end{aligned}$$

$\mathfrak{d}$ steht als kürzester Abstand der beiden Geraden auch senkrecht zu den zwei parallelen Ebenen, die durch $\mathfrak{g}_1$, beziehungsweise $\mathfrak{g}_2$ gelegt werden können. Jede andere Verbindung zwischen den Ebenen ist länger als $\mathfrak{d}$; $|\mathfrak{d}|$ ist gleich der Projektion einer solchen anderen Verbindung, also z. B. der Verbindung $\mathfrak{v}$ der beiden Endpunkte von $\mathfrak{a}_1$ und $\mathfrak{b}_1$ in den beiden Ebenen auf die Richtung von $\mathfrak{d}$. Dann ist der gesuchte kürzeste Abstand der Geraden

$$d = \frac{(\mathfrak{b}_1 - \mathfrak{a}_1)\cdot\mathfrak{d}}{|\mathfrak{d}|} = \frac{(\mathfrak{b}_1 - \mathfrak{a}_1)(-1, 2, -3)}{\sqrt{14}} = \frac{3\sqrt{14}}{7}.$$

Die Punkte, die $\mathfrak{d}$ verbindet, seien die Endpunkte der Vektoren $\mathfrak{P}_1$ (auf $\mathfrak{g}_1$) und $\mathfrak{P}_2$ (auf $\mathfrak{g}_2$). Ihre Komponenten finden wir, wenn

$$\mathfrak{g}_1 = \mathfrak{a}_1 + x(\mathfrak{a}_2 - \mathfrak{a}_1) = (x, 1 - x, 1 - x),$$
$$\mathfrak{g}_2 = \mathfrak{b}_1 + y(\mathfrak{b}_2 - \mathfrak{b}_1) = (2 - 3y, 2, y - 1)$$

die Gleichungen der Geraden $\mathfrak{g}_1$ und $\mathfrak{g}_2$ sind, aus

$$\mathfrak{g}_1 + d\bar{\mathfrak{d}} = \mathfrak{g}_2,$$

einer Gleichung, die uns x und y liefert. Daraus ergibt sich

$$\mathfrak{P}_1 = \left(-\frac{1}{7}, \frac{8}{7}, \frac{8}{7}\right) \text{ und } \mathfrak{P}_2 = \left(-\frac{4}{7}, 2, -\frac{1}{7}\right).$$

17 Nach dem Brechungsgesetz von Snellius gilt für einen Lichtstrahl, der von einem Medium I mit der Brechungszahl n_1 in ein anderes Medium II mit der Brechungszahl n_2 geht, die Gleichung

$$n_1 \sin \varepsilon_1 = n_2 \sin \varepsilon_2,$$

wobei ε_1, ε_2 die Winkel zwischen Einfallslot und Lichtstrahl sind, vgl. Fig. 30. Wo verläßt ein in Richtung $\mathfrak{a} = (3, 1, 1) = 3\mathfrak{i} + \mathfrak{j} + \mathfrak{k}$ vom Koordinatenanfang ausgehender Lichtstrahl das Prisma, dessen Begrenzungsebenen durch die Gleichungen $2x + 2y + z = 4$ und

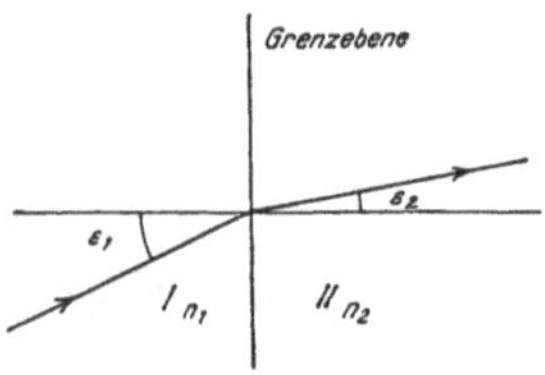

Fig. 30

$x + y = 4$ gegeben sind, wenn für das Prisma $n_2 : n_1 = 1.5$ gilt?

Wir verfolgen den Strahlengang in Richtung $\mathfrak{a}$ bis zur Ebene 1, von dort in der Richtung $\mathfrak{b}$ bis zur Ebene 2, auf der der gesuchte Punkt liegt.

Die Gerade $\mathfrak{g}_1 = \lambda_1 \mathfrak{a}$ von der Richtung $\mathfrak{a}$ trifft auf die Ebene $2x + 2y + z = 4$ in einem Punkt, für den die Komponenten $\lambda_1 a_1, \lambda_1 a_2, \lambda_1 a_3$ die Gleichung der Ebene befriedigen müssen. Aus dieser Forderung folgt: $\lambda_1 = \frac{4}{9}$. Der Vektor bis zum Schnitt der Ebene ist also

$$\mathfrak{v} = \left(\frac{4}{3}, \frac{4}{9}, \frac{4}{9}\right).$$

Für die Richtung von $\mathfrak{a}$, den Winkel ε_1 gilt, wenn $\mathfrak{N} = (2, 2, 1)$ die Normale zur Ebene $(2x + 2y + z = 4)$ ist und $\mathfrak{c}$ den zu $\mathfrak{N}$ und $\mathfrak{a}$ senkrechten Einheitsvektor bedeutet:

$$[\mathfrak{N}\mathfrak{a}] = |\mathfrak{N}|\,|\mathfrak{a}| \sin \varepsilon_1 \mathfrak{c} = (1, 1, -4).$$

Daraus folgt mit $|\mathfrak{N}| = \sqrt{9}$ und $|[\mathfrak{N}\mathfrak{a}]| = 3\sqrt{2}$

$$\sin \varepsilon_1 = \frac{\sqrt{2}}{\sqrt{11}}.$$

Entsprechend gilt für die Richtung von $\mathfrak{b} = (b_1, b_2, b_3)$, bzw. ε_2

$$[\mathfrak{N}\mathfrak{b}] = (2b_3 - b_2, b_1 - 2b_3, 2b_2 - 2b_1) = |\mathfrak{N}|\,|\mathfrak{b}| \sin \varepsilon_2 \bar{\mathfrak{c}},$$

wobei wir die Kenntnis benützen, daß $\mathfrak{a}$, $\mathfrak{b}$ und $\mathfrak{N}$ in derselben Ebene verlaufen, also die Vektoren $[\mathfrak{N}\mathfrak{a}]$ und $[\mathfrak{N}\mathfrak{b}]$ gleiche Richtung haben. Das gibt, wenn wir $\sin \varepsilon_1$ einführen

$$3\,|\mathfrak{b}|\,\frac{2\sqrt{2}\,(1, 1, -4)}{3\sqrt{11}\quad 3\sqrt{2}} = \left(\frac{2}{3}|\mathfrak{b}|\frac{1}{\sqrt{11}}, \frac{2}{3}|\mathfrak{b}|\frac{1}{\sqrt{11}}, \frac{-8}{3}|\mathfrak{b}|\frac{1}{\sqrt{11}}\right) =$$
$$= (2b_3 - b_2, b_1 - 2b_3, 2b_2 - 2b_1).$$

Daraus folgen 3 Gleichungen zur Bestimmung von b_1, b_2, b_3, von denen nur 2 voneinander unabhängig sind, zu denen aber dafür hinzutritt

$$\sqrt{b_1^2 + b_2^2 + b_3^2} = |\mathfrak{b}|.$$

Da es uns nur auf die Richtung von $\mathfrak{b}$ ankommt, können wir für die weitere Rechnung $|\mathfrak{b}| = 1$ setzen. Aus

$$2b_3 - b_2 = \frac{2}{3\sqrt{11}},$$

$$b_1 - 2b_3 = \frac{2}{3\sqrt{11}},$$

$$1 - b_1^2 - b_2^2 = b_3^2$$

folgt

$$b_1 = \frac{\pm 2\sqrt{91} + 6}{9\sqrt{11}}, \quad b_2 = \frac{\pm 2\sqrt{91} - 6}{9\sqrt{11}}, \quad b_3 = \frac{\pm\sqrt{91}}{9\sqrt{11}}.$$

Darin ist das $+$-Zeichen zu nehmen, weil nur dann $\cos(\mathfrak{N}\mathfrak{b})$ und $\cos(\mathfrak{N}\mathfrak{a})$ das gleiche Zeichen haben, wie es sein muß. Damit ist

$$\mathfrak{b} = \left(\frac{2\sqrt{91} + 6}{9\sqrt{11}}, \frac{2\sqrt{91} - 6}{9\sqrt{11}}, \frac{\sqrt{91}}{9\sqrt{11}}\right).$$

Dieser gebrochene Strahl liegt auf der Geraden

$$\mathfrak{g}_2 = \mathfrak{v} + \lambda_2 \mathfrak{b} =$$

$$= \left(\frac{4}{3} + \lambda_2 \frac{2\sqrt{91} + 6}{9\sqrt{11}}, \frac{4}{9} + \lambda_2 \frac{2\sqrt{91} - 6}{9\sqrt{11}}, \frac{4}{9} + \lambda_2 \frac{\sqrt{91}}{9\sqrt{11}}\right).$$

Für den Punkt, in dem die Gerade die Ebene $x + y = 4$ trifft, gilt

$$x = \frac{4}{3} + \lambda_2 \frac{2\sqrt{91} + 6}{9\sqrt{11}} \quad \text{und} \quad y = \frac{4}{9} + \lambda_2 \frac{2\sqrt{91} - 6}{9\sqrt{11}},$$

und aus $x + y = 4$ folgt

$$\lambda_2 = \frac{5\sqrt{11}}{\sqrt{91}}.$$

Der gebrochene Strahl tritt aus der Ebene am Ende des Vektors aus:

$$\mathfrak{P} = \left(\frac{4}{3} + \frac{5\,(2\sqrt{91}+6)}{9\sqrt{91}},\ \frac{4}{9} + \frac{5(2\sqrt{91}-6)}{9\sqrt{91}},\ \frac{4}{9} + \frac{5}{9}\right)$$
$$= (2.7938, 1.2062, 1).$$

18 Gesucht werden die Ebenen, die 3 Kugeln berühren, wenn die Koordinaten M_{ix}, M_{iy}, M_{iz} ihrer Mittelpunkte und ihre Radien r_i $(i = 1, 2, 3)$, siehe Tabelle, gegeben sind.

Kugel i	M_{ix}	M_{iy}	M_{iz}	r_i
1	0	0	0	2
2	2	2	1	3
3	3	2	2	4

Die Gleichung einer Ebene in der Hesseschen Normalform ist

$$\overline{\mathfrak{N}}\mathfrak{v} = ax + by + cz = h \quad \text{mit} \quad a^2 + b^2 + c^2 = 1.$$

Darin geben die a, b, c die Richtung der Normalen an und h den Abstand der Ebene vom Koordinatenanfang, und es ist

$$\overline{\mathfrak{N}} = a\mathfrak{i} + b\mathfrak{j} + c\mathfrak{k} \text{ und } \mathfrak{v} = x\mathfrak{i} + y\mathfrak{j} + z\mathfrak{k}.$$

Für den Endpunkt des Vektors $\mathfrak{M}$ (Kugelmittelpunkt) im Abstand $\mathfrak{r}$ von der Ebene, vgl. Fig. 31, gilt

$$\mathfrak{M} = \mathfrak{v} + \mathfrak{r},$$

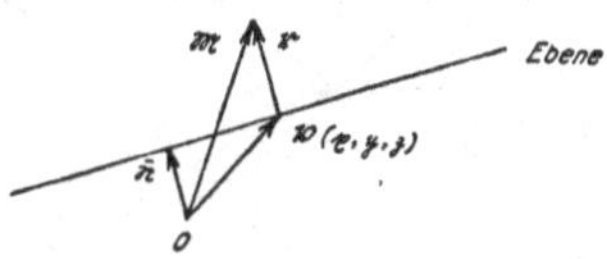

Fig. 31

und die skalare Multiplikation mit $\overline{\mathfrak{N}}$ gibt

$$\overline{\mathfrak{N}}\mathfrak{M} = h + r,$$

ausführlicher:

$$a M_{ix} + b M_{iy} + c M_{iz} = h + r_i .$$

Das gibt mit $a^2 + b^2 + c^2 = 1$ zur Berechnung von a, b, c, h 4 Gleichungen, aus denen $h = -2$ und für a, b, c je 2 Werte folgen:

(1) $$a_1 = 0, \qquad b_1 = 0, \qquad c_1 = 1,$$

(2) $$a_2 = \frac{8}{9}, \qquad b_2 = -\frac{4}{9}, \qquad c_2 = \frac{1}{9}.$$

Dieses Ergebnis liefert die beiden gesuchten Ebenen

$$z = -2 \text{ und } 8x - 4y + z = -18.$$

19 Es wirke an einem im Gleichgewicht befindlichen Seilaggregat, vgl. Fig. 32, im Punkt A, dem Koordinatenanfang, in Richtung $-z$ die Kraft $\mathfrak{R}_0 = 200$ kg. Seil 3 greife im Punkt B, dem Ende einer Stütze an, die durch 2 andere Seile verspannt ist. Es sind die Kräfte, die in den Seilen wirken, und die Kraft, die auf B drückt, zu berechnen. Die Seil- und damit die Kraftrichtungen sind aus der maßstäblich gezeichneten Figur 32 zu entnehmen.

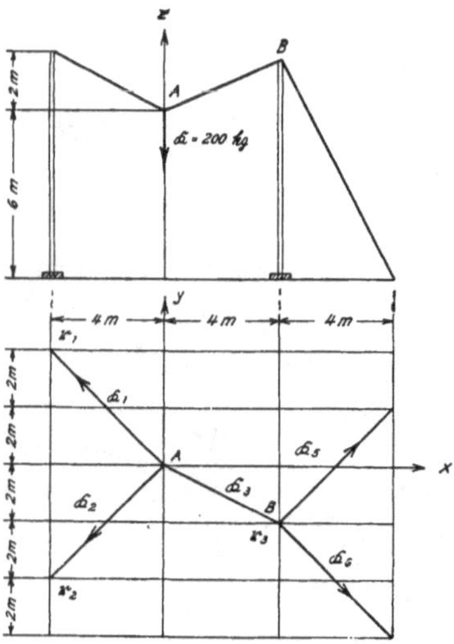

Fig. 32

a) Bestimmung der Kräfte $\mathfrak{R}_i$ ($i = 1, 2, 3$), die sich in A mit $\mathfrak{R}_0$ das Gleichgewicht halten.

(Wir lassen die Längen- und Krafteinheiten (m, kg) in der Rechnung fort.)

Die Einheitsvektoren in Richtung der Kräfte sind $\mathfrak{e}_i = \frac{\mathfrak{r}_i}{|\mathfrak{r}_i|}$ und die Kräfte $\mathfrak{K}_i = K_i \mathfrak{e}_i$ mit den Komponenten X_i, Y_i, Z_i. Dann ist

i	$\mathfrak{r}_i$	$\lvert\mathfrak{r}_i\rvert$	$\mathfrak{e}_i$	X_i	Y_i	Z_i
0	$(0,0,-z)$	z	$(0, \quad 0, \quad -1)$	0	0	-200
1	$(-4,4,2)$	6	$\left(-\frac{2}{3}, \frac{2}{3}, \frac{1}{3}\right)$	$-\frac{2}{3}K_1$	$\frac{2}{3}K_1$	$\frac{1}{3}K_1$
2	$(-4,-4,2)$	6	$\left(-\frac{2}{3}, -\frac{2}{3}, \frac{1}{3}\right)$	$-\frac{2}{3}K_2$	$-\frac{2}{3}K_2$	$\frac{1}{3}K_2$
3	$(4,-2,2)$	$2\sqrt{6}$	$\left(\frac{2}{\sqrt{6}}, \frac{-1}{\sqrt{6}}, \frac{1}{\sqrt{6}}\right)$	$\frac{2}{\sqrt{6}}K_3$	$\frac{-1}{\sqrt{6}}K_3$	$\frac{1}{\sqrt{6}}K_3$

Da $\sum\limits_0^3 \mathfrak{K}_i = 0$, muß auch die Summe der einzelnen Komponenten Null sein, d. h.

$$-\frac{2}{3}K_1 - \frac{2}{3}K_2 + \frac{2}{\sqrt{6}}K_3 = 0,$$

$$\frac{2}{3}K_1 - \frac{2}{3}K_2 - \frac{1}{\sqrt{6}}K_3 = 0,$$

$$\frac{1}{3}K_1 + \frac{1}{3}K_2 + \frac{1}{\sqrt{6}}K_3 = 200.$$

Daraus folgt

$$\begin{aligned} K_1 &= 225\,\text{kg}, & \mathfrak{K}_1 &= (-150,\ 150,\ 75)\,\text{kg},\\ K_2 &= 75\,\text{kg}, & \mathfrak{K}_2 &= (-50,\ -50,\ 25)\,\text{kg},\\ K_3 &= 100\sqrt{6}\,\text{kg}, & \mathfrak{K}_3 &= (200,\ -100,\ 100)\,\text{kg}. \end{aligned}$$

b) Bestimmung der Kräfte $\mathfrak{K}_i (i = 4, 5, 6)$, die sich in B mit $-\mathfrak{K}_3$ das Gleichgewicht halten; $-\mathfrak{K}_4$ ist die Kraft, die auf die Stütze in B, also in Richtung $-z$, drückt (daher vor $\mathfrak{K}_4$ das negative Vorzeichen).

Es ist

i	$\mathfrak{r}_i$	$\lVert\mathfrak{r}_i\rVert$	$\mathfrak{e}_i$	X_i	Y_i	Z_i
4	$(0, 0, +z)$	z	$(0, \quad 0, \quad 1)$	0	0	K_4
5	$(4, 4, -8)$	$4\sqrt{6}$	$\left(\frac{1}{\sqrt{6}}, \frac{1}{\sqrt{6}}, \frac{-2}{\sqrt{6}}\right)$	$\frac{1}{\sqrt{6}} K_5$	$\frac{1}{\sqrt{6}} K_5$	$\frac{-2}{\sqrt{6}} K_5$
6	$(4, -4, -8)$	$4\sqrt{6}$	$\left(\frac{1}{\sqrt{6}}, \frac{-1}{\sqrt{6}}, \frac{-2}{\sqrt{6}}\right)$	$\frac{1}{\sqrt{6}} K_6$	$\frac{-1}{\sqrt{6}} K_6$	$\frac{-2}{\sqrt{6}} K_6$
3	$(-4, 2, -2)$	$2\sqrt{6}$	$\left(-\frac{2}{\sqrt{6}}, \frac{1}{\sqrt{6}}, \frac{-1}{\sqrt{6}}\right)$	$\frac{-2}{\sqrt{6}} K_3$	$\frac{1}{\sqrt{6}} K_3$	$\frac{-1}{\sqrt{6}} K_3$

Daraus ergibt sich wie oben, wenn die bekannten Werte von $\mathfrak{K}_3$ eingesetzt werden:

$$\frac{1}{\sqrt{6}} K_5 + \frac{1}{\sqrt{6}} K_6 - 200 = 0,$$

$$\frac{1}{\sqrt{6}} K_5 - \frac{1}{\sqrt{6}} K_6 + 100 = 0,$$

$$-\frac{2}{\sqrt{6}} K_5 - \frac{2}{\sqrt{6}} K_6 - 100 + K_4 = 0$$

und

$$K_4 = 500 \text{ kg}, \qquad \mathfrak{K}_4 = (0, \quad 0, \quad 500) \text{ kg},$$

$$K_5 = 50\sqrt{6} \text{ kg}, \qquad \mathfrak{K}_5 = (50, \quad 50, \quad -100) \text{ kg},$$

$$K_6 = 150\sqrt{6} \text{ kg}, \qquad \mathfrak{K}_6 = (150, \quad -150, \quad -300) \text{ kg}.$$

Die Stütze nimmt einen Druck von 500 kg auf.

20 Es seien 4 Kräfte $\mathfrak{K}_1$ bis $\mathfrak{K}_4$ gegeben, die durch bewegliche Rollenübertragung in einem gemeinsamen Angriffspunkt A angreifen, vgl. Fig. 33. Gesucht ist die Gleichgewichtslage für $\mathfrak{K}_4$, d. h. die Koordinaten von A bei Gleichgewicht. $K_1 = K_2 = 20$ kg, $K_3 = K_4 = 30$ kg sind die Beträge der Kräfte.

Für die Richtung der Kräfte ergibt die Figur 33.

$$\mathfrak{r}_1 = (-x, a, z) \qquad \text{mit} \quad |\mathfrak{r}_1| = \sqrt{x^2 + a^2 + z^2},$$
$$\mathfrak{r}_2 = (-x, -a, z) \qquad |\mathfrak{r}_2| = \sqrt{x^2 + a^2 + z^2},$$
$$\mathfrak{r}_3 = (2a - x, 0, z) \qquad |\mathfrak{r}_3| = \sqrt{(2a - x)^2 + z^2}.$$

Die Einheitsvektoren der Kräfte sind also (wir lassen in der Rechnung die Längen- und Krafteinheiten fort)

$$\mathfrak{e}_1 = \left(\frac{-x}{\sqrt{x^2+a^2+z^2}}, \frac{a}{\sqrt{x^2+a^2+z^2}}, \frac{z}{\sqrt{x^2+a^2+z^2}}\right),$$
$$\mathfrak{e}_2 = \left(\frac{-x}{\sqrt{x^2+a^2+z^2}}, \frac{-a}{\sqrt{x^2+a^2+z^2}}, \frac{z}{\sqrt{x^2+a^2+z^2}}\right),$$
$$\mathfrak{e}_3 = \left(\frac{2a-x}{\sqrt{(2a-x)^2+z^2}}, 0, \frac{z}{\sqrt{(2a-x)^2+z^2}}\right),$$
$$\mathfrak{e}_4 = (0, 0, -1).$$

Die Gleichgewichtsbedingung lautet:

$$\sum_1^4 \mathfrak{K}_i = \sum_1^4 \mathfrak{e}_i K_i = 0.$$

Das sind 3 Bedingungen für die 3 Komponenten. Von ihnen fällt die für die y-Komponenten fort, da die y-Komponenten der Kräfte $\mathfrak{K}_1$ und $\mathfrak{K}_2$ sich aufheben und die von $\mathfrak{K}_3$ und $\mathfrak{K}_4$ Null sind. Die beiden übrigen Bedingungen lassen x und z berechnen. Es ist

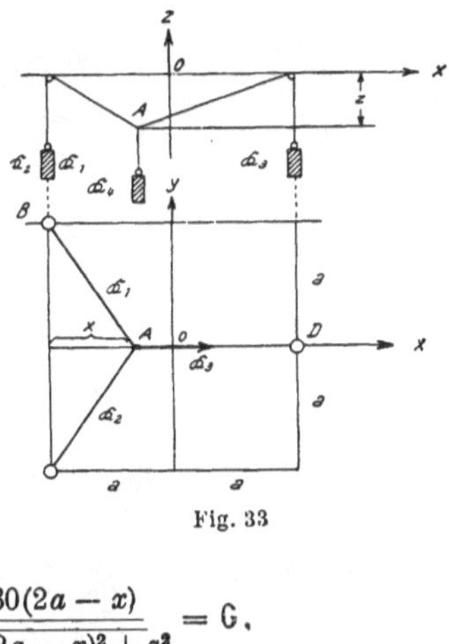

Fig. 33

$$\frac{-40x}{\sqrt{x^2+a^2+z^2}} + \frac{30(2a-x)}{\sqrt{(2a-x)^2+z^2}} = 0,$$

$$\frac{40z}{\sqrt{x^2+a^2+z^2}}+\frac{30z}{\sqrt{(2a-x)^2+z^2}}=30.$$

Daraus findet man leicht

$$\frac{3z(2a-x)+3zx}{\sqrt{(2a-x)^2+z^2}}=3x,$$

$$\frac{4xz+4z(2a-x)}{\sqrt{x^2+a^2+z^2}}=3(2a-x)$$

und durch Elimination von z nach Quadrieren der Gleichungen

$$x^3+\frac{a}{36}x^2=a^3$$

oder, da es uns auf das Verhältnis von $x:a$ ankommt,

$$\left(\frac{x}{a}\right)^3+\frac{1}{36}\left(\frac{x}{a}\right)^2=1$$

und daraus $$x=0.9908a.$$

Dann ist

$$z=0.5756a,$$

und der Punkt A hat bei Gleichgewicht der Kräfte die Koordinaten

$$-0.0092a,\ 0,\ -0.5756a.$$

21 Wie groß ist der Inhalt der von den 3 Vektoren $\mathfrak{a}=(1,1,0)$, $\mathfrak{b}=(1,1,3)$ und $\mathfrak{c}=(0,2,-1)$ aufgespannten Pyramide? (Der Inhalt einer Pyramide ist gleich $\frac{1}{6}$ des Inhalts des zugehörigen Parallelepipeds.) Vgl. Fig. 34.

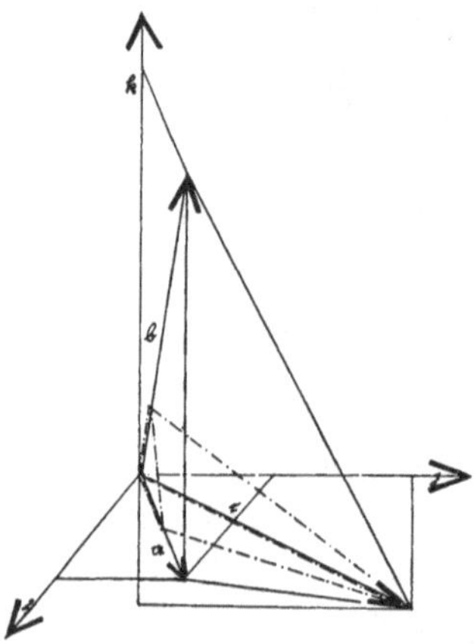

Fig. 34

Nach § 12 ist der Inhalt der Pyramide $J = \frac{1}{6}\mathfrak{c}[\mathfrak{a}\mathfrak{b}]$ und hier mit Rücksicht auf die Vorzeichen der Vektoren

$$J = -\frac{1}{6}\begin{vmatrix} 1 & 1 & 0 \\ 1 & 1 & 3 \\ 0 & 2 & -1 \end{vmatrix} = -\frac{1}{6}(-7+1) = 1.$$

22 Welches Stück (Inhalt) schneidet die Ebene $x + y + z = 1$ von der Pyramide der Aufgabe 21 ab?

Um zu ermitteln, welches Stück durch die Ebene $x + y + z = 1$ abgeschnitten wird, muß man zunächst bestimmen, welche Stücke von den Vektoren $\mathfrak{a}$, $\mathfrak{b}$, $\mathfrak{c}$, gerechnet vom Koordinatenanfang, die Ebene abschneidet. Es seien diese Vektorstücke $\mathfrak{a}^* = \frac{\mathfrak{a}}{\varepsilon_1}$, $\mathfrak{b}^* = \frac{\mathfrak{b}}{\varepsilon_2}$ und $\mathfrak{c}^* = \frac{\mathfrak{c}}{\varepsilon_3}$. Ihre Endpunkte liegen auf der Ebene, d. h. es muß sein

$$\frac{1}{\varepsilon_1} + \frac{1}{\varepsilon_1} + 0 = 1 \qquad \varepsilon_1 = 2,$$

$$\frac{1}{\varepsilon_2} + \frac{1}{\varepsilon_2} + \frac{3}{\varepsilon_2} = 1 \qquad \varepsilon_2 = 5,$$

$$0 + \frac{2}{\varepsilon_3} - \frac{1}{\varepsilon_3} = 1 \qquad \varepsilon_3 = 1.$$

Der Inhalt des abgeschnittenen Stückes ist also

$$J = -\frac{1}{6}\begin{vmatrix} \frac{1}{2} & \frac{1}{2} & 0 \\ \frac{1}{5} & \frac{1}{5} & \frac{3}{5} \\ 0 & 2 & -1 \end{vmatrix} = \frac{1}{6}\frac{3}{5} = \frac{1}{10}.$$

23 Durch Drehung des Vektors $\mathfrak{r}$ um einen Winkel α mit der Drehachse $\bar{\mathfrak{a}}$ (Einheitsvektor) geht $\mathfrak{r}$ in $\mathfrak{r}'$ über nach der Gleichung

$$\mathfrak{r}' = \mathfrak{r} + [\bar{\mathfrak{a}}[\bar{\mathfrak{a}}\mathfrak{r}]](1 - \cos\alpha) + [\bar{\mathfrak{a}}\mathfrak{r}]\sin\alpha.$$

Die Formel ist abzuleiten.

Der Radius des Kreises, auf dem der Endpunkt von $\mathfrak{r}$ sich bei der Drehung bewegt, ist, vgl. Fig. 35,

$$|[\bar{\mathfrak{a}}\,\mathfrak{r}]| = r \sin \varphi = \varrho .$$

Ferner ist

$$|\overrightarrow{EF}| = \varrho(1 - \cos\alpha) \text{ und } \overrightarrow{EF} = [\bar{\mathfrak{a}}\,[\bar{\mathfrak{a}}\,\mathfrak{r}]]\,(1 - \cos\alpha),$$

$$\overrightarrow{FS} = [\bar{\mathfrak{a}}\,\mathfrak{r}] \sin\alpha,$$

also

$$\mathfrak{r}' = \mathfrak{r} + \overrightarrow{EF} + \overrightarrow{FS} = \mathfrak{r} + [\bar{\mathfrak{a}}[\bar{\mathfrak{a}}\,\mathfrak{r}]]\,(1 - \cos\alpha) + [\bar{\mathfrak{a}}\,\mathfrak{r}] \sin\alpha .$$

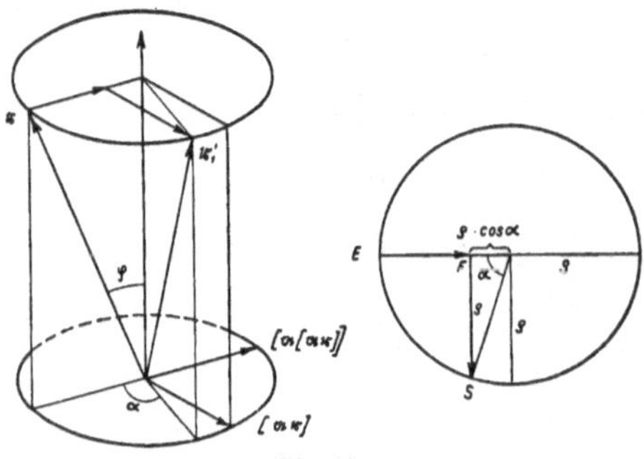

Fig. 35

24 In welchen Vektor geht der Vektor $\mathfrak{c} = (1, 1, 1)$ über, wenn man ihn erst um die Drehachse $\bar{\mathfrak{a}} = \left(\frac{6}{7}, \frac{3}{7}, \frac{2}{7}\right)$, dann um die Drehachse $\bar{\mathfrak{b}} = \left(\frac{3}{5}, \frac{4}{5}, 0\right)$ jeweils um den Winkel $\frac{\pi}{2}$ dreht? – Wie lautet der sich aus $\mathfrak{c}$ ergebende Vektor, wenn man die beiden Drehungen vertauscht, d. h. den Vektor erst um $\bar{\mathfrak{b}}$ und dann um $\bar{\mathfrak{a}}$ wieder jeweils um den Winkel $\frac{\pi}{2}$ dreht?

Nach Aufgabe 23 geht ein Vektor $\mathfrak{r}$ durch Drehung um den Winkel $\frac{\pi}{2}$ mit der Drehachse $\bar{\mathfrak{a}}$ über in

$$\mathfrak{r}' = \mathfrak{r} + [\bar{\mathfrak{a}}[\bar{\mathfrak{a}}\mathfrak{r}]] + [\bar{\mathfrak{a}}\mathfrak{r}].$$

Nach § 13 ist

$$[\mathfrak{a}[\mathfrak{a}\mathfrak{r}]] = (\mathfrak{r}\mathfrak{a})\,\mathfrak{a} - \mathfrak{a}^2\mathfrak{r}.$$

Setzt man dies in die Gleichung für $\mathfrak{r}'$ ein, und beachtet $\mathfrak{a}^2 = 1$, so kommt

$$\mathfrak{r}' = (\mathfrak{r}\bar{\mathfrak{a}})\,\bar{\mathfrak{a}} + [\bar{\mathfrak{a}}\mathfrak{r}].$$

Nach dieser Formel erhalten wir aus $\mathfrak{c}$ durch die Drehung um $\bar{\mathfrak{a}}$

$$\mathfrak{c}_1' = \frac{11}{7}\bar{\mathfrak{a}} + \left(\frac{1}{7}, \frac{-4}{7}, \frac{3}{7}\right) = \left(\frac{73}{49}, \frac{5}{49}, \frac{43}{49}\right)$$

und durch die weitere Drehung um $\bar{\mathfrak{b}}$

$$\mathfrak{c}_1'' = (1.28735, 0.25388, -1.13061).$$

Dreht man erst um $\bar{\mathfrak{b}}$, so kommt

$$\mathfrak{c}_2' = \left(\frac{41}{25}, \frac{13}{25}, -\frac{1}{5}\right)$$

und bei weiterer Drehung um $\bar{\mathfrak{a}}$

$$\mathfrak{c}_2'' = (1.11265, 1.31347, 0.19184).$$

25 Welche Bedingungen müssen die 3 nichtverschwindenden Vektoren $\mathfrak{a}, \mathfrak{b}$ und $\mathfrak{c}$ erfüllen, damit $[[\mathfrak{a}\mathfrak{b}]\,\mathfrak{c}] = \mathfrak{a}$ gilt?

Nach § 13 ist

$$[[\mathfrak{a}\mathfrak{b}]\,\mathfrak{c}] = (\mathfrak{a}\mathfrak{c})\,\mathfrak{b} - (\mathfrak{b}\mathfrak{c})\,\mathfrak{a}.$$

Soll obige Beziehung bestehen, dann müssen die Vektoren folgende Bedingungen erfüllen:

1) Aus $[\mathfrak{a}\mathfrak{b}] \neq 0$ folgt $\mathfrak{b} \neq \text{const} \cdot \mathfrak{a}$.
2) Aus $(\mathfrak{a}\mathfrak{c}) = 0$ folgt $\mathfrak{a} \perp \mathfrak{c}$.
3) Aus $(\mathfrak{b}\mathfrak{c}) = -1$ folgt $|\mathfrak{b}|\,|\mathfrak{c}| \cos(\mathfrak{b}\mathfrak{c}) = -1$, d. h. der Winkel zwischen $\mathfrak{b}$ und $\mathfrak{c}$ muß größer sein als $\frac{\pi}{2}$; mindestens einer der beiden Vektoren $\mathfrak{b}$ und $\mathfrak{c}$ hat einen Betrag größer als 1.

26 Es ist der reziproke Vektor $\mathfrak{a}'$ des Vektors $\mathfrak{a} = 2\mathfrak{i} - \mathfrak{j} - \mathfrak{k}$ zu berechnen. —

$$\mathfrak{a} = (2, -1, 1); \quad |\mathfrak{a}| = \sqrt{6};$$
$$\bar{\mathfrak{a}} = \left(\frac{2}{\sqrt{6}}, \frac{-1}{\sqrt{6}}, \frac{1}{\sqrt{6}}\right),$$
$$\mathfrak{a}' = \frac{1}{|\mathfrak{a}|}\bar{\mathfrak{a}} = \left(\frac{2}{6}, \frac{-1}{6}, \frac{1}{6}\right).$$

27 Es seien die 3 Vektoren $\mathfrak{f}, \mathfrak{g}, \mathfrak{h}$ gegeben als die Kanten einer Pyramide von der Spitze bis zur Grundfläche, die ein gleichseitiges Dreieck mit der Seitenlänge $a = 3$ ist. Das von der Spitze auf die Grundfläche gefällte Lot soll diese im Mittelpunkt treffen und die Länge $l = 10$ haben. Zu berechnen sind die Längen der Vektoren, ihre skalaren Produkte, die Größe $(\mathfrak{f}\mathfrak{g}\mathfrak{h})$ und das reziproke Vektortripel $\mathfrak{f}', \mathfrak{g}', \mathfrak{h}'$.

Aus den geometrischen Angaben folgt mit Hilfe des „Pythagoras"

$$|\mathfrak{f}| = |\mathfrak{g}| = |\mathfrak{h}| = \sqrt{103} \quad \text{und} \quad \left|\frac{\mathfrak{f}+\mathfrak{g}}{2}\right| = \frac{1}{2}\sqrt{403}.$$

Daraus ergibt sich weiter

$$\mathfrak{f}\mathfrak{f} = \mathfrak{g}\mathfrak{g} = \mathfrak{h}\mathfrak{h} = 103 \text{ und mit}$$
$$\frac{\mathfrak{f}+\mathfrak{g}}{2} \cdot \frac{\mathfrak{f}+\mathfrak{g}}{2} = \frac{1}{4}(\mathfrak{f}\mathfrak{f} + 2\mathfrak{f}\mathfrak{g} + \mathfrak{g}\mathfrak{g}) = \frac{1}{4}(206 + 2\mathfrak{f}\mathfrak{g}) =$$
$$= \frac{1}{4} \cdot 403$$

$$\mathfrak{f}\mathfrak{g} = \mathfrak{g}\mathfrak{h} = \mathfrak{h}\mathfrak{f} = \frac{197}{2}.$$

Zur Bestimmung von $(\mathfrak{f}\mathfrak{g}\mathfrak{h})$ beachten wir, daß $(\mathfrak{f}\mathfrak{g}\mathfrak{h})$ das Volumen des Parallelepipeds aus den 3 Vektoren $\mathfrak{f}\mathfrak{g}\mathfrak{h}$ ist und daß dieses Volumen das 6fache des Volumens V der Pyramide mit der Grundfläche G und der Höhe l ist.

$$V = \frac{1}{3} G \cdot l = \frac{15}{2} \sqrt{3}\,,$$

daher

$$(\mathfrak{f}\mathfrak{g}\mathfrak{h}) = 45 \sqrt{3}\,.$$

Zur Berechnung von $\mathfrak{f}', \mathfrak{g}', \mathfrak{h}'$ machen wir zunächst den Ansatz:

$$\mathfrak{f}' = \alpha \mathfrak{f} + \beta(\mathfrak{g} + \mathfrak{h}),$$

indem wir uns erinnern, daß $\mathfrak{f}'$ auf der Ebene mit den Vektoren $\mathfrak{g}$ und $\mathfrak{h}$ senkrecht steht und die Projektion von $\mathfrak{f}$ auf diese Ebene die Richtung des Vektors $\mathfrak{g} + \mathfrak{h}$ hat. Wir multiplizieren skalar mit $\mathfrak{f}$ und mit $\mathfrak{g}$ und erhalten dadurch 2 Gleichungen, die uns liefern

$$\alpha = \frac{403}{2700} = 0.14926, \quad \beta = -\frac{197}{2700} = -0.07296.$$

(Nach § 15 ist $\mathfrak{f}\mathfrak{f}' = 1$ und $\mathfrak{g}\mathfrak{f}' = 0$.) Damit erhalten wir

$$\begin{aligned} \mathfrak{f}' &= 0.149\mathfrak{f} - 0.073\mathfrak{g} - 0.073\mathfrak{h}, \\ \mathfrak{g}' &= -0.073\mathfrak{f} + 0.149\mathfrak{g} - 0.073\mathfrak{h}, \\ \mathfrak{h}' &= -0.073\mathfrak{f} - 0.073\mathfrak{g} + 0.149\mathfrak{h}. \end{aligned}$$

28 Es seien die 3 Vektoren $\mathfrak{u}, \mathfrak{v}, \mathfrak{w}$ durch

$$\begin{aligned} \mathfrak{u} &= 2\mathfrak{f} + \mathfrak{g} - \mathfrak{h}, \\ \mathfrak{v} &= \mathfrak{f} + 3\mathfrak{h}, \\ \mathfrak{w} &= -\mathfrak{f} + 3\mathfrak{g} + \mathfrak{h}, \end{aligned}$$

in den Vektoren $\mathfrak{f}, \mathfrak{g}, \mathfrak{h}$ der Aufgabe 27 ausgedrückt, also in

Vektoren, die nicht rechtwinklig zueinander stehen. Man berechne die Produkte $\mathfrak{u}\mathfrak{v}$, $(\mathfrak{u}\mathfrak{v}\mathfrak{w})$ und $[\mathfrak{u}\mathfrak{v}]$.

Mit den in Aufgabe 27 berechneten Werten der Produkte folgt

$$\mathfrak{u}\mathfrak{v} = 2\mathfrak{f}\mathfrak{f} - 3\mathfrak{h}\mathfrak{h} + \mathfrak{f}\mathfrak{g} + 3\mathfrak{g}\mathfrak{h} + 5\mathfrak{h}\mathfrak{f} = 783.5,$$

$$(\mathfrak{u}\mathfrak{v}\mathfrak{w}) = (\mathfrak{f}\mathfrak{g}\mathfrak{h}) \begin{vmatrix} 2 & 1 & -1 \\ 1 & 0 & 3 \\ -1 & 3 & 1 \end{vmatrix} = -25\,(\mathfrak{f}\mathfrak{g}\mathfrak{h}),$$

$$[\mathfrak{u}\mathfrak{v}] = (\mathfrak{f}\mathfrak{g}\mathfrak{h}) \begin{vmatrix} \mathfrak{f}' & \mathfrak{g}' & \mathfrak{h}' \\ 2 & 1 & -1 \\ 1 & 0 & 3 \end{vmatrix} = (\mathfrak{f}\mathfrak{g}\mathfrak{h})\,(3\mathfrak{f}' - 7\mathfrak{g}' - \mathfrak{h}')$$

$$= (\mathfrak{f}\mathfrak{g}\mathfrak{h})\,(1.031\mathfrak{f} - 1.191\mathfrak{g} + 0.143\mathfrak{h}).$$

29 Es seien

$$(1) \qquad u(x, y, z), \; v(x, y, z), \; w(x, y, z)$$

reelle Funktionen, welche einen Bereich B des Wertetripels (x, y, z) umkehrbar, eindeutig auf einen Bereich B' des reellen Wertetripels (u, v, w) abbilden. Die Umkehrfunktionen sind

$$(2) \qquad x(u, v, w), \; y(u, v, w), \; z(u, v, w).$$

Dann sind die zum Punkt P mit den Koordinaten (x, y, z) bzw. (u, v, w) gehörenden Vektoren

$$\mathfrak{a} = \frac{\partial x}{\partial u}\mathfrak{i} + \frac{\partial y}{\partial u}\mathfrak{j} + \frac{\partial z}{\partial u}\mathfrak{k}, \quad \text{und} \quad \mathfrak{a}' = \frac{\partial u}{\partial x}\mathfrak{i} + \frac{\partial u}{\partial y}\mathfrak{j} + \frac{\partial u}{\partial z}\mathfrak{k},$$

$$\mathfrak{b} = \frac{\partial x}{\partial v}\mathfrak{i} + \frac{\partial y}{\partial v}\mathfrak{j} + \frac{\partial z}{\partial v}\mathfrak{k}, \qquad \mathfrak{b}' = \frac{\partial v}{\partial x}\mathfrak{i} + \frac{\partial v}{\partial y}\mathfrak{j} + \frac{\partial v}{\partial z}\mathfrak{k},$$

$$\mathfrak{c} = \frac{\partial x}{\partial w}\mathfrak{i} + \frac{\partial y}{\partial w}\mathfrak{j} + \frac{\partial z}{\partial w}\mathfrak{k}, \qquad \mathfrak{c}' = \frac{\partial w}{\partial x}\mathfrak{i} + \frac{\partial w}{\partial y}\mathfrak{j} + \frac{\partial w}{\partial z}\mathfrak{k}$$

zwei zueinander reziproke Vektortripel. Das ist zu beweisen.

Man stelle

$$dx = \frac{\partial x}{\partial u} du + \frac{\partial x}{\partial v} dv + \frac{\partial x}{\partial w} dw$$

mit Hilfe von

$$du = \frac{\partial u}{\partial x} dx + \frac{\partial u}{\partial y} dy + \frac{\partial u}{\partial z} dz \text{ und } dv = \cdots \text{ und } dw = \cdots$$

als Linearkombination

$$dx \equiv A\,dx + B\,dy + C\,dz$$

dar. Sie ist nur identisch erfüllt, wenn

$$A = 1, \quad B = C = 0.$$

Das bedeutet $\mathfrak{a}\mathfrak{a}' = 1$ und $\mathfrak{a}\mathfrak{b}' = \mathfrak{a}\mathfrak{c}' = 0$, die Kriterien für die Reziprozität und Orthogonalität der Vektortripel, da gleiches für die anderen Vektoren gilt.

30 Der Ortsvektor $\mathfrak{r} = x\mathfrak{i} + y\mathfrak{j} + z\mathfrak{k}$ eines Punktes P sei eine Funktion der Zeit. Man ermittle die Geschwindigkeit $\mathfrak{v} = \frac{d\mathfrak{r}}{dt}$ und die Beschleunigung $\mathfrak{b} = \frac{d\mathfrak{v}}{dt}$ und zerlege $\mathfrak{b}$ in eine Komponente $\mathfrak{b}_t$ in Richtung von $\mathfrak{v}$ und eine $\mathfrak{b}_n$ senkrecht zu $\mathfrak{v}$. Für x, y, z gelte:

a) $x(t) = \cos t$, $y(t) = \sin t$, $z(t) = t$.

b) $x(t) = t\cos t$, $y(t) = t\sin t$, $z(t) = -t$.

c) $x(t) = t$, $y(t) = t^2$, $z(t) = t^3$.

Wir finden:

zu a) $\mathfrak{v} = \begin{pmatrix} -\sin t \\ \cos t \\ 1 \end{pmatrix}$, $\mathfrak{b} = \begin{pmatrix} -\cos t \\ -\sin t \\ 0 \end{pmatrix}$, $\mathfrak{b}_t = \frac{\mathfrak{b}\mathfrak{v}}{\mathfrak{v}^2}\mathfrak{v}$, $\mathfrak{b}_n = \mathfrak{b} - \mathfrak{b}_t$ (§ 18)

$$\mathfrak{b}\mathfrak{v} = \sin t \cos t - \cos t \sin t = 0.$$

$$\mathfrak{b}_t = 0, \quad \mathfrak{b}_n = \mathfrak{b}.$$

zu b)[1] $\mathfrak{r} = t\begin{pmatrix}\cos t\\ \sin t\\ -1\end{pmatrix} \equiv t\mathfrak{a}, \quad \mathfrak{v} = \mathfrak{a} + t\begin{pmatrix}-\sin t\\ \cos t\\ 0\end{pmatrix} \equiv \mathfrak{a} + t\dot{\mathfrak{a}},$

$$\mathfrak{b} = 2\dot{\mathfrak{a}} + t\begin{pmatrix}-\cos t\\ -\sin t\\ 0\end{pmatrix} \equiv 2\dot{\mathfrak{a}} + t\ddot{\mathfrak{a}}.$$

$$\mathfrak{a}\mathfrak{a} = 2, \quad \mathfrak{a}\dot{\mathfrak{a}} = 0, \quad \mathfrak{a}\ddot{\mathfrak{a}} = -1,$$
$$\dot{\mathfrak{a}}\dot{\mathfrak{a}} = 1, \quad \dot{\mathfrak{a}}\ddot{\mathfrak{a}} = 0.$$

$$\mathfrak{b}\mathfrak{v} = (2\dot{\mathfrak{a}} + t\ddot{\mathfrak{a}})(\mathfrak{a} + t\dot{\mathfrak{a}}) = 2t - t = t,$$
$$\mathfrak{v}^2 = (\mathfrak{a} + t\dot{\mathfrak{a}})(\mathfrak{a} + t\dot{\mathfrak{a}}) = 2 + t^2,$$
$$\mathfrak{b}_t = \frac{t}{2 + t^2}(\mathfrak{a} + t\dot{\mathfrak{a}}).$$

zu c) $\mathfrak{v} = (1, 2t, 3t^2), \quad \mathfrak{b} = (0, 2, 6t),$

$$\mathfrak{b}\mathfrak{v} = 4t + 18t^3, \quad \mathfrak{v}^2 = 1 + 4t^2 + 9t^4,$$
$$\mathfrak{b}_t = \frac{4t + 18t^3}{1 + 4t^2 + 9t^4}(1, 2t, 3t^2).$$

31 Welches Gebilde beschreibt die Spitze von $\mathfrak{r} = x\mathfrak{i} + y\mathfrak{j} + z\mathfrak{k}$, wenn x, y, z Funktionen von u, v, w sind und nur u variabel, v und w konstant? Wie lautet der Tangentenvektor?

$\mathfrak{r}$ beschreibt eine Raumkurve mit dem Tangentenvektor

$$\mathfrak{a} = \frac{\partial x}{\partial u}\mathfrak{i} + \frac{\partial y}{\partial u}\mathfrak{j} + \frac{\partial z}{\partial u}\mathfrak{k}.$$

32 Wie lautet der Normalenvektor zu der Fläche, die durch $\mathfrak{r} = x\mathfrak{i} + y\mathfrak{j} + z\mathfrak{k}$ gegeben ist, wenn x, y, z Funktionen von u, v, w sind und u konstant gehalten wird?

Der Normalenvektor steht auf

$$\mathfrak{b} = \frac{\partial x}{\partial v}\mathfrak{i} + \frac{\partial y}{\partial v}\mathfrak{j} + \frac{\partial z}{\partial v}\mathfrak{k}$$

[1] $\dot{\mathfrak{a}} = \frac{d\mathfrak{a}}{dt}, \quad \ddot{\mathfrak{a}} = \frac{d^2\mathfrak{a}}{dt^2}.$

und

$$\mathfrak{c} = \frac{\partial x}{\partial w}\mathfrak{i} + \frac{\partial y}{\partial w}\mathfrak{j} + \frac{\partial z}{\partial w}\mathfrak{k}$$

senkrecht und ist

$$\mathfrak{a}' = \frac{\partial u}{\partial x}\mathfrak{i} + \frac{\partial u}{\partial y}\mathfrak{j} + \frac{\partial u}{\partial z}\mathfrak{k}.$$

33 In § 10 wurde gezeigt, daß Größe und Richtung des statischen Momentes $\mathfrak{M}$ durch Änderung des Angriffspunktes der resultierenden Einzelkraft $\Sigma\,\mathfrak{P}_i = \mathfrak{R}$ geändert wird. Es soll die Bedingung aufgesucht werden dafür, daß das resultierende statische Moment den kleinsten möglichen Wert annimmt.

Die Aufgabe läuft darauf hinaus (die Bedeutung der Buchstaben s. § 10), den Vektor $\mathfrak{a}$ zu finden, für den der absolute Betrag des Moments $\mathfrak{M}$ ·

1) $$\mathfrak{M} = \Sigma\,[\mathfrak{r}_i\mathfrak{P}_i] - \Sigma\,[\mathfrak{a}\mathfrak{P}_i]$$

ein Minimum wird.

Durch skalare Multiplikation mit $\mathfrak{M}$ folgt

2) $$\mathfrak{M}^2 = \Sigma\,[\mathfrak{r}_i\mathfrak{P}_i]\cdot\mathfrak{M} + \mathfrak{a}\,\Sigma\,[\mathfrak{M}\mathfrak{P}_i],$$

und als Minimumbedingung ergibt sich: Die Änderung von $\mathfrak{M}^2$ infolge Änderung von $\mathfrak{a}$ muß für jede beliebige Änderung von $\mathfrak{a}$ Null sein. Wir differenzieren und erhalten

$$d\mathfrak{M}\,\{2\mathfrak{M} - \Sigma\,[\mathfrak{r}_i\mathfrak{P}_i] + [\mathfrak{a}\Sigma\mathfrak{P}_i]\} = d\mathfrak{a}[\mathfrak{M}\Sigma\mathfrak{P}_i].$$

Da $d\mathfrak{M}$ für alle $d\mathfrak{a}$ Null sein soll, wenn $\mathfrak{M} = \mathfrak{M}_0$ das kleinste statische Moment ist, muß der Faktor von $d\mathfrak{a}$ Null sein oder:

(3) $$\Sigma\,[\mathfrak{M}_0\mathfrak{P}_i] = [\mathfrak{M}_0\,\Sigma\,\mathfrak{P}_i] = 0,$$

d. h. es ist die Richtung des resultierenden kleinsten statischen Momentes $\mathfrak{M}_0$ parallel zur Richtung der resultierenden Einzelkraft.

Der Betrag von $\mathfrak{M}_0$ ergibt sich durch skalare Multiplikation der Gleichung (1) mit $\mathfrak{R} = \Sigma\, \mathfrak{P}_i$, da $\mathfrak{M}_0$ und $\mathfrak{R}$ parallel laufen, aus

$$|\mathfrak{M}_0|\,|\mathfrak{R}| = \Sigma\,[\mathfrak{r}_i \mathfrak{P}_i]\,\mathfrak{R} \quad \text{zu} \quad |\mathfrak{M}_0| = \mathfrak{M}\overline{\mathfrak{R}}.$$

Hat man also ein gegebenes Kraftsystem am starren Körper zu einer am Punkt 0 angreifenden resultierenden Einzelkraft $\mathfrak{R}$ und einem resultierenden statischen Moment $\mathfrak{M}$ zusammengefaßt, so ist das kleinste resultierende Moment der Größe und Richtung nach gleich der senkrechten Projektion von $\mathfrak{M}$ auf die Richtung der Einzelkraft $\mathfrak{R}$.

Den Angriffspunkt der Einzelkraft für den Fall des kleinsten Moments finden wir durch vektorische Multiplikation der Gleichung (1) mit $\mathfrak{R}$. Dabei ergibt sich

$$0 = [\mathfrak{M}_0 \mathfrak{R}] - [[\mathfrak{a}_0 \mathfrak{R}]\,\mathfrak{R}]$$

oder

$$\mathfrak{a}_0 = -\frac{[\mathfrak{M}\overline{\mathfrak{R}}]}{|\mathfrak{R}|} + \overline{\mathfrak{R}}(\mathfrak{a}_0 \overline{\mathfrak{R}}).$$

Da man ohne Änderung des Moments den Angriffspunkt in Richtung der resultierenden Einzelkraft verschieben kann, so darf man das 2. Glied rechts weglassen, ohne an der Bedeutung des $\mathfrak{a}_0$, den Bezugspunkt des kleinsten Momentes zu definieren, etwas zu ändern. Es liegt also der zum kleinsten Moment gehörende Angriffspunkt der resultierenden Einzelkraft in der zur Richtung der Resultante parallelen Geraden, welche durch den Endpunkt des Vektors $\mathfrak{a}_0$ geht, wenn

$$\mathfrak{a}_0 = -\frac{[\mathfrak{M}_0 \overline{\mathfrak{R}}]}{|\mathfrak{R}|}$$

ist und von dem zu $\mathfrak{M}_0$ gehörigen Angriffspunkt ausgeht.

34 Es sei die skalare Funktion von x, y, z gegeben

$$V = ax^2 + by^2 + cz^2 + 2dxy + 2eyz + 2fzx + 2gx + \\ + 2hy + 2kz.$$

Welche Bedingungen müssen die (konstanten) Koeffizienten $a, b, \dots k$ erfüllen, wenn der Winkel φ zwischen

$$\operatorname{grad} V = \frac{\partial V}{\partial x}\mathfrak{i} + \frac{\partial V}{\partial y}\mathfrak{j} + \frac{\partial V}{\partial z}\mathfrak{k} \quad \text{und} \quad \mathfrak{r} = x\mathfrak{i} + y\mathfrak{j} + z\mathfrak{k}$$

nur von der Richtung des Vektors $\mathfrak{r}$ (also nicht von $|\mathfrak{r}|$) abhängen soll?

$V = \text{const}$ ist die Gleichung einer Fläche zweiten Grades. Der Vektor grad V ist Normalenvektor dieser Fläche. Der Winkel φ zwischen grad V und $\mathfrak{r}$ ist von $|\mathfrak{r}|$ unabhängig, wenn die Fläche eine Mittelpunktsfläche (Ellipsoid, Hyperboloid) ist, deren Mittelpunkt im Koordinatenanfang liegt. Das ist der Fall, wenn $g = h = k = 0$ und

$$\begin{vmatrix} a & d & f \\ d & b & e \\ f & e & c \end{vmatrix} \neq 0 \text{ ist.}$$

35 Es sei eine skalare Funktion $V(x, y, z)$ gegeben durch $V = x^2y - 2xyz + xz$. Man berechne das Integral $J(s) = \int_0^s dV$. Darin bedeutet s die Bogenlänge des bei $x = 2, y = z = 1$ beginnenden und in der Richtung $2\mathfrak{i} + \mathfrak{j} + \mathfrak{k}$ geradlinig verlaufenden Integrationsweges.

Der Integrationsweg kann vektorisch beschrieben werden durch

$$\mathfrak{a} = (2, 1, 1) + t(2, 1, 1),$$

wobei $t = 0$ den Beginn des Weges bedeutet. Längs des Integrationsweges ist dann

$$x = 2(1 + t),\ y = 1 + t,\ z = 1 + t,$$

und es wird

$$V = 4(1 + t)^3 - 4(1 + t)^3 + 2(1 + t)^2 = 2(1 + t)^2,$$

also
$$dV = 4(1 + t)\, dt.$$

Wegen $s = \sqrt{6}t$ folgt

$$J(s) = 4\int_0^s \left(1 + \frac{s}{\sqrt{6}}\right)\frac{ds}{\sqrt{6}} = \frac{2}{3}\int_0^s (\sqrt{6} + s)\, ds.$$

36 Es sei ein Vektorfeld gegeben durch $\mathfrak{V} = x^2y\mathfrak{i} + y^2z\mathfrak{j} + xyz\mathfrak{k}$. Man berechne das Integral $\mathfrak{w} = \int_{\mathfrak{r}_1}^{\mathfrak{r}_2} d\mathfrak{V}$ längs des folgenden von $\mathfrak{r}_1 = (0, 1, 0)$ nach $\mathfrak{r}_2 = (3, 4, 2)$ führenden Weges

1. Teilweg von (0, 1, 0) geradlinig nach (2, 3, 1),
2. Teilweg von (2, 3, 1) geradlinig nach (2, 4, 2),
3. Teilweg von (2, 4, 2) geradlinig nach (3, 4, 2).

$\mathfrak{w}$ ist in der Form $\mathfrak{w} = w_1\mathfrak{i} + w_2\mathfrak{j} + w_3\mathfrak{k}$ darzustellen.

Aus $\mathfrak{V}$ folgt

$$d\mathfrak{V} = \begin{pmatrix} 2xy\,dx + x^2\,dy \\ 2yz\,dy + y^2\,dz \\ yz\,dx + xz\,dy + xy\,dz \end{pmatrix}$$

Die Integrationswege sind, wenn λ, μ, ν Parameter sind, die das Intervall 0 bis 1 durchlaufen:

1. Teilweg: $\mathfrak{a}_1 = (0, 1, 0) + \lambda(2, 2, 1)$,
mit $x = 2\lambda,\; y = 1 + 2\lambda,\; z = \lambda,$
$dx = 2d\lambda,\; dy = 2d\lambda,\; dz = d\lambda.$

2. Teilweg: $\mathfrak{a}_2 = (2, 3, 1) + \mu(0, 1, 1)$
mit $x = 2,\; y = 3 + \mu,\; z = 1 + \mu,$
$dx = 0,\; dy = d\mu,\; dz = d\mu.$

3. Teilweg: $\mathfrak{a}_3 = (2, 4, 2) + \nu(1, 0, 0)$
mit $x = 2 + \nu,\; y = 4,\; z = 2,$
$dx = d\nu,\; dy = 0,\; dz = 0.$

Damit wird längs des 1. Teilweges

$$dV = \begin{pmatrix}(24\lambda^2 + 8\lambda)\,d\lambda \\ (12\lambda^2 + 8\lambda + 1)\,d\lambda \\ (12\lambda^2 + 4\lambda)\,d\lambda\end{pmatrix}$$

$$= 12\lambda^2\begin{pmatrix}2\\1\\1\end{pmatrix}d\lambda + 4\lambda\begin{pmatrix}2\\2\\1\end{pmatrix}d\lambda + \begin{pmatrix}0\\1\\0\end{pmatrix}d\lambda$$

und

$$\int_{a_1} d\mathfrak{V} = \left[4\lambda^3\begin{pmatrix}2\\1\\1\end{pmatrix} + 2\lambda^2\begin{pmatrix}2\\2\\1\end{pmatrix} + \lambda\begin{pmatrix}0\\1\\0\end{pmatrix}\right]_0^1 =$$

$$= \begin{pmatrix}8\\4\\4\end{pmatrix} + \begin{pmatrix}4\\4\\2\end{pmatrix} + \begin{pmatrix}0\\1\\0\end{pmatrix} = 12\,\mathfrak{i} + 9\,\mathfrak{j} + 6\,\mathfrak{k}.$$

Analoges gilt für die beiden anderen Teilwege, so daß folgt

$$\mathfrak{w} = 36\,\mathfrak{i} + 32\,\mathfrak{j} + 24\,\mathfrak{k}.$$

37 Der Punkt P eines elastischen Körpers liege vor dessen Deformation bei $x\mathfrak{i} + y\mathfrak{j} + z\mathfrak{k}$ und nach der Deformation bei $(x+u)\,\mathfrak{i} + (y+v)\,\mathfrak{j} + (z+w)\,\mathfrak{k}$. Man zeige, daß die Divergenz div $\mathfrak{V}$ des Verschiebungsvektors $\mathfrak{V} = u\mathfrak{i} + v\mathfrak{j} + w\mathfrak{k}$ gleich der relativen Volumenänderung in der Umgebung von P ist, wenn man voraussetzt, daß neben den Änderungen $\frac{\partial u}{\partial x}, \frac{\partial u}{\partial y}, \ldots \frac{\partial w}{\partial z}$ die Produkte derselben vernachlässigt werden dürfen.

Man betrachte 4 nicht komplanare benachbarte Punkte P, P_1, P_2, P_3 des Körpers und das von den Vektoren $\overrightarrow{PP_1}, \overrightarrow{PP_2}, \overrightarrow{PP_3}$ aufgespannte Volumenelement vor und nach der Verzerrung. Die Punkte werden zweckmäßig so gewählt, daß das Volumenelement vor der Verzerrung ein zu den Koordinatenachsen paralleler Quader ist. Dann sind die

Koordinaten der Punkte, wenn zur Abkürzung geschrieben wird

$$u_x = \frac{\partial u}{\partial x}, \; v_x = \frac{\partial v}{\partial x}, \ldots, \; w_z = \frac{\partial w}{\partial z},$$

vor der Verzerrung		nach der Verzerrung	
P:	x	P:	$x + u$
	y		$y + v$
	z		$z + w$
P_1:	$x + dx$	P_1:	$x + dx + u + u_x dx$
	y		$y + v + v_x dx$
	z		$z + w + w_x dx$
P_2:	x	P_2:	$x + u + u_y dy$
	$y + dy$		$y + dy + v + v_y dy$
	z		$z + w + w_y dy$
P_3:	x	P_3:	$x + u + u_z dz$
	y		$y + v + v_z dz$
	$z + dz$		$z + dz + w + w_z d_z$,

und für die Vektoren erhält man

$$\overrightarrow{PP_1} = \begin{pmatrix} 1 \\ 0 \\ 0 \end{pmatrix} dx \qquad \overrightarrow{PP_1} = \begin{pmatrix} 1 + u_x \\ v_x \\ w_x \end{pmatrix} dx$$

$$\overrightarrow{PP_2} = \begin{pmatrix} 0 \\ 1 \\ 0 \end{pmatrix} dy \qquad \overrightarrow{PP_2} = \begin{pmatrix} u_y \\ 1 + v_y \\ w_y \end{pmatrix} dy$$

$$\overrightarrow{PP_3} = \begin{pmatrix} 0 \\ 0 \\ 1 \end{pmatrix} dz \qquad \overrightarrow{PP_3} = \begin{pmatrix} u_z \\ v_z \\ 1 + w_z \end{pmatrix} dz \, .$$

Für das Volumenelement folgt

$$(dV)_0 = \begin{vmatrix} 1 & 0 & 0 \\ 0 & 1 & 0 \\ 0 & 0 & 1 \end{vmatrix} dx\,dy\,dz, \; dV = \begin{vmatrix} 1 + u_x & v_x & w_x \\ u_y & 1 + v_y & w_y \\ u_z & v_z & 1 + w_z \end{vmatrix} dx\,dy\,dz \, .$$

Die relative Volumenänderung ist bei Vernachlässigung von Gliedern höherer Ordnung

$$\frac{dV - (dV)_0}{(dV)_0} = \frac{(1 + u_x + v_y + w_z)\,dx\,dy\,dz - dx\,dy\,dz}{dx\,dy\,dz} = \operatorname{div} \mathfrak{V}.$$

38 Ein Vektorfeld ist gegeben durch $\mathfrak{V} = V_x \mathfrak{i} + V_y \mathfrak{j} + V_z \mathfrak{k}$ mit $V_x = x^3 z^3$ und $V_y = y^2 z^2$. Wie muß V_z von (x, y, z) abhängen, damit $\operatorname{rot} \mathfrak{V} = 0$ ist?

Es ist nach Gleichung (2) in § 22

$$\operatorname{rot} \mathfrak{V} = \left(\frac{\partial V_z}{\partial y} - 2y^2 z\right)\mathfrak{i} + \left(3x^3 z^2 - \frac{\partial V_z}{\partial x}\right)\mathfrak{j},$$

so daß

$$\frac{\partial V_z}{\partial y} = 2y^2 z \text{ und } V_z = \frac{2}{3} y^3 z + \text{Funktion } w_1(x, z),$$

$$\frac{\partial V_z}{\partial x} = 3x^3 z^2 \text{ und } V_z = \frac{3}{4} x^4 z^2 + \text{Funktion } w_2(y, z).$$

Die beiden Werte für V_z müssen gleich sein, also

$$w_1(x, z) = \frac{3}{4} x^4 z^2 + \text{Funktion } w_3(z),$$

$$w_2(y, z) = \frac{2}{3} y^3 z + \text{Funktion } w_4(z).$$

Daraus ergibt sich

$$V_z = \frac{2}{3} y^3 z + \frac{3}{4} x^4 z^2 + \text{willkürliche Funktion von } z.$$

39 Die Oberfläche einer Kugel mit dem Radius r ist $F = 4\pi r^2$. Ihr Volumen $V = \int d\tau$ ist mit Hilfe des Integralsatzes von Gauß

$$(1) \qquad \int \mathfrak{V}\, d\mathfrak{f} = \int \operatorname{div} \mathfrak{V}\, d\tau$$

zu berechnen, indem für $\mathfrak{V}$ ein geeigneter Vektor eingesetzt wird.

Das Volumenintegral auf der rechten Seite der Gleichung liefert das Kugelvolumen, wenn man $\mathfrak{V}$ so wählt, daß div $\mathfrak{V} = 1$. Wir setzen also $\mathfrak{V} = \frac{1}{3}\,\mathfrak{r}$, worin $\mathfrak{r}$ den Ortsvektor des Koordinatensystems bezeichnet. Da Kugelmittelpunkt und Koordinatenanfang zusammenfallen, so sind $d\mathfrak{f}$ und $\mathfrak{r}$ gleichgerichtet, und es ist

$$\mathfrak{r}\,d\mathfrak{f} = r\,df, \quad \mathfrak{V}\,d\mathfrak{f} = \tfrac{1}{3} r\,df.$$

Aus Gleichung (1) wird demnach

$$\tfrac{1}{3} r \int df = \int d\tau$$

und

$$\tfrac{4}{3}\pi r^3 = V.$$

40 Welche geometrische Bedeutung hat $[\frac{1}{2}\operatorname{rot}\mathfrak{V}, d\mathfrak{r}]$, wenn $\mathfrak{V} = u\mathfrak{i} + v\mathfrak{j} + w\mathfrak{k}$ die in Aufgabe 37 angegebene Bedeutung hat?

$\mathfrak{V}(\mathfrak{r})$ ist die Verschiebung des vor der Verzerrung bei $\mathfrak{r}$ gelegenen Körperpunktes P. Ist die Dauer der Verzerrung gleich Δt, so ist

$\frac{\mathfrak{V}(\mathfrak{r})}{\Delta t}$ die Geschwindigkeit von P,

$\left(\frac{1}{2}\operatorname{rot}\frac{\mathfrak{V}}{\Delta t}\right)_{\mathfrak{r}}$ die Winkelgeschwindigkeit in der Umgebung von P.

P' sei ein benachbarter Körperpunkt (vor der Verzerrung bei $\mathfrak{r} + d\mathfrak{r}$ gelegen). Faßt man den Körper während Δt zunächst als starr auf, so ist

$\frac{\mathfrak{V}(\mathfrak{r})}{\Delta t} + \left[\left(\frac{1}{2}\operatorname{rot}\frac{\mathfrak{V}}{\Delta t}\right)_{\mathfrak{r}}, d\mathfrak{r}\right]$ die Geschwindigkeit von P'.

Die Verschiebung von P' setzt sich also ohne den Anteil

infolge der Formänderung der Umgebung von P zusammen aus

$\mathfrak{V}(\mathfrak{r})$ infolge Translation der Umgebung von P und

$\left[\left(\frac{1}{2}\operatorname{rot}\mathfrak{V}\right)_{\mathfrak{r}}, d\mathfrak{r}\right]$ infolge Rotation der Umgebung von P.

41 Der Umfang eines Kreises mit dem Radius r ist $U = 2\pi r$. Sein Flächeninhalt F ist mit Hilfe des Integralsatzes von Stokes

$$\int \mathfrak{V}\, d\mathfrak{s} = \int \operatorname{rot}\mathfrak{V}\, d\mathfrak{f}$$

zu berechnen, indem für $\mathfrak{V}$ ein geeigneter Vektor eingesetzt wird.

Der Kreis liege in einer xy-Ebene und sein Mittelpunkt falle mit dem Koordinatenanfang zusammen. Orientieren wir den Integrationsweg des Linienintegrals im mathematisch positiven Sinn, so kann man mit Benutzung der Polarkoordinaten φ und r schreiben

$$d\mathfrak{s} = (-\sin\varphi, \cos\varphi, 0)\, ds = \frac{1}{r}(-y, x, 0)\, ds$$

und

$$d\mathfrak{f} = df \cdot \mathfrak{k}.$$

Mit $\mathfrak{V} = \lambda(-y, x, 0)$ gilt

$$\operatorname{rot}\mathfrak{V} = \lambda(0, 0, 2) = 2\lambda\mathfrak{k} \text{ und}$$

$$\mathfrak{V}\, d\mathfrak{s} = \frac{\lambda}{r}(y^2 + x^2) = \lambda r\, ds,$$

$$\operatorname{rot}\mathfrak{V}\, df = 2\lambda\, df.$$

Gleichung (1) geht also über in

$$\lambda r \int ds = 2\lambda \int df$$

oder

$$\pi r^2 = F.$$

42 Es ist zu beweisen, daß für 2 Vektoren $\mathfrak{a}$ und $\mathfrak{b}$ gilt

$$\nabla(\mathfrak{a}\mathfrak{b}) = \operatorname{grad}(\mathfrak{a}\mathfrak{b}) = [\mathfrak{a}[\nabla\mathfrak{b}]] + (\mathfrak{a}\nabla)\,\mathfrak{b} + [\mathfrak{b}[\nabla\mathfrak{a}]] + (\mathfrak{b}\nabla)\mathfrak{a}.$$

Die Beziehung ergibt sich, wenn wir beachten, daß

$$[\mathfrak{a}[\nabla\mathfrak{b}]] = \operatorname{grad}(\mathfrak{a}\mathfrak{b})_{\mathfrak{a}} - (\mathfrak{a}\nabla)\,\mathfrak{b},$$

$$[\mathfrak{b}[\nabla\mathfrak{a}]] = \operatorname{grad}(\mathfrak{a}\mathfrak{b})_{\mathfrak{b}} - (\mathfrak{b}\nabla)\,\mathfrak{a}$$

und

$$\operatorname{grad}(\mathfrak{a}\mathfrak{b}) = \operatorname{grad}(\mathfrak{a}\mathfrak{b})_{\mathfrak{a}} + \operatorname{grad}(\mathfrak{a}\mathfrak{b})_{\mathfrak{b}}.$$

Zusammenstellung einiger wichtiger Formeln

I. Teil

	Seite	
1.	19	$\mathfrak{a} = a_1\mathfrak{b} + a_2\mathfrak{c}$, wenn $\mathfrak{a}, \mathfrak{b}, \mathfrak{c}$ komplanar.
2.	23	$\mathfrak{a}\cdot\mathfrak{b} = \lvert\mathfrak{a}\rvert\,\lvert\mathfrak{b}\rvert \cos(\mathfrak{a}\mathfrak{b}) = a_1 b_1 + a_2 b_2 + a_3 b_3$; skalares Produkt.
3.	24	$\mathfrak{a}\cdot\mathfrak{b} = 0$, Bedingung, daß $\mathfrak{a} \perp \mathfrak{b}$; $\mathfrak{a}^2 = \lvert\mathfrak{a}\rvert^2$.
4.	26	$[\mathfrak{a}\cdot\mathfrak{b}] = \lvert\mathfrak{a}\rvert\,\lvert\mathfrak{b}\rvert \sin(\mathfrak{a}\mathfrak{b})\,\mathfrak{c} = -[\mathfrak{b}\mathfrak{a}]$; Vektorprodukt; $\bar{\mathfrak{c}}$ senkrecht zur Ebene durch $\mathfrak{a}, \mathfrak{b}$.
5.	29	$[\mathfrak{a}\cdot\mathfrak{b}] = 0$, Bedingung, daß $\mathfrak{a} \parallel \mathfrak{b}$.
6.	32	$\mathfrak{c}[\mathfrak{a}\mathfrak{b}] = \mathfrak{b}[\mathfrak{c}\mathfrak{a}] = \mathfrak{a}[\mathfrak{b}\mathfrak{c}] = \mathfrak{a}\mathfrak{b}\mathfrak{c}$ = Inhalt des Parallelepipeds mit den Kanten $\mathfrak{a}, \mathfrak{b}, \mathfrak{c}$; Pseudoskalar.
7.	36	$[\mathfrak{a}[\mathfrak{b}\mathfrak{c}]] = (\mathfrak{c}\mathfrak{a})\,\mathfrak{b} - (\mathfrak{b}\mathfrak{a})\,\mathfrak{c}$.
8.	36	$[\mathfrak{a}\mathfrak{b}]\,[\mathfrak{c}\mathfrak{d}] = (\mathfrak{a}\mathfrak{c})\,(\mathfrak{b}\mathfrak{d}) - (\mathfrak{b}\mathfrak{c})\,(\mathfrak{a}\mathfrak{d})$.
9.	37	$[[\mathfrak{a}\mathfrak{b}]\,[\mathfrak{c}\mathfrak{d}]] = \mathfrak{c}(\mathfrak{a}\mathfrak{b}\mathfrak{d}) - \mathfrak{d}(\mathfrak{a}\mathfrak{b}\mathfrak{c})$.
10.	44	$\bar{\mathfrak{a}}\,d\bar{\mathfrak{a}} = 0$, d. h. $\bar{\mathfrak{a}} \perp d\bar{\mathfrak{a}}$.
11.	46	Beschleunigung: $\mathfrak{b} = -\bar{\mathfrak{S}}\dfrac{v^2}{S} + \overline{d\mathfrak{s}}\,\dfrac{dv}{dt}$, wenn $\mathfrak{S}$ Krümmungsradius, v Geschwindigkeit in der Bahn.
12.	48	$\operatorname{grad} V = \nabla V = \dfrac{\partial V}{\partial x}\mathfrak{i} + \dfrac{\partial V}{\partial y}\mathfrak{j} + \dfrac{\partial V}{\partial z}\mathfrak{k}$.
13.	49	$\bar{\mathfrak{s}}\operatorname{grad} V = \bar{\mathfrak{s}}\,\nabla V = \dfrac{dV}{ds}$.
14.	51	$(\bar{\mathfrak{a}}\,\mathfrak{Grad})\,\mathfrak{V} = (\bar{\mathfrak{a}}\nabla)\,\mathfrak{V} = d_a\mathfrak{V} = (\bar{\mathfrak{a}}\nabla)\,V_x\cdot\mathfrak{i} + (\bar{\mathfrak{a}}\nabla)\,V_y\cdot\mathfrak{j} + (\bar{\mathfrak{a}}\nabla)\,V_z\cdot\mathfrak{k}$.
15.[1]	52(67)	$\dfrac{d\mathfrak{V}}{dt} = \dfrac{\partial\mathfrak{V}}{\partial t} + (\mathfrak{v}\nabla)\,\mathfrak{V} = \dfrac{\partial\mathfrak{V}}{\partial t} + [\operatorname{rot}\mathfrak{V}\cdot\mathfrak{v}] + \operatorname{grad}(\mathfrak{V}\cdot\mathfrak{v})_{\mathfrak{v}}$.
16.[1]	52	$\dfrac{dV}{dt} = \dfrac{\partial V}{\partial t} + (\mathfrak{v}\nabla)\,V$.

[1]) $\mathfrak{V}$ bzw. V ist der Ausdruck der Eigenschaft eines materiellen Trägers der sich mit der Geschwindigkeit $\mathfrak{v}$ bewegt.

	Seite	
17.	53	$\operatorname{rot}\mathfrak{V} = [\nabla\mathfrak{V}] = \mathfrak{i}\left(\frac{\partial V_z}{\partial y} - \frac{\partial V_y}{\partial z}\right) + \mathfrak{j}\left(\frac{\partial V_x}{\partial z} - \frac{\partial V_z}{\partial x}\right) + \mathfrak{k}\left(\frac{\partial V_y}{\partial x} - \frac{\partial V_x}{\partial y}\right).$
18.	53	$\operatorname{div}\mathfrak{V} = \nabla\mathfrak{V} = \frac{\partial V_x}{\partial x} + \frac{\partial V_y}{\partial y} + \frac{\partial V_z}{\partial z}$
	(57)	$= \lim_{d\tau=0} \frac{\oint \mathfrak{V}\cdot do}{d\tau}.$
19.	57	$\oint \mathfrak{V}\cdot do = \int \operatorname{div}\mathfrak{V}\cdot d\tau.$ Integralsatz von Gauß.
20.	62	$\operatorname{rot}\mathfrak{v} = 2\mathfrak{u}$. $\mathfrak{v}$ Geschwindigkeit, $\mathfrak{u}$ Winkelgeschwindigkeit.
21.	64	$\operatorname{rot}\mathfrak{V}\cdot\bar{\mathfrak{o}} = \lim_{do=0}\cdot\frac{\oint \mathfrak{V}\,d\mathfrak{s}}{do}.$
22.	65	$\oint \mathfrak{V}\cdot d\mathfrak{s} = \int \operatorname{rot}\mathfrak{V}\cdot do.$ Integralsatz von Stokes.
23.[1]	67	$\frac{d\mathfrak{v}}{dt} = \frac{\partial\mathfrak{v}}{\partial t} + \frac{1}{2}\nabla\mathfrak{v}^2 - [\mathfrak{v}\operatorname{rot}\mathfrak{v}].$
24.	68	$\frac{d}{dt}\int_F \mathfrak{V}\cdot do = \int_F \left\{\frac{\partial\mathfrak{V}}{\partial t} + \mathfrak{v}\cdot\operatorname{div}\mathfrak{V} + \operatorname{rot}[\mathfrak{V}\cdot\mathfrak{v}]\right\} do$ = Gesamtänderung des Vektorflusses durch eine Fläche F, die sich mit der Geschwindigkeit $\mathfrak{v}$ bewegt.
25.	70	$\operatorname{div}\operatorname{grad} a = \frac{\partial^2 a}{\partial x^2} + \frac{\partial^2 a}{\partial y^2} + \frac{\partial^2 a}{\partial z^2} = \nabla^2 a = \Delta a.$
26.	70	$\operatorname{rot}\operatorname{grad} a = 0.$

[1] $\mathfrak{v}$ = Geschwindigkeit eines materiellen Trägers.

II. Teil

	Seite	
27.	76	$\mathfrak{W} = \operatorname{grad} V + \operatorname{rot} \mathfrak{w}$. Beliebiges Vektorfeld mit Quellen und Wirbeln.

1. Kapitel

	Seite	
28.	79	$\operatorname{div} \mathfrak{a} = \nabla\nabla V = \frac{2}{r}\frac{dV}{dr} + \frac{d^2V}{dr^2} = 0,$ Laplacesche Gleichung.
29.	80	$V = -\int \frac{\varrho\, d\tau}{r} - \int \frac{\omega}{r} df + \int \left(\chi(\bar{\mathfrak{n}}\nabla)\frac{1}{r}\right) df.$ Newtonsches Potential (Feld wirbelfrei), wenn
30.	79	$4\pi\varrho = \nabla^2 V = \operatorname{div} \mathfrak{a}$, Poissonsche Gleichung
31.	79	$4\pi\omega = ((\bar{\mathfrak{n}}\nabla)V)_1 + ((\bar{\mathfrak{n}}\nabla)V)_2$, Flächendivergenz, bestimmt durch die Unstetigkeit der ersten Ableitungen von V in Richtung der Normale einer Fläche beim Durchschreiten der Fläche.
32.	80	$4\pi\chi = V_1 - V_2$ Doppelquelle mit dem Moment $\chi\bar{\mathfrak{n}}$, bestimmt durch die Unstetigkeit von V an Flächen beim Durchschreiten der Fläche.
33.	80	$\oint (V \operatorname{grad} U)\, do = \int (V \operatorname{div}\operatorname{grad} U)\, d\tau + \int (\operatorname{grad} U \operatorname{grad} V)\, d\tau$
34.	80	$\oint (U \operatorname{grad} U)\, do = \int \{U \operatorname{div}\operatorname{grad} U + (\operatorname{grad} U)^2\}\, d\tau$ Nr. 32 und 33: Hilfssätze von Green.

2. Kapitel

	Seite	
35.	89	$\varrho \frac{d^2\mathfrak{r}}{dt^2} = \varrho\mathfrak{P} + \frac{\partial \mathfrak{P}_x}{\partial x} + \frac{\partial \mathfrak{P}_y}{\partial y} + \frac{\partial \mathfrak{P}_z}{\partial z}.$ Bewegungsgleichung bei flüssigen Körpern.
36.	90	$\frac{\partial \mathfrak{v}}{\partial t} + (\mathfrak{v}\nabla)\mathfrak{v} = \mathfrak{P} + \frac{1}{\varrho} \operatorname{grad} p.$ Eulersche Form.
37.	90	$\operatorname{div} \mathfrak{v} = o$. Inkompressibilitätsbedingung.
38.	91	$\frac{d\mathfrak{u}}{dt} = (\mathfrak{u}\nabla)\mathfrak{v}$. Satz von Helmholtz über Wirbelbewegung.

3. Kapitel

	Seite	
39.	102	$4\pi\mathfrak{H} = \operatorname{rot} \oint \frac{i}{r}\, d\mathfrak{s} = - \oint \left[\frac{\mathfrak{r} i}{r^3}\, d\mathfrak{s}\right]$. Biot-Savartsches Gesetz.

III. Teil

	Seite	
40.	103	$\left.\begin{array}{l} a_1 = a_{11}x_1 + a_{12}x_2 + a_{13}x_3 \\ a_2 = a_{21}x_1 + a_{22}x_2 + a_{23}x_3 \\ a_3 = a_{31}x_1 + a_{32}x_2 + a_{33}x_3 \end{array}\right\}$ $\mathfrak{a}$ lineare Vektorfunktion von $\mathfrak{x}$, $\mathfrak{a} = \mathfrak{A}\mathfrak{x}$.
41.	108	$\mathfrak{A} = \begin{pmatrix} a_{11} & a_{12} & a_{13} & \cdots & a_{1n} \\ a_{21} & a_{22} & a_{23} & \cdots & a_{2n} \\ a_{31} & a_{32} & a_{33} & \cdots & a_{3n} \\ \cdots & \cdots & \cdots & \cdots & \cdots \\ a_{m1} & a_{m2} & a_{m3} & \cdots & a_{mn} \end{pmatrix} = (a_{ik})$ eine n-m-Matrix.
42.	112	Wenn $\mathfrak{C} \cdot \mathfrak{B} = \mathfrak{A}$ oder $(c_{ik}) \cdot (b_{ik}) = (a_{ik})$, so ist $a_{ik} = c_{i1}b_{1k} + c_{i2}b_{2k} + \cdots = \Sigma\, c_{i\varrho} b_{\varrho k}$.
43.	116	$\Sigma\, a_i b_i = \mathfrak{a}'\mathfrak{b} = 0$ Bedingung der Orthogonalität.
44.	122	Ist $\mathfrak{C}_1$ eine untere Dreiecksmatrix mit den Diagonalkoeffizienten 1 und $\mathfrak{C}_1 \cdot \mathfrak{C}_2 =$ Einheitsmatrix $\mathfrak{E}$, so ist auch $\mathfrak{C}_2$ eine Dreiecksmatrix wie $\mathfrak{C}_1$.
45.	131	Zur Auflösung von $\mathfrak{A}\mathfrak{x} = \mathfrak{a}$ nach $\mathfrak{x}$ suche man die obere Dreiecksmatrix $\mathfrak{B}$, die mit der unteren $\mathfrak{C}^*$ die Matrix $\mathfrak{A} = \mathfrak{C}^*\mathfrak{B}$ ergibt, dann ist (Σ über ϱ) $b_{ik} = a_{ik} + \sum c^*_{i\varrho} b_{\varrho k}$ für $i \leqq k$ $c^*_{ik} = (a_{ik} + \sum c^*_{i\varrho} b_{\varrho k}) : (-b_{kk})$ für $i > k$ $b_i = a_i + \sum\limits_{1}^{i-1} c^*_{i\varrho} b_\varrho$,
	140	woraus (Σ über k) $x_i = (-b_i + \sum\limits_{n}^{i+1} b_{ik}x_k) : (-b_{ii})$.
46.	134	$\mathfrak{A}^{-1}$ ist die Kehrmatrix von $\mathfrak{A}$, d. h. $\mathfrak{A}\mathfrak{x} = \mathfrak{y}$ und $\mathfrak{A}^{-1}\mathfrak{y} = \mathfrak{x}$.
47.	136	$\mathfrak{A}\mathfrak{A}^{-1} = \mathfrak{E}$.
48.	138	$(\mathfrak{A}\mathfrak{B})^{-1} = \mathfrak{B}^{-1}\mathfrak{A}^{-1}$.
49.	156	$(\mathfrak{A} - \lambda\mathfrak{E})\,\mathfrak{x} = 0$, Schema der speziellen Eigenwertaufgabe.
50.	156	$(\mathfrak{A} - \lambda\mathfrak{B})\,\mathfrak{x} = 0$, Schema der allgemeinen Eigenwertaufgabe.

Namen- und Sachverzeichnis

GEORG SCHEFFERS

Lehrbuch der Mathematik

zum Selbstunterricht und für Studierende der Naturwissenschaften und der Technik

Eine Einführung in die Differential- und Integralrechnung

15. Auflage. Groß-Oktav. Mit 438 Figuren. VIII, 743 Seiten. 1962. Ganzleinen DM 36,—

JOHANNES SPOEREL

Mathematik von der Schule zur Hochschule

3. Auflage. Groß-Oktav. Mit 85 Abbildungen. XII, 210 Seiten. 1966. Plastikeinband DM 18,—

In Vorbereitung

Handbuch der Mathematik

Herausgegeben von L. KUIPERS, R. TIMMAN u. a.
Deutsche Übersetzung A. Oberschelp

Inhalt: Aus der Geschichte der Mathematik — Zahlensysteme — Lineare Algebra — Analytische Geometrie — Analysis — Zahlenfolge und Reihen — Funktionentheorie — Gewöhnliche Differentialgleichungen — Spezielle Funktionen — Vektoranalysis — Partielle Differentialgleichungen — Numerische Analysis — Laplace - Transformationen - Wahrscheinlichkeitsrechnung und Statistik

---

Walter de Gruyter & Co · Berlin 30

SAMMLUNG GÖSCHEN

GESAMTVERZEICHNIS

Jeder Band DM 3,60 · Doppelband DM 5,80
Dreifachband DM 7,80

Herbst 1966

WALTER DE GRUYTER & CO · BERLIN 30

Inhaltsübersicht

Geisteswissenschaften

Philosophie

Einführung in die Philosophie von *H. Leisegang †*. 6. Auflage. 146 Seiten. 1966. (281)

Hauptprobleme der Philosophie von *G. Simmel †*. 8., unveränderte Auflage. 177 Seiten. 1964. (500)

Geschichte der Philosophie

I: Die griechische Philosophie von *W. Capelle*. 1. Teil. Von Thales bis Leukippos. 3., erweiterte Auflage. Etwa 135 Seiten. 1966. (857)

II: Die griechische Philosophie von *W. Capelle*. 2. Teil. Von der Sophistik bis zum Tode Platons. 3., stark erweiterte Auflage. Etwa 144 Seiten. 1966. In Vorbereitung (858)

III: Die griechische Philosophie von *W. Capelle*. 3. Teil. Vom Tode Platons bis zur Alten Stoa. 2., stark erweiterte Auflage. 132 Seiten. 1954. (859)

IV: Die griechische Philosophie von *W. Capelle*. 4. Teil. Von der Alten Stoa bis zum Eklektizismus im 1. Jh. v. Chr. 2., stark erweiterte Auflage. 132 Seiten. 1954. (863)

V: Die Philosophie des Mittelalters von *J. Koch*. In Vorbereitung. (826)

VI: Von der Renaissance bis Kant von *K. Schilling*. 234 Seiten. 1954. (394/394a)

VII: Immanuel Kant von *G. Lehmann*. In Vorbereitung. (536)

VIII: Die Philosophie des 19. Jahrhunderts von *G. Lehmann*. 1. Teil. 151 Seiten. 1953. (571)

IX: Die Philosophie des 19. Jahrhunderts von *G. Lehmann*. 2. Teil. 168 Seiten. 1953. (709)

X: Die Philosophie im ersten Drittel des 20. Jahrhunderts 1. Teil von *G. Lehmann*. 128 Seiten. 1957. (845)

XI: Die Philosophie im ersten Drittel des 20. Jahrhunderts 2. Teil von *G. Lehmann*. 114 Seiten. 1960. (850)

Die geistige Situation der Zeit (1931) von *K. Jaspers*. 6. Abdruck der im Sommer 1932 bearbeiteten 5. Auflage. 211 Seiten. 1965. (1000)

Erkenntnistheorie von *G. Kropp*.
1. Teil: Allgemeine Grundlegung. 143 Seiten. 1950. (807)

Formale Logik von *P. Lorenzen*. 3., durchgesehene und erweiterte Auflage. 184 Seiten. 1966. (1176/1176a)

Philosophisches Wörterbuch von *M. Apel †*. 5., völlig neu bearbeitete Auflage von *P. Ludz*. 315 Seiten. 1958. (1031/1031a)

Philosophische Anthropologie. Menschliche Selbstdeutung in Geschichte und Gegenwart von *M. Landmann*. 2., durchgesehene Auflage. 223 Seiten. 1964. (156/156a)

Pädagogik, Psychologie, Soziologie

Geschichte der Pädagogik von *Herm. Weimer* 17. Auflage von *Heinz Weimer*. 184 Seiten. 1967. (145/145a)

Therapeutische Psychologie. Ihr Weg durch die Psychoanalyse von *W. M. Kranefeldt*. Mit einer Einführung von *C. G. Jung*. 3. Auflage. 152 Seiten. 1956. (1034)

GEISTESWISSENSCHAFTEN

Allgemeine Psychologie von *Th. Erismann* †. 4 Bände.
I: Grundprobleme. 3. Auflage. 146 Seiten. 1965. (831)
II: Grundarten des psychischen Geschehens. 2., neubearbeitete Auflage. 248 Seiten. 1959. (832/832a)
III: Experimentelle Psychologie und ihre Grundlagen. 1. Teil. 2., neubearbeitete Auflage. 112 Seiten, 7 Abbildungen. 1962. (833)
IV: Experimentelle Psychologie und ihre Grundlagen. 2. Teil. 2., neubearbeitete Auflage. 199 Seiten, 20 Abbildungen. 1962. (834/834a)

Soziologie. Geschichte und Hauptprobleme von *L. von Wiese*. 7. Auflage. 176 Seiten. 1964. (101)

Ideengeschichte der sozialen Bewegung des 19. und 20. Jh. von *W. Hofmann*. 243 Seiten. 1962. (1205/1205a)

Sozialpsychologie von *P. R. Hofstätter*. 2. Auflage. 191 Seiten, 18 Abbildungen. 1964. (104/104a)

Psychologie des Berufs- und Wirtschaftslebens von *W. Moede* †. 190 Seiten, 48 Abbildungen. 1958. (851/851a)

Industrie- und Betriebssoziologie von *R. Dahrendorf*. 3. Auflage. 142 Seiten. 3 Figuren. 1965. (103)

Wirtschaftssoziologie von *F. Fürstenberg*. 122 Seiten. 1961. (1193)

Einführung in die Sozialethik von *H.-D. Wendland*. 144 S. 1963. (1203)

Religion

Jesus von *M. Dibelius* †. 4. Auflage, mit einem Nachtrag von *W. G. Kümmel*. 140 Seiten. 1966. (1130)

Paulus von *M. Dibelius* †. Nach dem Tode des Verfassers herausgegeben und zu Ende geführt von *W. G. Kümmel*. 3., durchgesehene Auflage. 156 Seiten. 1964. (1160)

Luther von *F. Lau*. 2., verbesserte Auflage. 153 Seiten. 1966 (1187)

Melanchthon von *R. Stupperich*. 139 Seiten. 1960. (1190)

Zwingli von *F. Schmidt-Clausing*. 119 Seiten. 1965. (1219)

Sören Kierkegaard. Leben u. Werk von *H. Gerdes*. 134 Seiten. 1966. (1221)

Einführung in die Konfessionskunde der orthodoxen Kirchen von *K. Onasch*. 291 Seiten. 1962. (1197/1197a)

Geschichte des christlichen Gottesdienstes von *W. Nagel*. 215 Seiten. 1962. (1202/1202a)

Geschichte Israels. Von den Anfängen bis zur Zerstörung des Tempels (70 n.Chr.) von *E. L. Ehrlich*. 2. Aufl. 1966. In Vorbereitung. (231/231a)

Römische Religionsgeschichte von *F. Altheim*. 2 Bände. 2., umgearbeitete Auflage.
I: Grundlagen und Grundbegriffe. 116 Seiten. 1956. (1035)
II: Der geschichtliche Ablauf. 164 Seiten. 1956. (1052)

Die Religion des Buddhismus von *D. Schlingloff*. 2 Bände.
I: Der Heilsweg des Mönchstums. 122 Seiten, 11 Abbildungen, 1 Karte. 1962. (174)
II: Der Heilsweg für die Welt. 129 Seiten, 9 Abbildungen, 1 Karte. 1963. (770)

Musik

Musikästhetik von *H. J. Moser*. 180 Seiten. Mit zahlreichen Notenbeispielen. 1953. (344)
Systematische Modulation von *R. Hernried*. 2. Auflage. 136 Seiten. Mit zahlreichen Notenbeispielen. 1950. (1094)
Der polyphone Satz von *E. Pepping*. 2 Bände.
I: Der cantus-firmus-Satz. 2. Auflage. 233 Seiten. Mit zahlreichen Notenbeispielen. 1950. (1148)
II: Übungen im doppelten Kontrapunkt und im Kanon. 137 Seiten. Mit zahlreichen Notenbeispielen. 1957. (1164/1164a)
Allgemeine Musiklehre von *H. J. Moser*. 2., durchgesehene Auflage. 155 Seiten. Mit zahlreichen Notenbeispielen. 1955. (220/220a)
Harmonielehre von *H. J. Moser*. 2 Bände.
I: 109 Seiten. Mit 120 Notenbeispielen. 1954. (809)
II: In Vorbereitung. (810)
Die Musik des 19. Jahrhunderts von *W. Oehlmann*. 180 Seiten. 1953. (170)
Die Musik des 20. Jahrhunderts von *W. Oehlmann*. 312 Seiten. 1961. (171/171a)
Technik der deutschen Gesangskunst von *H. J. Moser*. 3., durchgesehene und verbesserte Auflage. 144 Seiten, 5 Figuren sowie Tabellen und Notenbeispiele. 1954. (576/576a)
Die Kunst des Dirigierens von *H. W. von Waltershausen †*. 2., vermehrte Auflage. 138 Seiten. Mit 19 Notenbeispielen. 1954. (1147)
Die Technik des Klavierspiels aus dem Geiste des musikalischen Kunstwerkes von *K. Schubert †*. 3. Auflage. 110 Seiten. Mit Notenbeispielen. 1954. (1045)

Kunst

Stilkunde von *H. Weigert*. 2 Bände. 3., durchgesehene und ergänzte Auflage.
I: Vorzeit, Antike, Mittelalter. 136 Seiten, 94 Abbildungen. 1958. (80)
II: Spätmittelalter und Neuzeit. 150 Seiten, 88 Abbildungen. 1958. (781)
Archäologie von *A. Rumpf*. 3 Bände.
I: Einleitung, historischer Überblick. 143 Seiten, 6 Abbildungen, 12 Tafeln. 1953. (538)
II: Die Archäologensprache. Die antiken Reproduktionen. 136 Seiten. 7 Abbildungen, 12 Tafeln. 1956. (539)
III: In Vorbereitung. (540)

Geschichte

Einführung in die Geschichtswissenschaft von *P. Kirn*. 4., durchgesehene Auflage. 127 Seiten. 1963. (270)
Einführung in die Zeitgeschichte von *B. Scheurig*. 101 Seiten. 1962. (1204)

GEISTESWISSENSCHAFTEN

Zeitrechnung der römischen Kaiserzeit, des Mittelalters und der Neuzeit für die Jahre 1—2000 n. Chr. von *H. Lietzmann †*. 3. Auflage, durchgesehen von *K. Aland*. 130 Seiten. 1956. (1085)

Kultur der Urzeit von *F. Behn*. 3 Bände. 4. Auflage der Kultur der Urzeit Bd. 1—3 von *M. Hoernes*.

I: Die vormetallischen Kulturen. (Die Steinzeiten Europas. Gleichartige Kulturen in anderen Erdteilen.) 172 Seiten, 48 Abbildungen. 1950. (564)

II: Die älteren Metallkulturen. (Der Beginn der Metallbenutzung, Kupfer- und Bronzezeit in Europa, im Orient und in Amerika.) 160 Seiten, 67 Abbildungen. 1950. (565)

III: Die jüngeren Metallkulturen. (Das Eisen als Kulturmetall, Hallstatt-Latène-Kultur in Europa. Das erste Auftreten des Eisens in den anderen Weltteilen.) 149 Seiten, 60 Abbildungen. 1950. (566)

Vorgeschichte Europas von *F. Behn*. Völlig neue Bearbeitung der 7. Auflage der „Urgeschichte der Menschheit" von *M. Hoernes*. 125 Seiten, 47 Abbildungen. 1949. (42)

Der Eintritt der Germanen in die Geschichte von *J. Haller †*. 3. Auflage, durchgesehen von *H. Dannenbauer*. 120 Seiten, 6 Kartenskizzen. 1957. (1117)

Von den Karolingern zu den Staufern. Die altdeutsche Kaiserzeit (900—1250) von *J. Haller †*. 4., durchgesehene Auflage von *H. Dannenbauer*. 142 Seiten, 4 Karten. 1958. (1065)

Von den Staufern zu den Habsburgern. Auflösung des Reichs und Emporkommen der Landesstaaten (1250 —1519) von *J. Haller †*. 2., durchgesehene Auflage von *H. Dannenbauer*. 118 Seiten, 6 Kartenskizzen. 1960. (1077)

Deutsche Geschichte im Zeitalter der Reformation, der Gegenreformation und des dreißigjährigen Krieges von *F. Hartung*. 2., durchgesehene Auflage. 128 Seiten. 1963. (1105)

Deutsche Geschichte von 1648—1740. Politischer und geistiger Wiederaufbau von *W. Treue*. 120 Seiten. 1956. (35)

Deutsche Geschichte von 1713—1806. Von der Schaffung des europäischen Gleichgewichts bis zu Napoleons Herrschaft von *W. Treue*. 168 Seiten. 1957. (39)

Deutsche Geschichte von 1806—1890. Vom Ende des alten bis zur Höhe des neuen Reiches von *W. Treue*. 128 Seiten. 1961. (893)

Deutsche Geschichte von 1890 bis zur Gegenwart von *W. Treue*. In Vorbereitung. (894)

Quellenkunde der Deutschen Geschichte im Mittelalter (bis zur Mitte des 15. Jahrhunderts) von *K. Jacob †*. 3 Bände.

I: Einleitung. Allgemeiner Teil. Die Zeit der Karolinger. 6. Auflage, bearbeitet von *H. Hohenleutner*. 127 Seiten. 1959. (279)

II: Die Kaiserzeit (911-1250). 5. Auflage, neubearbeitet von *H. Hohenleutner*. 141 Seiten. 1961. (280)

III: Das Spätmittelalter (vom Interregnum bis 1500). Herausgegeben von *F. Weden*. 152 Seiten. 1952. (284)

Geschichte Englands von *H. Preller.* 2 Bände.
I: bis 1815. 4., stark umgearbeitete Auflage. Etwa 135 Seiten, 7 Stammtafeln, 2 Karten. 1966. Im Druck. (375)
II: Von 1815 bis 1910. 2., völlig umgearbeitete Auflage. 118 Seiten, 1 Stammtafel, 7 Karten. 1954. (1088)

Römische Geschichte von *F. Altheim.* 4 Bände. 2., verbesserte Auflage.
I: Bis zur Schlacht bei Pydna (168 v. Chr.). 124 Seiten. 1956. (19)
II: Bis zur Schlacht bei Actium (31 v. Chr.). 129 Seiten, 1956. (677)
III: Bis zur Schlacht an der Milvischen Brücke (312 n. Chr.). 148 Seiten. 1958. (679)
IV: Bis zur Schlacht am Yarmuk (636 n. Chr.). In Vorbereitung. (684)

Geschichte der Vereinigten Staaten von Amerika von *O. Graf zu Stolberg-Wernigerode.* 192 Seiten, 10 Karten. 1956. (1051/1051 a)

Deutsche Sprache und Literatur

Geschichte der Deutschen Sprache von *H. Sperber.* 5., neubearbeitete Auflage von *P. von Polenz.* 136 Seiten. 1966. (915)

Deutsches Rechtschreibungswörterbuch von *M. Gottschald †.* 2., verbesserte Auflage. 269 Seiten. 1953. (200/200a)

Deutsche Wortkunde. Kulturgeschichte des deutschen Wortschatzes von *A. Schirmer.* 5. Auflage von *W. Mitzka.* 125 Seiten. 1965. (929)

Deutsche Sprachlehre von *W. Hofstaetter.* 10. Auflage. Völlige Umarbeitung der 8. Auflage. 150 Seiten. 1960. (20)

Stimmkunde für Beruf, Kunst und Heilzwecke von *H. Biehle.* 111 Seiten. 1955. (60)

Redetechnik. Einführung in die Rhetorik von *H. Biehle.* 2., erweiterte Auflage. 151 Seiten. 1961. (61)

Grundlagen der Sprecherziehung von *J. Jesch* 1966. In Vorbereitung (1122/1122a)

Deutsches Dichten und Denken von der germanischen bis zur staufischen Zeit von *H. Naumann †.* (Deutsche Literaturgeschichte vom 5.—13. Jahrhundert.) 3., verbesserte Auflage. 1966. (1121)

Deutsches Dichten und Denken vom Mittelalter zur Neuzeit von *G. Müller* (1270 bis 1700). 3., durchgesehene Auflage. 159 Seiten. In Vorbereitung. (1086)

Deutsches Dichten und Denken von der Aufklärung bis zum Realismus (Deutsche Literaturgeschichte von 1700—1890) von *K. Viëtor †.* 3., durchgesehene Auflage. 159 Seiten. 1958. (1096)

Deutsche Heldensage von *H. Schneider.* 2. Auflage, bearbeitet von *R. Wisniewski.* 148 Seiten. 1964. (32)

Der Nibelunge Nôt in Auswahl. Mit kurzem Wörterbuch herausgegeben von *K. Langosch.* 11., durchgesehene Auflage. 166 Seiten. 1966. (1)

Kudrun und Dietrich-Epen in Auswahl mit Wörterbuch von *O. L. Jiriczek.* 6. Auflage, bearbeitet von *R. Wisniewski.* 173 Seiten. 1957. (10)

Wolfram von Eschenbach. Parzifal. Eine Auswahl mit Anmerkungen und Wörterbuch von *H. Jantzen.* 3. Auflage, bearbeitet von *H. Kolb.* 128 Seiten. 1966. (921)

Hartmann von Aue. Der arme Heinrich nebst einer Auswahl aus der „Klage" dem „Gregorius" und den Liedern (mit einem Wörterverzeichnis) herausgegeben von *F. Maurer.* 96 Seiten. 1958. (18)

Gottfried von Straßburg. Tristan und Isolde in Auswahl herausgegeben von *F. Maurer.* 2. Auflage. 142 Seiten. 1965. (22)

Die deutschen Personennamen von *M. Gottschald †.* 2., verbesserte Auflage. 151 Seiten. 1955. (422)

Althochdeutsches Elementarbuch. Grammatik und Texte von *H. Naumann †* und *W. Betz.* 4., verbesserte und vermehrte Auflage. 183 Seiten. 1966. (1111/1111a)

Mittelhochdeutsche Grammatik von *H. de Boor* und *R. Wisniewski.* 4., verbesserte und ergänzte Auflage. 150 Seiten. 1965. (1108)

Indogermanisch, Germanisch

Indogermanische Sprachwissenschaft von *H. Krahe.* 2 Bände.
I: Einleitung und Lautlehre. 5. Auflage. 110 Seiten. 1966. (59)
II: Formenlehre. 4., neubearbeitete Auflage. 100 Seiten. 1963. (64)

Sanskrit-Grammatik mit sprachvergleichenden Erläuterungen von *M. Mayrhofer.* 2., völlig neu bearbeitete Auflage. 110 Seiten. 1965. (1158/1158a)

Altirische Grammatik von *J. Pokorny.* 2. Auflage. In Vorbereitung. (896

Gotisches Elementarbuch. Grammatik. Texte mit Übersetzung und Erläuterungen von *H. Hempel.* 4., neubearbeitete Auflage. 169 Seiten. 1966. (79/79a)

Altnordisches Elementarbuch. Einführung, Grammatik, Texte (zum Teil mit Übersetzung) und Wörterbuch von *F. Ranke.* 3., völlig umgearb. Auflage vo n*D. Hofmann.* Etwa 180 Seiten. 1967. Im Druck. (1115/1115a)

Germanische Sprachwissenschaft von *H. Krahe.* 3 Bände.
I: Einleitung und Lautlehre. 6. Auflage. 147 Seiten. 1966. (238)
II: Formenlehre. 5., verbesserte Auflage. 149 Seiten. 1965. (780)
III: Wortbildungslehre von *W. Meid.* Etwa 240 Seiten. 1966. (1218/1218a/1218b)

Englisch, Romanisch

Altenglisches Elementarbuch. Einführung, Grammatik, Texte mit Übersetzung und Wörterbuch von *M. Lehnert.* 6., verbesserte Auflage. 178 Seiten. 1965. (1125)

Mittelenglisches Elementarbuch von *H. Weinstock.* 1967. In Vorbereitung (1226/1226a)

Historische neuenglische Laut- und Formenlehre von *E. Ekwall.* 4., verbesserte Auflage. 150 Seiten. 1965. (735)

Englische Phonetik von *H. Mutschmann †.* 2. Auflage, bearbeitet von *G. Scherer.* 127 Seiten. 1963. (601)

Englische Literaturgeschichte von *F. Schubel.* 4 Bände.
I: Die alt- und mittelenglische Periode. 163 Seiten. 1954. (1114)
II: Von der Renaissance bis zur Aufklärung. 160 Seiten. 1956. (1116)
III: Romantik und Viktorianismus. 160 Seiten. 1960. (1124)

Beowulf von *M. Lehnert*. Eine Auswahl mit Einführung, teilweiser Übersetzung, Anmerkungen und etymologischem Wörterbuch. 4., verbesserte Auflage. 135 Seiten. 1966. (1135)

Shakespeare von *P. Meißner †*. 2. Auflage, neubearbeitet von *M. Lehnert*. 136 Seiten. 1954. (1142)

Romanische Sprachwissenschaft von *H. Lausberg*. 4 Bände.
I: Einleitung und Vokalismus. 2., durchgesehene Auflage. 211 Seiten. 1963. (128/128a)
II: Konsonantismus. 2. Auflage. 1966. Im Druck. (250)
III: Formenlehre. 1. Teil. 99 Seiten. 1962. (1199)
III: Formenlehre. 2. Teil. S. 99—260. 1962. (1200/1200a)
IV: Wortlehre. In Vorbereitung. (1208)

Griechisch, Lateinisch

Griechische Sprachwissenschaft von *W. Brandenstein*. 3 Bände.
I: Einleitung, Lautsystem, Etymologie. 160 Seiten. 1954. (117)
II: Wortbildung und Formenlehre. 192 Seiten. 1959. (118/118a)
III: Syntax I. Einleitung. Die Flexibilien. 145 Seiten. 1966. (924/924a)

Geschichte der griechischen Sprache. 2 Bände
I: Bis zum Ausgang der klassischen Zeit von *O. Hoffmann †*. 3. Auflage, bearbeitet von *A. Debrunner †*. 156 Seiten. 1953. (111)
II: Grundfragen und Grundzüge des nachklassischen Griechisch von *A. Debrunner †*. 144 Seiten. 1954. (114)

Geschichte der griechischen Literatur von *W. Nestle*. 2 Bände. 3. Auflage, bearbeitet von *W. Liebich*.
I: 144 Seiten. 1961. (70)
II: 149 Seiten. 1963. (557)

Grammatik der neugriechischen Volkssprache von *J. Kalitsunakis*. 3., wesentlich erweiterte und verbesserte Auflage. 196 Seiten. 1963. (756/756a)

Neugriechisch-deutsches Gesprächsbuch von *J. Kalitsunakis*. 2. Auflage, bearbeitet von *A. Steinmetz*. 99 Seiten. 1960. (587)

Geschichte der lateinischen Sprache von *F. Stolz* und *A. Debrunner †*. 4., stark umgearbeitete Auflage von *W. P. Schmid*. 145 Seiten. 1966. (492/492a)

Geschichte der römischen Literatur von *L. Bieler*. 2., verbesserte Auflage. 2 Bände.
I: Die Literatur der Republik. 160 Seiten. 1965. (52)
II: Die Literatur der Kaiserzeit. 133 Seiten. 1965. (866)

Orientalistik, Slavistik

Die Keilschrift von *B. Meissner*. 3. Auflage, neubearbeitet von *K. Oberhuber*. Etwa 150 Seiten. 1966. (708/708a/708b)

Die Hieroglyphen von *A. Erman*. 3. Auflage, neu bearbeitet von *O. Krückmann*. 1966. In Vorbereitung. (608 608a/608b)

Hebräische Grammatik von *R. Meyer*. 3 Bände.
I: Einleitung, Schrift- und Lautlehre. 3., neubearbeitete Auflage. 120 Seiten. 1966. (763/763a/763b)
II: Formenlehre und Flexionstabellen. 3. Auflage. In Vorbereitung. (764/764a/764b)
III: Satzlehre. In Vorbereitung (765/765a/765b)
Hebräisches Textbuch zu *G. Beer-R. Meyer*, Hebräische Grammatik von *R. Meyer*. 170 Seiten. 1960. (769/769a)
Slavische Sprachwissenschaft von *H. Bräuer*. 2 Bände.
I: Einleitung, Lautlehre. 221 Seiten. 1961. (1191/1191a)
Vergleichende Geschichte der slavischen Literaturen von *D. Tschiżewskij*. 2 Bände. 1966. In Vorbereitung.
I: Einführung. Anfänge des slavischen Schrifttums bis zum Klassizismus. (1222/1222a)
II: Romantik bis zur Moderne. (1223/1223a)
Russische Grammatik von *E. Berneker †*. 6., verbesserte Auflage von *M. Vasmer †*. 155 Seiten. 1961. (66)
Polnische Grammatik von *N. Damerau*. Etwa 140 Seiten. 1967. (942/942a)

Erd- und Länderkunde, Kartographie

Afrika von *F. Jaeger*. Ein geographischer Überblick. 2 Bände. 3. Auflage.
I: Der Lebensraum. 179 Seiten, 18 Abbildungen. In Vorbereitung. (910)
II: Mensch und Kultur. 155 Seiten, 6 Abbildungen. In Vorbereitung. (911)
Australien und Ozeanien von *H. J. Krug*. 176 Seiten, 46 Skizzen. 1953. (319)
Kartographie von *V. Heissler*. 2. Auflage. 213 Seiten, 125 Abb., 8 Anlagen. 1966. (30/30a)

Volkswirtschaft, Statistik, Publizistik

Allgemeine Betriebswirtschaftslehre von *K. Mellerowicz*. 4 Bände. 11. und 12., durchgesehene Auflage.
I: 224 Seiten. 1964. (1008/1008a)
II: 188 Seiten. 1966. (1153/1153a)
III: 260 Seiten. 1963. (1154/1154a)
IV: 209 Seiten. 1963. (1186/1186a)
Allgemeine Volkswirtschaftslehre von *A. Paulsen*. 4 Bände.
I: Grundlegung, Wirtschaftskreislauf. 7. Auflage. 159 Seiten, 11 Abbildungen. 1966. (1169)
II: Haushalte, Unternehmungen, Marktformen. 7. Auflage. 172 Seiten, 31 Abbildungen. 1966. (1170)
III: Produktionsfaktoren. 5. Auflage. 198 Seiten, 24 Abbildungen. 1966. (1171)
IV: Gesamtbeschäftigung, Konjunkturen, Wachstum. 4., neubearbeitete und ergänzte Auflage. 188 Seiten. 1966. (1172)
Übungsaufgaben mit Lösungen zur Allgemeinen Volkswirtschaftslehre I/II von *A. Paulsen* von *W. Wedig*. Etwa 160 Seiten. 1966. (1227/1227a)

Geschichte der Volkswirtschaftslehre von *S. Wendt.* 182 S. 1961. (1194)

Allgemeine Volkswirtschaftspolitik von *H. Ohm.* 2 Bände.

I: Systematisch-Theoretische Grundlegung. 2., verbesserte und ergänzte Auflage. 137 Seiten, 6 Abbildungen. 1965. (1195)

II: Der volkswirtschaftliche Gesamtorganismus als Objekt der Wirtschaftspolitik. In Vorbereitung. (1196)

Finanzwissenschaft von *H. Kolms.* 4 Bände.

I: Grundlegung, Öffentliche Ausgaben. 3., verbesserte Auflage. 165 Seiten. 1966. (148)

II: Erwerbseinkünfte, Gebühren und Beiträge, Allgemeine Steuerlehre. 3., verbesserte Auflage. 154 Seiten. 1966. (391)

III: Besondere Steuerlehre. 2., verbesserte und ergänzte Auflage. 178 Seiten. 1966. (776/776a)

IV: Öffentlicher Kredit. Öffentlicher Haushalt. Finanzausgleich. 191 Seiten. 1964. (782/782a)

Finanzmathematik von *M. Nicolas.* 192 Seiten, 11 Tafeln, 8 Tabellen und 72 Beispiele. 1959. (1183/1183a)

Programmierung von Datenverarbeitungsanlagen von *H. J. Schneider, D. Jurksch.* Etwa 128 Seiten, 8 Tabellen, 11 Abbildungen. 1967. (1225/1225a)

Lineare Programmierung von *H. Langen.* Etwa 200 Seiten. (1206/1206a)

Buchhaltung und Bilanz von *E. Kosiol.* 170 Seiten. 1964. (1213/1213a)

Industrie- und Betriebssoziologie von *R. Dahrendorf.* 3. Auflage. 142 Seiten, 3 Figuren. 1965. (103)

Wirtschaftssoziologie von *F. Fürstenberg.* 122 Seiten. 1961. (1193)

Psychologie des Berufs- und Wirtschaftslebens von *W. Moede†.* 190 Seiten, 48 Abbildungen. 1958. (851/851a)

Einführung in die Arbeitswissenschaft von *H. H. Hilf.* 169 Seiten, 57 Abbildungen. 1964. (1212/1212a)

Allgemeine Methodenlehre der Statistik von *J. Pfanzagl.* 2 Bände.

I: Elementare Methoden unter besonderer Berücksichtigung der Anwendungen in den Wirtschafts- und Sozialwissenschaften. 3., neubearbeitete Auflage. 266 Seiten, 50 Abbildungen. 1966. (746/746a)

II: Höhere Methoden unter besonderer Berücksichtigung der Anwendungen in Naturwissenschaften, Medizin und Technik. 2., verbesserte Auflage. 315 Seiten, 41 Abbildungen. 1966. (747/747a)

Zeitungslehre von *E. Dovifat.* 2 Bände. 5., neubearbeitete Auflage.

I: Theoretische und rechtliche Grundlagen — Nachricht und Meinung — Sprache und Form. 149 Seiten. 1966. Im Druck. (1039)

II: Redaktion — Die Sparten: Verlag und Vertrieb, Wirtschaft und Technik — Sicherung der öffentlichen Aufgabe. 168 Seiten. 1966. Im Druck. (1040)

Naturwissenschaften

Mathematik

Geschichte der Mathematik von *J. E. Hofmann*. 4 Bände.
I: Von den Anfängen bis zum Auftreten von Fermat und Descartes. 2., verbesserte und vermehrte Auflage. 251 Seiten. 1963. (226/226a)
II: Von Fermat und Descartes bis zur Erfindung des Calculus und bis zum Ausbau der neuen Methoden. 109 Seiten. 1957. (875)
III: Von den Auseinandersetzungen um den Calculus bis zur französischen Revolution. 107 Seiten. 1957. (882)
IV: Geschichte der Mathematik der neuesten Zeit von *N. Stuloff*. In Vorbereitung. (883)

Mathematische Formelsammlung von *F.O. Ringleb*. 8., verbesserte Auflage. Etwa 320 Seiten, 40 Figuren. 1967. (51/51a)

Vierstellige Tafeln und Gegentafeln für logarithmisches und trigonometrisches Rechnen in zwei Farben zusammengestellt von *H. Schubert* und *R. Haussner*. 3., neubearbeitete Auflage von *J. Erlebach*. 158 Seiten. 1960. (81)

Fünfstellige Logarithmen mit mehreren graphischen Rechentafeln und häufig vorkommenden Zahlenwerten von *A. Adler*. 4. Auflage, überarbeitet von *J. Erlebach*. 127 Seiten, 1 Tafel. 1962. (423)

Arithmetik von *P. B. Fischer†*. 3. Auflage von *H. Rohrbach*. 152 Seiten, 19 Abbildungen. 1958. (47)

Höhere Algebra von *H. Hasse*. 2 Bände. 5., neubearbeitete Auflage.
I: Lineare Gleichungen. 150 Seiten. 1963. (931)
II: Gleichungen höheren Grades. 158 Seiten, 5 Figuren. 1966. (932)

Aufgabensammlung zur höheren Algebra von *H. Hasse* und *W. Klobe*. 3., verbesserte Auflage. 183 Seiten. 1961. (1082)

Elementare und klassische Algebra vom modernen Standpunkt von *W. Krull*. 2 Bände.
I: 3., erweiterte Auflage. 148 Seiten. 1963. (930)
II: 132 Seiten. 1959. (933)

Lineare Programmierung von *H. Langen*. Etwa 200 Seiten. (1206/1206a)

Algebraische Kurven und Flächen von *W. Burau*. 2 Bände.
I: Algebraische Kurven der Ebene. 153 Seiten, 28 Abbildungen. 1962. (435)
II: Algebraische Flächen 3. Grades und Raumkurven 3. und 4. Grades. 162 Seiten, 17 Abbildungen. 1962. (436/436a)

Einführung in die Zahlentheorie von *A. Scholz†*. Überarbeitet und herausgegeben von *B. Schoeneberg*. 4. Auflage. 128 Seiten. 1966. (1131)

Formale Logik von *P. Lorenzen*. 3., durchgesehene und erweiterte Auflage. 184 Seiten. 1966. (1176/1176a)

Topologie von *W. Franz.* 2 Bände.
I: Allgemeine Topologie. 2., verbesserte Auflage. 144 Seiten, 9 Figuren. 1965. (1181)
II: Algebraische Topologie. 153 Seiten. 1965. (1182/1182a)

Elemente der Funktionentheorie von *K. Knopp†.* 7. Auflage. 144 Seiten, 23 Figuren. 1966. (1109)

Funktionentheorie von *K. Knopp†.* 2 Bände. 11. Auflage.
I: Grundlagen der allgemeinen Theorie der analytischen Funktionen. 144 Seiten, 8 Figuren. 1965. (668)
II: Anwendungen und Weiterführung der allgemeinen Theorie. 130 Seiten, 7 Figuren. 1965. (703)

Aufgabensammlung zur Funktionentheorie von *K. Knopp†.* 2 Bände.
I: Aufgaben zur elementaren Funktionentheorie. 7. Auflage. 135 Seiten. 1965. (877)
II: Aufgaben zur höheren Funktionentheorie. 6. Auflage. 151 Seiten. 1964. (878)

Differential- und Integralrechnung von *M. Barner.* (Früher *Witting*). 4 Bände.
I: Grenzwertbegriff, Differentialrechnung. 2., durchgesehene Auflage. 176 Seiten, 39 Figuren. 1963. (86)

Gewöhnliche Differentialgleichungen von *G. Hoheisel.* 7., neubearbeitete und erweiterte Auflage. 142 Seiten. 1965. (920/920a)

Partielle Differentialgleichungen von *G. Hoheisel.* 4., durchgesehene Auflage. 128 Seiten. 1960. (1003)

Aufgabensammlung zu den gewöhnlichen und partiellen Differentialgleichungen von *G. Hoheisel.* 4., neubearbeitete Auflage. 153 Seiten. 1964. (1059/1059a)

Integralgleichungen von *G. Hoheisel.* 2., neubearbeitete und erweiterte Auflage. 112 Seiten. 1963. (1099)

Mengenlehre von *E. Kamke.* 5. Auflage. 194 Seiten, 6 Figuren. 1965. (999/999a)

Gruppentheorie von *L. Baumgartner.* 4., erweiterte Auflage. 190 Seiten, 3 Tafeln. 1964. (837/837a)

Ebene und sphärische Trigonometrie von *G. Hessenberg†.* 5. Auflage, durchgesehen von *H. Kneser.* 172 Seiten, 60 Figuren. 1957. (99)

Darstellende Geometrie von *W. Haack.* 3 Bände.
I: Die wichtigsten Darstellungsmethoden. Grund- und Aufriß ebenflächiger Körper. 5. Auflage. 113 Seiten, 120 Abbildungen. 1965. (142)
II: Körper mit krummen Begrenzungsflächen. Kotierte Projektionen. 4., durchgesehene Auflage. 129 Seiten, 86 Abbildungen. 1965. (143)
III: Axonometrie und Perspektive. 3. Auflage. 129 Seiten, 100 Abbildungen. 1965. (144)

Analytische Geometrie von *K. P. Grotemeyer.* 3., neubearbeitete Auflage. 218 Seiten, 73 Abbildungen. 1964. (65/65a)

Nichteuklidische Geometrie. Hyperbolische Geometrie der Ebene von *R. Baldus†.* 4. Auflage, bearbeitet und ergänzt von *F. Löbell.* 158 Seiten, 75 Figuren. 1964. (970/970a)

Differentialgeometrie von *K. Strubecker*. 3 Bände.

I: Kurventheorie der Ebene und des Raumes. 2., erweiterte Auflage. 253 Seiten, 45 Figuren. 1964. (1113/1113a)

II: Theorie der Flächenmetrik. 195 Seiten, 14 Figuren. 1958. (1179/1179a)

III: Theorie der Flächenkrümmung. 254 Seiten, 38 Figuren. 1959. (1180/1180a)

Variationsrechnung von *L. Koschmieder*. 2 Bände. 2., neubearbeitete Auflage.

I: Das freie und gebundene Extrem einfacher Grundintegrale. 128 Seiten, 23 Figuren. 1962. (1074)

II: Anwendung klassischer Verfahren auf allgemeine Fragen des Extrems. — Neuere unmittelbare Verfahren. In Vorbereitung. (1075)

Einführung in die konforme Abbildung von *L. Bieberbach*. 6. Auflage. Etwa 180 Seiten, 42 Figuren. 1966. In Vorbereitung. (768/768a)

Vektoren und Matrizen von *S. Valentiner*. 4. Auflage. (11., erweiterte Auflage der „Vektoranalysis"). Mit Anhang: Aufgaben zur Vektorrechnung von *H. König*. 206 Seiten, 35 Figuren. 1967. (354/354a)

Wahrscheinlichkeitstheorie und Grundzüge der Maßtheorie von *H. Bauer*. 2 Bände.

I: 154 Seiten. 1964. (1216/1216a)

II: In Vorbereitung. (1217)

Versicherungsmathematik von *F. Böhm*. 2 Bände.

I: Elemente der Versicherungsrechnung. 3., vermehrte und verbesserte Auflage. Durchgesehener Neudruck. 151 Seiten. 1953. (180)

II: Lebensversicherungsmathematik. Einführung in die technischen Grundlagen der Sozialversicherung. 2., verbesserte und vermehrte Auflage. 205 Seiten. 1953. (917/917a)

Finanzmathematik von *M. Nicolas*. 192 Seiten, 11 Tafeln, 8 Tabellen und 72 Beispiele. 1959. (1183/1183a)

Kinematik von *H. R. Müller*. 171 Seiten, 75 Figuren. 1963. (584/584a)

Physik

Einführung in die theoretische Physik von *W. Döring*. 5 Bände.

I: Mechanik. 3., verbesserte Aufl. 125 Seiten, 23 Abb. 1965. (76)

II: Das elektromagnetische Feld. 2., verbesserte Auflage. 132 Seiten, 15 Abbildungen. 1962. (77)

III: Optik. 2., verbesserte Auflage. 117 Seiten, 32 Abbildungen. 1963. (78)

IV: Thermodynamik. 2., verbesserte Auflage. 107 Seiten, 9 Abbildungen. 1964. (374)

V: Statistische Mechanik. 2., umgearbeitete Auflage. 117 Seiten, 10 Abbildungen. 1966. (1017)

Mechanik deformierbarer Körper von *M. Päsler*. 199 Seiten, 48 Abbildungen. 1960. (1189/1189a)

Atomphysik von *K. Bechert, Ch. Gerthsen†* und *A. Flammersfeld.* 7 Bände. 4., durchgesehene Auflage.
I: Allgemeine Grundlagen. 1. Teil von *A. Flammersfeld.* 124 Seiten, 35 Abbildungen. 1959. (1009)
II: Allgemeine Grundlagen. 2. Teil von *A. Flammersfeld.* 112 Seiten, 47 Abbildungen. 1963. (1033)
III: Theorie des Atombaus. 1. Teil von *K. Bechert.* 148 Seiten, 16 Abbildungen. 1963. (1123/1123a)
IV: Theorie des Atombaus. 2. Teil von *K. Bechert.* 170 Seiten, 14 Abbildungen. 1963. (1165/1165a)

Differentialgleichungen der Physik von *F. Sauter.* 4., durchgesehene und ergänzte Auflage. 147 Seiten, 16 Figuren. 1966. (1070)

Physikalische Formelsammlung von *G. Mahler. †.* Fortgeführt von *K. Mahler.* Neubearbeitet von *H. Graewe.* 11. Auflage. 167 Seiten, 69 Figuren. 1963. (136)

Physikalische Aufgabensammlung mit Ergebnissen von *G. Mahler†.* Fortgeführt von *K. Mahler.* Neubearbeitet von *H. Graewe.* 12. Auflage. 141 Seiten. 1964. (243)

Chemie

Geschichte der Chemie in kurzgefaßter Darstellung von *G. Lockemann.* 2 Bände. 2. Auflage.
I: Vom Altertum bis zur Entdeckung des Sauerstoffs. 142 Seiten, 4 Bildnisse. In Vorbereitung. (264)
II: Von der Entdeckung des Sauerstoffs bis zur Gegenwart. 151 Seiten, 16 Bildnisse. In Vorbereitung (265/265a)

Anorganische Chemie von *W. Klemm.* 13. Auflage. 255 Seiten, 34 Abbildungen. 1964. (37/37a)

Organische Chemie von *W. Schlenk jun.* 10., erweiterte Auflage. 273 Seiten, 16 Abbildungen. 1965. (38/38a)

Physikalische Methoden in der Organischen Chemie von *G. Kresze.* 2 Bände.
I: 119 Seiten, 65 Abbildungen. 1962. (44)
II: 164 Seiten. 1962. (45/45a)

Allgemeine und physikalische Chemie von *W. Schulze.* 2 Bände.
I: 6., verbesserte Auflage. 139 Seiten, 10 Figuren. 1964. (71)
II: 6., verbesserte Auflage. 178 Seiten, 37 Figuren. 1966. (698/698a)

Molekülbau. Theoretische Grundlagen und Methoden der Strukturermittlung von *W. Schulze.* 123 Seiten, 43 Figuren. 1958. (786)

Einfache Versuche zur allgemeinen und physikalischen Chemie von *E. Dehn.* 371 Versuche mit 40 Abbildungen. 272 Seiten. 1962. (1201/1201 a)

Physikalisch-chemische Rechenaufgaben von *E. Asmus.* 3., verbesserte Auflage. 96 Seiten. 1958. (445)

Maßanalyse. Theorie und Praxis der klassischen und der elektrochemischen Titrierverfahren von *G. Jander* und *K. F. Jahr.* 11., durchgesehene Auflage, mitbearbeitet von *H. Knoll.* 359 Seiten, 56 Figuren. 1966. (221/221 a)

Qualitative Analyse von *H. Hofmann* u. *G. Jander*. 2., durchgesehene und verbesserte Auflage. 308 Seiten, 5 Abbildungen. 1963. (247/247 a)

Stöchiometrische Aufgabensammlung von *W. Bahrdt†* und *R. Scheer*. Mit den Ergebnissen. 8., durchgesehene Auflage. 119 Seiten. 1964. (452)

Elektrochemie von *K. Vetter*. 2 Bände.
I: In Vorbereitung. (252)
II: In Vorbereitung. (253)

Geochemie von *K. H. Wedepohl*. 220 Seiten, 26 Abbildungen, 37 Tabellen. 1966. (1224/1224 a/1224 b)

Kristallchemie von *J. Zemann*. 144 Seiten, 90 Abbildungen. 1966. (1220/1220 a)

Technologie

Die Chemie der Kunststoffe von *K. Hamann*, unter Mitarbeit von *W. Funke* und *H. D. Hermann*. 2. Aufl. 143 Seiten. 1966. In Vorbereitung. (1173/1173a)

Warenkunde von *K. Hassak* und *E. Beutel†*. 2 Bände.
I: Anorganische Waren sowie Kohle und Erdöl. 8. Auflage. Neubearbeitet von *A. Kutzelnigg*. 119 Seiten, 18 Figuren. 1958. (222)
II: Organische Waren. 8. Auflage. Vollständig neu bearbeitet von *A. Kutzelnigg*. 157 Seiten, 32 Figuren. 1959. (223)

Die Fette und Öle von *Th. Klug*. 6., verbesserte Auflage. 143 Seiten. 1961. (335)

Die Seifenfabrikation von *K. Braun* †. 3., neubearbeitete und verbesserte Auflage von *Th. Klug*. 116 Seiten, 18 Abbildungen. 1953. (336)

Thermische Verfahrenstechnik von *H. Bock*. 3 Bände.
I: Eigenschaften und Verhalten der realen Stoffe. 184 Seiten, 28 Abbildungen. 1963. (1209/1209 a)
II: Funktion und Berechnung der elementaren Geräte. 195 Seiten, 54 Abbildungen. 1964. (1210/1210 a)
III: Fließbilder, ihre Funktion und ihr Zusammenbau aus Geräten. 224 Seiten, 67 Abbildungen. 1965. (1211/1211 a)

Textilindustrie von *A. Blümcke*.
I: Spinnerei und Zwirnerei. 111 Seiten, 43 Abbildungen. 1954. (184)

Biologie

Einführung in die allgemeine Biologie und ihre philosophischen Grund- und Grenzfragen von *M. Hartmann*. 2., unveränderte Auflage. 132 Seiten, 2 Abbildungen. 1965. (96)

Hormone von *G. Koller*. 2., neubearbeitete und erweiterte Auflage. 187 Seiten, 60 Abbildungen, 19 Tabellen. 1949. (1141)

Fortpflanzung im Tier- und Pflanzenreich von *J. Hämmerling*. 2., ergänzte Auflage. 135 Seiten, 101 Abbildungen. 1951. (1138)

Geschlecht und Geschlechtsbestimmung im Tier- und Pflanzenreich von *M. Hartmann*. 2., verbesserte Auflage. 116 Seiten, 61 Abbildungen, 7 Tabellen. 1951. (1127)

Symbiose der Tiere mit pflanzlichen Mikroorganismen von *P. Buchner*. 2. verbesserte und vermehrte Auflage. 130 Seiten, 121 Abbildungen. 1949. (1128)

Grundriß der allgemeinen Mikrobiologie von *W.* u. *A. Schwartz*. 2 Bände. 2., verbesserte und ergänzte Auflage.
I: 147 Seiten, 25 Abbildungen. 1960. (1155)
II: 142 Seiten, 29 Abbildungen. 1961. (1157)

Botanik

Entwicklungsgeschichte des Pflanzenreiches von *H. Heil*. 2. Auflage. 138 Seiten, 94 Abbildungen, 1 Tabelle. 1950. (1137)

Morphologie der Pflanzen von *L. Geitler*. 3., umgearbeitete Auflage. 126 Seiten, 114 Abbildungen. 1953. (141)

Pflanzengeographie von *L. Diels†*. 5., völlig neu bearbeitete Auflage von *F. Mattick*. 195 Seiten, 2 Karten. 1958. (389/389a)

Die Laubhölzer. Kurzgefaßte Beschreibung der in Mitteleuropa gedeihenden Laubbäume und Sträucher von *F. W. Neger†* und *E. Münch†*. 3., durchgesehene Auflage, herausgegeben von *B. Huber*. 143 Seiten, 63 Figuren, 7 Tabellen. 1950. (718)

Die Nadelhölzer (Koniferen) und übrigen Gymnospermen von *F. W. Neger†* und *E. Münch†*. 4. Auflage, durchgesehen und ergänzt von *B. Huber*. 140 Seiten, 75 Figuren, 4 Tabellen, 3 Karten. 1952. (355)

Pflanzenzüchtung von *H. Kuckuck*. 2 Bände.
I: Grundzüge der Pflanzenzüchtung. 3., völlig umgearbeitete und erweiterte Auflage. 132 Seiten, 22 Abbildungen. 1952. (1134)
II: Spezielle gartenbauliche Pflanzenzüchtung (Züchtung von Gemüse, Obst und Blumen). 178 Seiten, 27 Abbildungen. 1957. (1178/1178a)

Zoologie

Entwicklungsphysiologie der Tiere von *F. Seidel*. 2 Bände.
I: Ei und Furchung. 2. Auflage. Etwa 160 Seiten, 61 Abbildungen. 1966 (1162)
II: Körpergrundgestalt und Organbildung. 2. Auflage. In Vorbereitung (1163)

Vergleichende Physiologie der Tiere von *K. Herter*. 2 Bände. 4. Auflage der „Tierphysiologie".
I: Stoff- und Energiewechsel. Neu bearbeitet von *K. Urich*. 158 Seiten, 61 Abbildungen. 1966. (972/972a)
II: Bewegung und Reizerscheinungen. Neu bearbeitet von *G. Birukow*. In Vorbereitung. (973)

Das Tierreich
I: Einzeller, Protozoen von *E. Reichenow*. 115 Seiten. 59 Abbildungen. 1956. (444)
II: Schwämme und Hohltiere von *H. J. Hannemann*. 95 Seiten, 80 Abbildungen. 1956. (442)

III: Würmer. Platt-, Hohl-, Schnurwürmer, Kamptozoen, Ringelwürmer, Protracheaten, Bärtierchen, Zungenwürmer von *S. Jaeckel*. 114 Seiten, 36 Abbildungen. 1955. (439)
IV, 1: Krebse von *H. E. Gruner* und *K. Deckert*. 114 Seiten, 43 Abbildungen. 1956. (443)
IV, 2: Spinnentiere (Trilobitomorphen, Fühlerlose) und Tausendfüßler von *A. Kaestner*. 96 Seiten, 55 Abbildungen. 1955. (1161)
IV, 3: Insekten von *H. von Lengerken*. 2., neubearbeitete Auflage. 140 Seiten, 59 Abbildungen. 1966. (594)
V: Weichtiere. Urmollusken, Schnecken, Muscheln und Kopffüßer von *S. Jaeckel*. 92 Seiten. 34 Figuren. 1954. (440)
VI: Stachelhäuter. Tentakulaten, Binnenatmer und Pfeilwürmer von *S. Jaeckel*. 100 Seiten, 46 Abbildungen. 1955. (441)
VII, 1: Manteltiere, Schädellose, Rundmäuler von *H. Fechter*. In Vorbereitung. (448)
VII, 2: Fische von *D. Lüdemann*. 130 Seiten, 65 Abbildungen. 1955. (356)
VII, 3: Lurche (Chordatiere) von *K. Herter*. 143 Seiten, 129 Abbildungen. 1955. (847)
VII, 4: Kriechtiere (Chordatiere) von *K. Herter*. 200 Seiten, 142 Abbildungen. 1960. (447/447a)
VII, 5: Vögel (Chordatiere) von *H.-A. Freye*. 156 Seiten, 69 Figuren. 1960. (869)
VII, 6: Säugetiere (Chordatiere) von *Th. Haltenorth*. In Vorbereitung. (282)

Land- und Forstwirtschaft

Landwirtschaftliche Tierzucht. Die Züchtung und Haltung der landwirtschaftlichen Nutztiere von *H. Vogel*. 139 Seiten, 11 Abbildungen. 1952. (228)

Kulturtechnische Bodenverbesserungen von *O. Fauser*. 2 Bände. 5., verbesserte und vermehrte Auflage.
I: Allgemeines, Entwässerung. 127 Seiten, 49 Abbildungen. 1959. (691)
II: Bewässerung, Ödlandkultur, Flurbereinigung. 159 Seiten, 71 Abbildungen. 1961. (692)

Agrikulturchemie von *K. Scharrer*. 2 Bände.
I: Pflanzenernährung. 143 Seiten. 1953. (329)
II: Futtermittelkunde. 192 Seiten. 1956. (330/330a)

Geologie, Mineralogie, Kristallographie

Geologie von *F. Lotze*. 3., verbesserte Auflage. 179 Seiten, 80 Abbildungen. 1965. (13/13a)

Mineral- und Erzlagerstättenkunde von *H. Huttenlocher †*. 2 Bände. 2., neubearbeitete Auflage von *P. Ramdohr*.
I: 137 Seiten, 40 Abbildungen, 2 Tabellen. 1965. (1014/1014a)
II: 135 Seiten, 41 Abbildungen. 1965. (1015/1015a)

Allgemeine Mineralogie. 11., erweiterte Auflage der „Mineralogie" von *R. Brauns †*, neubearbeitet von *K. F. Chudoba*. 152 Seiten, 143 Textfiguren, 1 Tafel, 3 Tabellen. 1963. (29/29a)

Spezielle Mineralogie. 11., erweiterte Auflage der „Mineralogie" von *R. Brauns †*, bearbeitet von *K. F. Chudoba*. 193 Seiten, 127 Textfiguren, 6 Tabellen. 1964. (31/31a)

Petrographie (Gesteinskunde) von *W. Bruhns †*. Neubearbeitet von *P. Ramdohr*. 6., erweiterte Auflage. 141 Seiten, 21 Figuren. 1966. (173)

Geochemie von *K. H. Wedepohl*. 220 Seiten, 26 Abbildungen, 37 Tabellen. 1966. (1224/1224a/1224b)

Kristallchemie von *J. Zemann*. 144 Seiten, 90 Abbildungen. 1966. (1220/1220a)

Kristallographie von *W. Bruhns †*. 6. Auflage, neubearbeitet von *P. Ramdohr*. 115 Seiten, 164 Abbildungen. 1965. (210)

Einführung in die Kristalloptik von *E. Buchwald*. 5., verbesserte Auflage. 128 Seiten, 117 Figuren. 1963. (619/619a)

Lötrohrprobierkunde. Mineraldiagnose mit Lötrohr und Tüpfelreaktion von *M. Henglein*. 4., durchgesehene und erweiterte Auflage. 108 Seiten, 12 Figuren. 1962. (483)

Technik

Graphische Darstellung in Wissenschaft und Technik von *M. Pirani*. 3., erweiterte Auflage bearbeitet von *J. Fischer* unter Benutzung der von *I. Runge* besorgten 2. Auflage. 216 Seiten, 104 Abbildungen. 1957. (728/728 a)

Technische Tabellen und Formeln von *W. Müller*. 5., verbesserte und erweiterte Auflage von *E. Schulze*. 165 Seiten, 114 Abbildungen, 99 Tafeln. 1962. (579)

Einführung in die Arbeitswissenschaft von *H. H. Hilf*. 164 Seiten, 57 Abbildungen. 1964. (1212/1212 a)

Grundlagen der Straßenverkehrstechnik. Theorie der Leistungsfähigkeit von *E. Engel*. 101 Seiten, 55 Abbildungen. 1962. (1198)

Elektrotechnik

Grundlagen der allgemeinen Elektrotechnik von *O. Mohr*. 3. Auflage. 260 Seiten, 136 Bilder, 14 Tafeln. 1965. (196/196 a)

Die Gleichstrommaschine von *K. Humburg*. 2 Bände. 2., durchgesehene Auflage.
I: 102 Seiten, 59 Abbildungen. 1956. (257)
II: 101 Seiten, 38 Abbildungen. 1956. (881)

Die Synchronmaschine von *W. Putz*. 92 Seiten, 64 Bilder. 1962. (1146)

Induktionsmaschinen von *F. Unger*. 2., erweiterte Auflage. 142 Seiten, 49 Abbildungen. 1954. (1140)

Die komplexe Berechnung von Wechselstromschaltungen von *H. H. Meinke*. 3., neubearb. Aufl. 185 S., 126 Abb. 1965. (1156/1156 a)

Theoretische Grundlagen zur Berechnung der Schaltgeräte von *F. Kesselring*. 4. Auflage. In Vorbereitung. (711/711 a)

Einführung in die Technik selbsttätiger Regelungen von *W. zur Megede*. 3., durchgesehene Aufl. 180 S., 86 Abb. 1966. In Vorb. (714/714 a)

Elektromotorische Antriebe von *W. Meyer*. In Vorbereitung. (827/827 a)

Überspannungen und Überspannungsschutz von *G. Frühauf*. Durchgesehener Neudruck. 122 Seiten, 98 Abbildungen. 1950. (1132)

Elektrische Höchstspannungs-Schaltanlagen. Für Freiluft und Innenanordnung von *G. Meiners* und *K.-H. Wiesenewsky*. 138 Seiten, 58 Abbildungen. 1964. (796/796 a)

Transformatoren von *W. Schäfer*. 4., überarbeitete und ergänzte Auflage. 130 Seiten, 73 Abbildungen. 1962. (952)

Maschinenbau

Thermische Verfahrenstechnik von *H. Bock*. 3 Bände.
I: Eigenschaften und Verhalten der realen Stoffe. 184 Seiten, 28 Abbildungen. 1963. (1209/1209 a)
II: Funktion und Berechnung der elementaren Geräte. 195 Seiten, 54 Abbildungen. 1964. (1210/1210 a)
III: Fließbilder, ihre Funktion und ihr Zusammenbau aus Geräten. 224 Seiten, 67 Abbildungen. 1965. (1211/1211 a)

Technische Thermodynamik von *U. Grigull*. 171 Seiten, 74 Abbildungen. 1966. (1084/1084 a)

Metallkunde von *H. Borchers*. 3 Bände.
I: Aufbau der Metalle und Legierungen. 6. Auflage. 120 Seiten, 90 Abbildungen, 2 Tabellen. 1964. (432)
II: Eigenschaften, Grundzüge der Form- und Zustandsgebung. 5., ergänzte und durchgesehene Auflage. 182 Seiten, 107 Abbildungen, 10 Tabellen. 1963. (433/433a)
III: Die metallkundlichen Untersuchungsmethoden von *E. Hanke*. In Vorbereitung (434)

Die Werkstoffe des Maschinenbaues von *A. Thum †* und *C. M. v. Meysenbug*. 2 Bände.
I: Einführung in die Werkstoffprüfung. 2., neubearbeitete Auflage. 100 Seiten, 7 Tabellen, 56 Abbildungen. 1956. (476)
II: Die Konstruktionswerkstoffe. 132 Seiten, 40 Abbildungen. 1959. (936)

Dynamik von *W. Müller*. 2 Bände. 2., verbesserte Auflage.
I: Dynamik des Einzelkörpers. 128 Seiten, 48 Figuren. 1952. (902)
II: Systeme von starren Körpern. 102 Seiten, 41 Figuren. 1952. (903)

Technische Schwingungslehre von *L. Zipperer*. 2 Bände. 2., neubearbeitete Auflage.
I: Allgemeine Schwingungsgleichungen, einfache Schwinger. 120 Seiten, 101 Abbildungen. 1953. (953)
II: Torsionsschwingungen in Maschinenanlagen. 102 Seiten, 59 Abbildungen. 1955. (961/961a)

Werkzeugmaschinen für Metallbearbeitung von *K. P. Matthes*. 2 Bände.
I: 100 Seiten, 27 Abbildungen, 11 Zahlentafeln, 1 Tafelanhang. 1954. (561)
II: Fertigungstechnische Grundlagen der neuzeitlichen Metallbearbeitung. 101 Seiten, 30 Abbildungen, 5 Tafeln. 1955. (562)

Das Maschinenzeichnen mit Einführung in das Konstruieren von *W. Tochtermann*. 2 Bände. 4. Auflage.
I: Das Maschinenzeichnen. 156 Seiten, 75 Tafeln. 1950. (589)
II: Ausgeführte Konstruktionsbeispiele. 130 Seiten, 58 Tafeln. 1950. (590)

Die Maschinenelemente von *E. A. vom Ende †*. 4., überarbeitete Auflage. 184 Seiten, 179 Figuren, 11 Tafeln. 1963. (3/3a)

Die Maschinen der Eisenhüttenwerke von *L. Engel*. 156 Seiten, 95 Abbildungen. 1957. (583/583a)

Walzwerke von *H. Sedlaczek †* unter Mitarbeit von *F. Fischer* und *M. Buch*. 232 Seiten, 157 Abbildungen. 1958. (580/580a)

Getriebelehre von *P. Grodzinski †*. 2 Bände. 3., neubearbeitete Auflage von *G. Lechner*.
I: Geometrische Grundlagen. 164 S., 131 Fig. 1960. (1061)
II: Angewandte Getriebelehre. In Vorbereitung. (1062)

Kinematik von *H. R. Müller*. 171 Seiten, 75 Figuren. 1963. (584/584a)

Gießereitechnik von *H. Jungbluth*. 2 Bände.
I: Eisengießerei. 126 Seiten, 44 Abbildungen. 1951. (1159)

Die Dampfkessel einschließlich Feuerungen und Hilfseinrichtungen. Physikalische und chemische Grundlagen, Berechnung und Konstruktion, Vorschriften und Beispiele von *W. Marcard*. 3., neubearbeitete Auflage von *G. Beyer*. 2 Bände.
- I: Physikalische und chemische Grundlagen, Wärmelehre, Wärmeübertragung, Verbrennung. 133 Seiten, 35 Bilder, 26 Tabellen. 1964. (9/9a)
- II: Berechnung und Konstruktion. Dampfkessel, Hilfseinrichtungen. Feuerungen, Berechnung. 108 Seiten, 45 Bilder. 1966. (521/521a)

Die Dampfturbinen. Ihre Wirkungsweise, Berechnung und Konstruktion von *C. Zietemann*. 3 Bände.
- I: Theorie der Dampfturbinen. 4. Auflage. 139 Seiten, 48 Abbildungen. 1966. In Vorbereitung. (274)
- II: Die Berechnung der Dampfturbinen und die Konstruktion der Einzelteile. 4., verbesserte Auflage. 132 Seiten, 111 Abbildungen. 1966. In Vorbereitung. (715)
- III: Die Regelung der Dampfturbinen, die Bauarten, Turbinen für Sonderzwecke, Kondensationsanlagen. 3., verbesserte Auflage. 126 Seiten, 90 Abbildungen. 1956. (716)

Verbrennungsmotoren von *W. Endres*. 3 Bände.
- I: Überblick. Motor-Brennstoffe. Verbrennung im Motor allgemein, im Otto- und Diesel-Motor. 153 Seiten, 57 Abbildungen. 1958. (1076/1076a)
- II: Gaswechselvorgang. Aufladen. Leistung, mittl. Druck, Reibung. Wirkungsgrade und Kraftstoffverbrauch. 152 Seiten, 62 Abbildungen. 1966. (1184/1184a)
- III: Die Einzelteile des Verbrennungsmotors. In Vorbereitung. (1185/1185a)

Autogenes Schweißen und Schneiden von *H. Niese*. 5. Auflage, neubearbeitet von *A. Küchler*. 136 Seiten, 71 Figuren. 1953. (499)

Die elektrischen Schweißverfahren von *H. Niese*. 2. Auflage, neubearbeitet von *H. Dienst*. 136 Seiten, 58 Abbildungen. 1955. (1020)

Die Hebezeuge. Entwurf von Winden und Kranen von *G. Tafel*. 2., verbesserte Auflage. 176 Seiten, 230 Figuren. 1954. (414/414a)

Vermessungswesen

Vermessungskunde von *W. Großmann*. 3 Bände.
- I: Stückvermessung und Nivellieren. 12., verbesserte Auflage. 156 Seiten, 122 Figuren. 1965. (468)
- II: Horizontalaufnahmen und ebene Rechnungen. 9., verbesserte Auflage. 136 Seiten, 101 Figuren. 1963. (469)
- III: Trigonometrische und barometrische Höhenmessung. Tachymetrie und Absteckungen. 8., verbesserte Auflage. 140 Seiten, 102 Figuren. 1965. (862)

Kartographie von *V. Heissler*. 2. Auflage. 213 Seiten, 125 Abb., 8 Anlagen. 1966. (30/30a)

Photogrammetrie von *G. Lehmann*. 2., neubearbeitete Auflage. 205 Seiten, 136 Abbildungen. 1966. (1188/1188a)

Wasserbau

Wasserkraftanlagen von *A. Ludin* unter Mitarbeit von *W. Borkenstein.* 2 Bände.
I: Planung, Grundlagen und Grundzüge. 124 Seiten, 60 Abbildungen. 1955. (665)
II: Anordnung und Ausbildung der Hauptbauwerke. 184 Seiten, 91 Abbildungen. 1958. (666/666a)

Verkehrswasserbau von *H. Dehnert.* 3 Bände.
I: Entwurfsgrundlagen, Flußregelungen. 103 Seiten, 53 Abbildungen. 1950. (585)
II: Flußkanalisierung und Schiffahrtskanäle. 94 Seiten, 60 Abbildungen. 1950. (597)
III: Schleusen und Hebewerke. 98 Seiten, 70 Abbildungen. 1950. (1152)

Wehr- und Stauanlagen von *H. Dehnert.* 134 Seiten, 90 Abbildungen. 1952. (965)

Talsperren von *F. Tölke.* 122 Seiten, 70 Abbildungen. 1953. (1044)

Hoch- und Tiefbau

Die wichtigsten Baustoffe des Hoch- und Tiefbaus von *O. Graf †.* 4., verbesserte Auflage. 131 Seiten, 63 Abbildungen. 1953. (984)

Baustoffverarbeitung und Baustellenprüfung des Betons von *A. Kleinlogel.* 2., neubearbeitete und erweiterte Auflage. 126 Seiten, 35 Abbildungen. 1951. (978)

Festigkeitslehre. 2 Bände.
I: Elastizität, Plastizität und Festigkeit der Baustoffe und Bauteile von *W. Gehler †* und *W. Herberg.* Durchgesehener und erweiterter Neudruck. 159 Seiten, 118 Abbildungen. 1952. (1144)
II: Formänderung, Platten, Stabilität und Bruchhypothesen von *W. Herberg* und *N. Dimitrov.* 187 Seiten, 94 Abbildungen. 1955. (1145/1145a)

Grundlagen des Stahlbetonbaues von *A. Troche.* 2., neubearbeitete und erweiterte Auflage. 208 Seiten, 75 Abbildungen, 17 Bemessungstafeln, 20 Rechenbeispiele. 1953. (1078)

Statik der Baukonstruktionen von *A. Teichmann.* 3 Bände.
I: Grundlagen. 101 Seiten, 51 Abbildungen, 8 Formeltafeln. 1956. (119)
II: Statisch bestimmte Stabwerke. 107 Seiten, 52 Abbildungen, 7 Tafeln. 1957. (120)
III: Statisch unbestimmte Systeme. 112 Seiten, 34 Abbildungen, 7 Formeltafeln. 1958. (122)

Fenster, Türen, Tore aus Holz und Metall. Eine Anleitung zu ihrer guten Gestaltung, wirtschaftlichen Bemessung und handwerksgerechten Konstruktion von *W. Wickop †.* 5. Auflage geplant. (1092)

TECHNIK

Heizung und Lüftung von *W. Körting*. 2 Bände. 9., neubearbeitete Auflage.
I: Das Wesen und die Berechnung der Heizungs- und Lüftungsanlagen. 171 Seiten, 29 Abbildungen, 36 Zahlentafeln. 1962. (342/342a)
II: Die Ausführung der Heizungs- und Lüftungsanlagen. 1966. In Vorbereitung. (343)

Industrielle Kraft- und Wärmewirtschaft von *F. A. F. Schmidt* und *A. Beckers*. 167 Seiten, 73 Abbildungen. 1957. (318/318a)

Sammlung Göschen / Bandnummernfolge

1 Langosch, Der Nibelunge Nôt
3/3a v. Ende, Maschinenelemente
9/9a Marcard-Beyer, Dampfkessel I
10 Jiriczek-Wisniewski, Kudrun und Dietrich-Epen
13/13a Lotze, Geologie
18 Maurer, Hartmann von Aue, Der arme Heinrich
19 Altheim, Römische Geschichte I
20 Hofstaetter, Dt. Sprachlehre
22 Maurer, Gottfried von Strassburg
29/29a Brauns-Chudoba, Allgemeine Mineralogie
30/30a Heissler, Kartographie
31/31a Brauns-Chudoba, Spezielle Mineralogie
32 Schneider-Wisniewski, Deutsche Heldensage
35 Treue, Dt. Geschichte von 1648—1740
37/37a Klemm, Anorganische Chemie
38/38a Schlenk, Organische Chemie
39 Treue, Dt. Geschichte von 1713—1806
42 Behn-Hoernes, Vorgeschichte Europas
44 Kresze, Physikalische Methoden in der Organischen Chemie I
45/45a Kresze, Physikalische Methoden in der Organischen Chemie II
47 Fischer-Rohrbach, Arithmetik
51/51a Ringleb, Mathem. Formelsammlung
52 Bieler, Röm. Literaturgesch. I
59 Krahe, Indog. Sprachwiss. I
60 Biehle, Stimmkunde
61 Biehle, Redetechnik
64 Krahe, Indog. Sprachwiss. II
65/65a Grotemeyer, Analyt. Geometrie
66 Berneker-Vasmer, Russische Grammatik
70 Nestle-Liebich, Gesch. d. griechischen Literatur I
71 Schulze, Allgemeine und physikalische Chemie I
76 Döring, Einf. i. d. th. Physik I
77 Döring, Einf. i. d. th. Physik II
78 Döring, Einf. i. d. th. Physik III
79/79a Hempel, Got. Elementarbuch
80 Weigert, Stilkunde I
81 Schubert-Haussner-Erlebach Vierstell. Logarithmentafeln
86 Barner, Differential- u. Integralrechnung I
96 Hartmann, Einf. in die allgem. Biologie

99 Hessenberg-Kneser, Ebene und sphär. Trigonometrie
101 v. Wiese, Soziologie
103 Dahrendorf, Industrie- und Betriebssoziologie
104/104a Hofstätter, Sozialpsychologie
111 Hoffmann-Debrunner, Gesch. der griechischen Sprache I
114 Debrunner, Gesch. der griechischen Sprache II
117 Brandenstein, Griechische Sprachwissenschaft I
118/118a Brandenstein, Griechische Sprachwissenschaft II
119 Teichmann, Statik der Baukonstruktionen I
120 Teichmann, Statik der Baukonstruktionen II
122 Teichmann, Statik der Baukonstruktionen III
128/128a Lausberg, Romanische Sprachwissenschaft I
136 Mahler-Graewe, Physikal. Formelsammlung
141 Geitler, Morphologie der Pflanzen
142 Haack, Darst. Geometrie I
143 Haack, Darst. Geometrie II
144 Haack, Darst. Geometrie III
145/145a Weimer, Gesch. der Pädagogik
148 Kolms, Finanzwissenschaft I
156/156a Landmann, Philosophische Anthropologie
170 Oehlmann, Musik des 19. Jhs.
171/171a Oehlmann, Musik des 20. Jhs.
173 Bruhns-Ramdohr, Petrographie
174 Schlingloff, Religion des Buddhismus I
180 Böhm, Versicherungsmathematik I
184 Blümcke, Textilindustrie I
196/196a Mohr, Grundlagen der allgem. Elektrotechnik
200/200a Gottschald, Dt. Rechtschreibungswörterbuch
210 Bruhns-Ramdohr, Kristallographie
220/220a Moser, Allg. Musiklehre
221/221a Jander-Jahr-Knoll, Maßanalyse
222 Hassak-Beutel-Kutzelnigg, Warenkunde I
223 Hassak-Beutel-Kutzelnigg, Warenkunde II
226/226a Hofmann, Gesch. der Mathematik I
228 Vogel, Landw. Tierzucht
231/231a Ehrlich, Gesch. Israels
238 Krahe, Germ. Sprachwiss. I
243 Mahler-Graewe, Physikal. Aufgabensammlung
247/247a Hofmann-Jander, Qualitative Analyse
250 Lausberg, Romanische Sprachwissenschaft II
252 Vetter, Elektrochemie I
253 Vetter, Elektrochemie II
257 Humburg, Gleichstrommaschine I
264 Lockemann, Gesch. der Chemie I
265/265a Lockemann, Geschichte der Chemie II
270 Kirn, Einführung in die Geschichtswissenschaft
274 Zietemann, Dampfturbinen I
279 Jacob-Hohenleutner, Quellenkunde der deutschen Geschichte I
280 Jacob-Hohenleutner, Quellenkunde der deutschen Geschichte II
281 Leisegang, Einführung in die Philosophie
282 Haltenorth, Säugetiere
284 Jacob-Weden, Quellenkunde der deutschen Geschichte III
318/318a Schmidt-Beckers, Industrielle Kraft- u. Wärmewirtschaft
319 Krug, Australien und Ozeanien
329 Scharrer, Agrikulturchemie I
330/330a Scharrer, Agrikulturchemie II
335 Klug, Fette und Öle
336 Braun-Klug, Seifenfabrikation
342/342a Körting, Heizung und Lüftung I

343 Körting, Heizung und Lüftung II
344 Moser, Musikästhetik
354/354a Valentiner-König, Vektoren und Matrizen
355 Neger-Münch-Huber, Nadelhölzer
356 Lüdemann, Fische
374 Döring, Einf. i.d.th. Physik IV
375 Preller, Geschichte Englands I
389/389a Diels-Mattick, Pflanzengeographie
391 Kolms, Finanzwissenschaft II
394/394a Schilling, Von der Renaissance bis Kant
414/414a Tafel, Hebezeuge
422 Gottschald, Dt. Personennamen
423 Adler-Erlebach, Fünfstellige Logarithmen
432 Borchers, Metallkunde I
433/433a Borchers, Metallkunde II
434 Borchers-Hanke, Metallkunde III
435 Burau, Algebr. Kurven u. Flächen I
436/436a Burau, Algebr. Kurven und Flächen II
439 Jaeckel, Würmer
440 Jaeckel, Weichtiere
441 Jaeckel, Stachelhäuter
442 Hannemann, Schwämme und Hohltiere
443 Gruner-Deckert, Krebse
444 Reichenow, Einzeller
445 Asmus, Physikal.-chem. Rechenaufgaben
447/447a Herter, Kriechtiere
448 Fechter, Manteltiere
452 Bahrdt-Scheer, Stöchiometrische Aufgabensammlung
468 Großmann, Vermessungskunde I
469 Großmann, Vermessungskunde II
476 Thum-Meysenbug, Die Werkstoffe des Maschinenbaues I
483 Henglein, Lötrohrprobierkunde
492/492a Stolz-Debrunner-Schmid Geschichte der lateinischen Sprache
499 Niese-Küchler, Autogenes Schweißen
500 Simmel, Hauptprobleme der Philosophie
521/521a Marcard-Beyer, Dampfkessel II
536 Lehmann, Kant
538 Rumpf, Archäologie I
539 Rumpf, Archäologie II
540 Rumpf, Archäologie III
557 Nestle-Liebich, Gesch. der griech. Literatur II
561 Matthes, Werkzeugmaschinen I
562 Matthes, Werkzeugmaschinen II
564 Behn-Hoernes, Kultur der Urzeit I
565 Behn-Hoernes, Kultur der Urzeit II
566 Behn-Hoernes, Kultur der Urzeit III
571 Lehmann, Philosophie des 19. Jahrhunderts I
576/576a Moser, Gesangskunst
579 Müller-Schulze, Techn. Tabellen
580/580a Sedlaczek-Fischer-Buch, Walzwerke
583/583a Engel, Maschinen der Eisenhüttenwerke
584/584a Müller, Kinematik
585 Dehnert, Verkehrswasserbau I
587 Kalitsunakis-Steinmetz, Neugriech.-dt. Gesprächsbuch
589 Tochtermann, Maschinenzeichnen I
590 Tochtermann, Maschinenzeichnen II
594 v. Lengerken, Insekten
597 Dehnert, Verkehrswasserbau II
601 Mutschmann-Scherer, Engl. Phonetik
608/608a/608b Erman-Krückmann, Hieroglyphen
619/619a Buchwald, Kristalloptik
665 Ludin-Borkenstein, Wasserkraftanlagen I
666/666a Ludin-Borkenstein, Wasserkraftanlagen II

668 Knopp, Funktionentheorie I
677 Altheim, Röm. Geschichte II
679 Altheim, Röm. Geschichte III
684 Altheim, Röm. Geschichte IV
691 Fauser, Kulturtechn. Bodenverbesserungen I
692 Fauser, Kulturtechn. Bodenverbesserungen II
698/698a Schulze, Allgemeine u. physikalische Chemie II
703 Knopp, Funktionentheorie II
708/708a/708b Meissner-Oberhuber, Keilschrift
709 Lehmann, Philosophie des 19. Jahrhunderts II
711/711a Kesselring, Berechnung der Schaltgeräte
714/714a zur Megede, Technik selbsttätiger Regelungen
715 Zietemann, Dampfturbinen II
716 Zietemann, Dampfturbinen III
718 Neger-Münch-Huber, Laubhölzer
728/728a Pirani-Fischer-Runge, Graph. Darstellung in Wissenschaft u. Technik
735 Ekwall, Historische neuengl. Laut- und Formenlehre
746/746a Pfanzagl, Allg. Methodenlehre der Statistik I
747/747a Pfanzagl, Allg. Methodenlehre der Statistik II
756/756a Kalitsunakis, Gramm. d. Neugriech. Volksspr.
763/763a/763b Meyer, Hebräische Grammatik I
764/764a/764b Meyer, Hebräische Grammatik II
765/765a/765b Meyer, Hebräische Grammatik III
768/768a Bieberbach, Einführung in die konforme Abbildung
769/769a Beer-Meyer, Hebräisches Textbuch
770 Schlingloff, Religion des Buddhismus II
776/a Kolms, Finanzwissensch. III
780 Krahe, Germ. Sprachwiss. II
781 Weigert, Stilkunde II
782/782a Kolms, Finanzwissenschaft IV
786 Schulze, Molekülbau
796/796a Meiners-Wiesenewsky, Elektr. Höchstspannungs-Schaltanlagen
807 Kropp, Erkenntnistheorie
809 Moser, Harmonielehre I
810 Moser, Harmonielehre II
826 Koch, Philosophie d. Mittelalters
827/827a Meyer, Elektromotorische Antriebe
831 Erismann, Allg. Psychologie I
832/832a Erismann, Allg. Psychologie II
833 Erismann, Allg. Psychologie III
834/834a Erismann, Allg. Psychologie IV
837/837a Baumgartner, Gruppentheorie
845 Lehmann, Philosophie im ersten Drittel des 20. Jhs. I
847 Herter, Lurche
850 Lehmann, Philosophie im ersten Drittel des 20. Jhs. II
851/851a Moede, Psychologie des Berufs- und Wirtschaftslebens
857 Capelle, Griech. Philosophie I
858 Capelle, Griech. Philos. II
859 Capelle, Griech. Philos. III
862 Großmann, Vermessungskunde III
863 Capelle, Griech. Philos. IV
866 Bieler, Röm. Literaturgeschichte II
869 Freye, Vögel
875 Hofmann, Geschichte der Mathematik II
877 Knopp, Aufgabensammlung zur Funktionentheorie I
878 Knopp, Aufgabensammlung zur Funktionentheorie II
881 Humburg, Gleichstrommaschine II
882 Hofmann, Geschichte der Mathematik III
883 Stuloff, Mathematik der neuesten Zeit
893 Treue, Dt. Geschichte von 1806—1890

894 Treue, Dt. Geschichte von 1890 bis zur Gegenwart
896 Pokorny, Altirische Gramm.
902 Müller, Dynamik I
903 Müller, Dynamik II
910 Jaeger, Afrika I
911 Jaeger, Afrika II
915 Sperber-v. Polenz, Gesch. der Deutschen Sprache
917/917a Böhm, Versicherungsmathematik II
920/920a Hoheisel, Gewöhnliche Differentialgleichungen
921 Jantzen-Kolb, W. v. Eschenbach. Parzival
924/924a Brandenstein, Griechische Sprachwissenschaft III
929 Schirmer-Mitzka, Dt. Wortkunde
930 Krull, Elementare und klassische Algebra I
931 Hasse, Höhere Algebra I
932 Hasse, Höhere Algebra II
933 Krull, Elementare und klassische Algebra II
936 Thum-Meysenbug, Werkstoffe d. Maschinenbaues II
942/942a Damerau, Polnische Grammatik
952 Schäfer, Transformatoren
953 Zipperer, Techn. Schwingungslehre I
961/961a Zipperer, Techn. Schwingungslehre II
965 Dehnert, Wehr- und Stauanlagen
970/970a Baldus-Löbell, Nichteuklidische Geometrie
972/972a Herter-Urich, Vergleichende Physiologie der Tiere I
973 Herter-Birukow, Vergleichende Physiologie der Tiere II
978 Kleinlogel, Baustoffverarbeitung und Baustellenprüfung d. Betons
984 Graf, Baustoffe des Hoch- und Tiefbaues
999/999a Kamke, Mengenlehre
1000 Jaspers, Geistige Situat. der Zeit
1003 Hoheisel, Partielle Differentialgleichung
1008/1008a Mellerowicz, Allgem. Betriebswirtschaftslehre I
1009 Bechert-Gerthsen-Flammersfeld, Atomphysik I
1014/1014a Huttenlocher-Ramdohr, Mineral- und Erzlagerstättenkunde I
1015/1015a Huttenlocher-Ramdohr, Mineral- u. Erzlagerstättenkunde II
1017 Döring, Einf. i. d. th. Physik V
1020 Niese-Dienst, Elektrische Schweißverfahren
1031/1031a Apel-Ludz, Philosophisches Wörterbuch
1033 Bechert-Gerthsen-Flammersfeld, Atomphysik II
1034 Kranefeldt-Jung Therapeutische Psychologie
1035 Altheim, Röm. Religionsgeschichte I
1039 Dovifat, Zeitungslehre I
1040 Dovifat, Zeitungslehre II
1044 Tölke, Talsperren
1045 Schubert, Technik des Klavierspiels
1051/1051a Stolberg-Wernigerode, Gesch. d. Vereinigten Staaten
1052 Altheim, Röm. Religionsgeschichte II
1059/1059a Hoheisel, Aufgabenslg. z. d. gew. u. part. Differentialgleichungen
1061 Grodzinski-Lechner, Getriebelehre I
1062 Grodzinski-Lechner, Getriebelehre II
1065 Haller-Dannenbauer, Von d. Karolingern zu den Staufern
1070 Sauter, Differentialgleichungen der Physik
1074 Koschmieder, Variationsrechnung I
1075 Koschmieder, Variationsrechnung II
1076/1076a Endres, Verbrennungsmotoren I

1077 Haller-Dannenbauer, Von den Staufern zu den Habsburgern
1078 Troche, Stahlbetonbau
1082 Hasse-Klobe, Aufgabensammlung zur höheren Algebra
1084/1084a Grigull, Techn. Thermodynamik
1085 Lietzmann-Aland, Zeitrechnung
1086 Müller, Dt. Dichten und Denken
1088 Preller, Gesch. Englands II
1092 Wickop, Fenster, Türen, Tore
1094 Hernried, System, Modulation
1096 Viëtor, Dt. Dichten und Denken
1099 Hoheisel, Integralgleichungen
1105 Hartung, Dt. Geschichte im Zeitalter der Reformation
1108 de Boor-Wisniewski, Mittelhochdeutsche Grammatik
1109 Knopp, Elemente der Funktionentheorie
1111/1111a Naumann-Betz, Althochdt. Elementarbuch
1113/1113a Strubecker, Differentialgeometrie I
1114 Schubel, Engl. Literaturgeschichte I
1115/1115a Ranke-Hofmann, Altnord. Elementarbuch
1116 Schubel, Engl. Literaturgeschichte II
1117 Haller-Dannenbauer, Eintritt der Germanen in die Geschichte
1121 Naumann, Dt. Dichten u. Denken
1122/1122a Jesch, Sprecherziehung
1123/1123a Bechert-Gerthsen-Flammersfeld, Atomphysik III
1124 Schubel, Engl. Literaturgeschichte III
1125 Lehnert, Altengl. Elementarbuch
1127 Hartmann, Geschlecht u. Geschlechtsbestimmung im Tier- und Pflanzenreich
1128 Buchner, Symbiose d. Tiere
1130 Dibelius-Kümmel, Jesus
1131 Scholz-Schoeneberg, Einführung in die Zahlentheorie
1132 Frühauf, Überspannungen
1134 Kuckuck, Pflanzenzüchtung I
1135 Lehnert, Beowulf
1137 Heil, Entwicklungsgesch. d. Pflanzenreiches
1138 Hämmerling, Fortpflanzung im Tier- und Pflanzenreich
1140 Unger, Induktionsmaschine
1141 Koller, Hormone
1142 Meissner-Lehnert, Shakespeare
1144 Gehler-Herberg, Festigkeitslehre I
1145/1145a Herberg-Dimitrov, Festigkeitslehre II
1146 Putz, Synchronmaschine
1147 v. Waltershausen, Kunst d. Dirigierens
1148 Pepping, Der polyphone Satz I
1152 Dehnert, Verkehrswasserbau III
1153/1153a Mellerowicz, Allgem. Betriebswirtschaftslehre II
1154/1154a Mellerowicz, Allgem. Betriebswirtschaftslehre III
1155 Schwartz, Mikrobiologie I
1156/1156a Meinke, Komplexe Berechnungen v. Wechselstromschaltungen
1157 Schwartz, Mikrobiologie II
1158/1158a Mayrhofer, Sanskrit-Grammatik
1159 Jungbluth, Gießereitechnik I
1160 Dibelius-Kümmel, Paulus
1161 Kaestner, Spinnentiere
1162 Seidel, Entwicklungsphysiologie der Tiere I
1163 Seidel, Entwicklungsphysiologie der Tiere II
1164/1164a Pepping, Der polyphone Satz II

1165/1165a Bechert-Gerthsen-Flammersfeld, Atomphysik IV
1169 Paulsen, Allgemeine Volkswirtschaftslehre I
1170 Paulsen, Allgemeine Volkswirtschaftslehre II
1171 Paulsen, Allgemeine Volkswirtschaftslehre III
1172 Paulsen, Allgemeine Volkswirtschaftslehre IV
1173/1173a Hamann-Funke-Hermann, Chemie der Kunststoffe
1176/1176a Lorenzen, Form. Logik
1178/1178a Kuckuck, Pflanzenzüchtung II
1179/1179a Strubecker, Differentialgeometrie II
1180/1180a Strubecker, Differentialgeometrie III
1181 Franz, Topologie I
1182/1182a Franz, Topologie II
1183/1183a Nicolas, Finanzmathematik
1184/1184a Endres, Verbrennungsmotoren II
1185/1185a Endres, Verbrennungsmotoren III
1186/1186a Mellerowicz, Allgem. Betriebswirtschaftslehre IV
1187 Lau, Luther
1188/1188a Lehmann, Photogrammetrie
1189/1189a Päsler, Mechanik
1190 Stupperich, Melanchthon
1191/1191a Bräuer, Slav. Sprachwissenschaft I
1193 Fürstenberg, Wirtschaftssoziologie
1194 Wendt, Gesch. d. Volkswirtschaftslehre
1195 Ohm Allgem. Volkswirtschaftspolitik I
1196 Ohm, Allgem. Volkswirtschaftspolitik II
1197/1197a Onasch, Einf. in die Konfessionskunde der orthodoxen Kirchen
1198 Engel, Straßenverkehrstechnik
1199 Lausberg, Romanische Sprachwissenschaft III, 1. Teil
1200/1200a Lausberg, Romanische Sprachwissenschaft III, 2. Teil
1201/1201a Dehn, Versuche zur allgem. u. phys. Chemie
1202/1202a Nagel, Gesch. des christl. Gottesdienstes
1203 Wendland, Sozialethik
1204 Scheurig, Zeitgeschichte
1205/1205a Hofmann, Ideengeschichte d. soz. Bewegung
1206/1206a Langen, Lineare Programmierung
1208 Lausberg, Romanische Sprachwissenschaft IV
1209/1209a Bock, Therm. Verfahrenstechnik I
1210/1210a Bock. Therm. Verfahrenstechnik II
1211/1211a Bock, Therm. Verfahrenstechnik III
1212/1212a Hilf, Arbeitswissenschaft
1213/1213a Kosiol, Buchhaltung und Bilanz
1216/1216a Bauer, Wahrscheinlichkeitstheorie I
1217 Bauer, Wahrscheinlichkeitstheorie II
1218/1218a/1218b Meid, Germ. Sprachwiss. III
1219 Schmidt-Clausing, Zwingli
1220/1220a Zemann, Kristallchemie
1221 Gerdes, Kierkegaard
1222/1222a Tschižewskij, Slav. Literaturen I
1223/1223a Tschižewskij, Slav. Literaturen II
1224/1224a/1224b Wedepohl, Geochemie
1225/1225a Schneider-Jurksch, Datenverarbeitungsanlagen
1226/1226a Weinstock, Mittelenglisches Elementarbuch
1227/1227a Wedig, Übungsaufgaben zur Allgem. Volkswirtschaftslehre I/II

Autorenregister

Printed in Germany 150. VIII. 66